计算机前沿技术丛书

自然语言处理入门

李洋 李实 主编

清华大学出版社
北京

内 容 简 介

自然语言处理的目标是使计算机能够像人类一样理解语言。近年来,自然语言处理作为一门学科发展迅速,得到了越来越广泛的应用。本书从基本概念出发,对自然语言基础任务进行介绍,首先介绍自然语言处理基础的词法、句子以及篇章级任务:中文分词、命名实体识别、关系抽取、词向量技术、关键词提取和文本分类,然后介绍近年来广泛应用的知识图谱、机器阅读理解、自动文摘、文本生成、对话系统等内容,以期读者能够对自然语言处理各个部分的研究内容和技术手段有更加深入的理解。

本书可作为高等院校相关专业本科生及研究生对于自然语言处理领域学习的入门教材。

图书在版编目(CIP)数据

自然语言处理入门/李洋,李实主编. —北京:清华大学出版社,2024.1(2025.2重印)
(计算机前沿技术丛书)
ISBN 978-7-302-64448-4

Ⅰ. ①自… Ⅱ. ①李… ②李… Ⅲ. ①自然语言处理 Ⅳ. ①TP391

中国国家版本馆 CIP 数据核字(2023)第 153998 号

责任编辑:王 芳 李 晔
封面设计:刘 键
责任校对:申晓焕
责任印制:曹婉颖

出版发行:清华大学出版社
    网　　址:https://www.tup.com.cn,https://www.wqxuetang.com
    地　　址:北京清华大学学研大厦 A 座 **邮　　编:**100084
    社 总 机:010-83470000 **邮　　购:**010-62786544
    投稿与读者服务:010-62776969,c-service@tup.tsinghua.edu.cn
    质量反馈:010-62772015,zhiliang@tup.tsinghua.edu.cn
    课件下载:https://www.tup.com.cn,010-83470236
印 装 者:三河市君旺印务有限公司
经　　销:全国新华书店
开　　本:185mm×260mm **印　张:**11.5   **字　　数:**280 千字
版　　次:2024 年 1 月第 1 版   **印　　次:**2025 年 2 月第 2 次印刷
印　　数:1501~2300
定　　价:49.00 元

产品编号:094911-01

前言

PREFACE

人工智能包括运算智能、感知智能、认知智能和创造智能。其中,运算智能是记忆和计算的能力,在这一层面计算机的能力已经远超过人类。感知智能是计算机感知环境的能力,包括听觉、视觉和触觉等。随着深度学习的成功应用,语音识别和图像识别获得了很大的进步,在某种情况下甚至达到了人类水平。自然语言处理(Natural Language Processing,NLP)是集语言学、计算机科学和人工智能于一体的科学,通过对自然语言的处理,使得计算机对其能够可读并理解。自然语言处理属于认知智能和创造智能的范畴。"让机器可以理解自然语言"是自然语言处理的终极目标,阿兰·图灵曾说过:"如果一台计算机能够欺骗人类,让人相信它是人类,那么该计算机就应当被认为是智能的。"因此自然语言处理被誉为人工智能皇冠上的明珠。

在不同时期或针对不同的侧重点,人们把用计算机处理自然语言的过程又称为自然语言理解(Natural Language Understanding,NLU)、人类语言技术(Human Language Technology,HLT)、计算语言学(Computational Linguistics)、计量语言学(Quantitative Linguistics)和数理语言学(Mathematical Linguistics)。人类语言是错综复杂的,且具有多样性、歧义性、鲁棒性、知识性和上下文依赖的性质。自然语言处理则是通过对词、句子、篇章进行分析,对内容进行理解分析和推理,并在此基础上扩展出一系列核心技术(如知识图谱、阅读理解、对话系统等),进而应用到搜索引擎、客服、金融、新闻等诸多领域。随着大数据、深度学习应用场景的推广,众多科学家预测在未来几年,NLP会进入爆发式的发展阶段,大量由NLP赋能的复合型应用也会取得巨大进展。

自然语言处理研究范畴较广,其内容包括但不限于如下分支领域:文本分类、信息抽取、自动摘要、智能问答、人机对话、话题推荐、机器翻译、主题词识别、知识库构建、深度文本表示、命名实体识别、文本生成、文本分析(词法、句法、语法)、语音识别与合成等。本书选择性地介绍自然语言处理中的10项主要任务。全书内容由浅入深,先介绍基本概念,再引出简单应用实例,以期读者能够对自然语言处理各个部分的研究内容和技术手段有更加深入的理解。

鉴于编者水平,加之时间仓促,书中难免存在不足之处,敬请读者指正。

编 者

2023 年 9 月

目录

CONTENTS

中 文 分 词

在自然语言处理过程中,首先需要进行文本分词。恰当的分词不仅可以分离无意义的聚合词,而且可以保留与主题语义相关的最大长度的词,这对于信息检索、文本分类与聚类、舆情收集等数据挖掘任务具有重要意义。中文分词是指将连续的字序列按照一定的规范重新切分成词序列的过程。与以英文为代表的拉丁语系语言相比,英文因带有空格而自然分词,而中文以字为基本的书写单位,由字组成的词为最小的语义单元,其语义不仅与词的长度有关,还与上下文有关。因此中文分词不是简单地按照某种特定的边界将词与词分开,而是需要通过分词算法进行处理才能得到预期的分词结果。

此外,中文分词方法不仅局限于进行中文分词,也可以用于英文处理,如在英文手写识别中,单词之间的空格难以识别,中文分词可以帮助识别单词的边界。自 20 世纪 70 年代末以来,学者们研究出许多具有应用前景的中文分词方法[1-5],这些方法大致可分为 3 类:基于词表的分词算法、基于统计模型的分词算法、基于序列标注的分词算法。本章将详细介绍这 3 类分词算法。

1.1 中文分词中的基本问题

中文分词就是将连续的字序列按照一定的规范重新组合成词序列的过程。其中,在分词的过程中主要涉及 3 个基本问题:分词规范、歧义切分以及未登录词的识别。

1.1.1 中文分词规范问题

中文学习的基本顺序是字→词→句→段落→篇章。词作为最小的能够独立运用的语言单位,在语言中具有重要的作用。对于一个"词语",普通人说话的语感和专业的语言学家们的标准可能有比较大的差异,因此至今还没有一个公认的词表来界定词该如何划分。从严格意义上来说,分词是一个没有明确定义的问题[6]。

例如,在语句"分词的三个基本问题为分词规范、歧义切分和未登录词识别。"中,"基本问题""分词规范""歧义切分"等词语通过不同的词语界定方式就会产生不同的分词结果,可切分成以下几种形式。

(1) 分词/的/三个/基本问题/为/分词规范/、歧义切分/和/未登录词识别。

(2) 分词/的/三个/基本/问题/为/分词规范/、歧义切分/和/未登录词识别。

(3) 分词/的/三个/基本问题/为/分词/规范/、歧义切分/和/未登录词识别。

(4) 分词/的/三个/基本问题/为/分词规范/、歧义/切分/和/未登录词识别。

(5) 分词/的/三个/基本问题/为/分词规范/、歧义切分/和/未登录词/识别。

从上面的结果可以看出,由于缺乏统一的分词规范和标准,不同词语的界定方式可以组合出多种分词结果,所以在衡量一个分词模型的好坏时,首先需要确定一个统一的标准,这样才有意义。

1.1.2　歧义切分问题

歧义字段在中文文本中是普遍存在的,因此,歧义切分的处理是中文分词中的一个研究重点。到目前为止,已有很多学者就歧义切分问题展开了深入的研究[7-11]。梁南元[7]最早对歧义字段的类型进行了定义,将切分歧义类型分为交集型切分歧义和组合型切分歧义。

定义 1-1(交集型切分歧义)　汉字串 AJB 称作交集型切分歧义,如果满足 AJ、JB 同时为词(A、J、B 分别为汉字串)。此时汉字串 J 称作交集串。

这种情况在中文文本中十分常见,例如"大学生",其中 A="大",J="学",B="生",两种切分分别为"大学/生""大/学生"。此外,"中国人""组合成""工资本"等也属于这种歧义类型。

定义 1-2(多义组合型切分歧义)　汉字串 AB 称作多义组合型切分歧义,如果满足 A、B、AB 同时为词。

例如,"才能"有两种不同的切分:(1)努力/才/能/收获/成功;(2)这位/设计师/才能/出众。类似地,"动身""将来""学生会"等都属于多义组合型切分歧义。

虽然对于大多数的多义组合型切分歧义都符合定义 1-2,但不是所有符合定义 1-2 的字符串都是多义组合型切分歧义。例如,字符串"平淡"符合定义 1-2,但是切分"平/淡"在文章中不可能存在。因此,刘挺等[9]对定义 1-2 进行补充,得到如下定义:

定义 1-2′(组合型切分歧义)　汉字串 AB 称作多义组合型切分歧义,如果满足(1)A、B、AB 同时为词;(2)文本中至少存在一个上下文语境 C,在 C 的约束下,A、B 在语法和语义上都成立。

由上述例子可以看出,歧义切分问题直接影响分词结果。因此,处理这类问题时要结合上下文语境,包括韵律、语气、重音、停顿等。

1.1.3　未登录词识别问题

对于未登录词通常存在两种解释:一种是指已有的词表中没有收录的词,另一种是指训练语料中未曾出现过的词。而后一种含义也可以被称作集外词,即训练集以外的词。未登录词包括各类专有名词(如人名、地名、企业名等)、缩写词、新增词汇等,大体可以分为如下几个类型。

(1) 新出现的普通词汇,如网络用语当中的新词,如集美、给力、恶搞等,对于大规模数据的分词系统,会专门集成一个新词发现模块,用于对新词进行挖掘发现,经过验证后加入到词典中。

（2）专有名词，通常是指特定的人或物（如人名、地名、国家名、组织机构名等）。在分词系统中通常采用命名实体识别（Name Entity Recognize，NER）对专有名词进行单独识别。

（3）专业名词和研究领域名称，特定领域的专业名词和新出现的研究领域名称构成了未登录词的一部分。例如，特定的化学品名称、药品名称等。

（4）其他专用名词，包含新产生的电影名、书籍名称等。

经统计，中文分词出现问题更多是由于未登录词导致的，因此，分词模型对于未登录词的处理是至关重要的。

1.2　基于词表的分词算法

最大匹配算法是指以词典为依据，词典中的最大词长作为匹配字段的长度，将截取的匹配字段与词典中的词进行比较，如果该字段出现在词典中，则记录下来；否则通过增加或者减少一个单字，继续比较，直至还剩下一个单字为止。为提升扫描效率，还可以根据字数多少设计多个字典，然后根据字数分别从不同字典中进行扫描。其基本流程如图 1-1 所示。

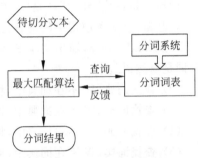

图 1-1　最大匹配分词算法流程图

最大匹配分词算法在设计中应遵循以下基本原则。

（1）单词的颗粒度越大越好，尽可能地切分出最大划分，用于进行语义分析的文本分词结果的颗粒度越大，所能表示的含义越确切；如"自然语言处理"可以分为"自然/语言/处理""自然语言/处理""自然语言处理"等，但是要用于语义分析，则"自然语言处理"分词结果最好。

（2）切分结果中非词典词越少越好，非词典词就是不包含在词典中的单词，例如，"安宁和平静"可以分为"安宁/和平/静"以及"安宁/和/平静"，由于第一种划分中"静"为非词典词，而第二种划分中非词典词个数为 0，因此选择第二种划分。

（3）单字词典词越少越好，"单字词典词"指的是可以独立运用的单字，如"的""地""了""和""与"等。例如，"计算机科学与技术"可以分为"计算机/科学/与/技术""计算机科学/与/技术"以及"计算机科学与技术"等，遵循最大划分的原则以及单字词典词尽可能少的原则，选择最大划分"计算机科学与技术"。

（4）总体词数越少越好，在相同字数的情况下，总词数越少，说明语义单元越少，那么相对的单个语义单元的权重会越大，因此准确性会越高。

最大匹配的分词算法根据分词时对待分词文本的扫描顺序可分为正向最大匹配算法（Forward Maximum Matching，FMM）、逆向最大匹配算法（Reverse Maximum Matching，RMM）和双向最大匹配算法。下面针对这 3 个算法展开详细讲解。

1.2.1　正向最大匹配算法

对于输入的一段文本从左至右选择连续字符与词典匹配，以贪心的方式切分出当前位置上长度最大的词。该算法主要分为以下 4 个步骤。

（1）对于待分词语句从左到右取 MaxLen 个字符作为匹配字段,其中 MaxLen 为最大词长,通常选择词典中最长词的长度为最大词长。

（2）将该字段与已知的词典中的词条进行匹配,若在词典中找到匹配的词条,则将该字段从文本中切分出来。若匹配失败,则将匹配字段中的最后一个字去掉,剩下的字段作为新的匹配字段。

（3）重复执行步骤(2),直到切分出一个词或者剩余字段的长度为零。

（4）取下一个 MaxLen 个字符的匹配字段,重复执行上述步骤,直到切分出待分词文本的所有词。

为了更好地理解正向最大匹配算法的思想,下面以一个具体的实例讲解该算法。

【例 1-1】　待分词文本：S1＝{"分","词","是","自","然","语","言","处","理","的","基","础"}。

词典：dict＝["分词","是","自然语言","自然语言处理","自然","语言","处理","的","基础"](实际应用中的词表是由成千上万个已经分好的词语组成的)。

（1）MaxLen＝6,输出文本 S2＝" ",S1 不为空,在 S1 中从左至右选择匹配字段 W＝"分词是自然语"。

（2）查找词典,W 不在词典中,将 W 的最后一个字符去掉,W＝"分词是自然"。

（3）查找词典,W 不在词典中,将 W 的最后一个字符去掉,W＝"分词是自"。

（4）查找词典,W 不在词典中,将 W 的最后一个字符去掉,W＝"分词是"。

（5）查找词典,W 不在词典中,将 W 的最后一个字符去掉,W＝"分词"。

（6）查找词典,W 在词典中,将加入 S2 中,S2＝"分词/",S1＝"是自然语言处理的基础",匹配字段 W＝"是自然语言处"。

（7）以此类推,直至 S1 为空,分词结束,得到输出文本 S2＝"分词/是/自然语言处理/的/基础"。

1.2.2　逆向最大匹配算法

RMM 法的基本原理与 FMM 法类似,只是分词切分的方向与 FMM 法相反。逆向最大匹配法从待分词文本的末端开始匹配扫描,每次取最末端的 MaxLen 个字符作为匹配字段,若匹配失败,则去掉匹配字段最前面的一个字,用新的匹配片段继续匹配,直至还剩下一个单字为止;重复执行上述步骤,直到切分出待分词文本的所有词。

为了更好地理解逆向最大匹配算法的思想,将 FMM 实例中的待分词文本 S1 按照逆向最大匹配算法进行划分,详细划分过程如下。

【例 1-2】　待分词文本：S1＝{"分","词","是","自","然","语","言","处","理","的","基","础"}。

词典：dict＝["分词","是","自然语言","自然语言处理","自然","语言","处理","的","基础"]。

（1）MaxLen＝6,输出文本 S2＝" ",S1 不为空,在 S1 中从右至左选择匹配字段 W＝"言处理的基础"。

（2）查找词典,W 不在词典中,将 W 的第一个字符去掉,W＝"处理的基础"。

（3）查找词典，W 不在词典中，将 W 的第一个字符去掉，W＝"理的基础"。

（4）查找词典，W 不在词典中，将 W 的第一个字符去掉，W＝"的基础"。

（5）查找词典，W 不在词典中，将 W 的第一个字符去掉，W＝"基础"。

（6）查找词典，W 在词典中，将加入 S2 中，S1＝"分词是自然语言处理的"，匹配字段 W＝"然语言处理的"。

（7）以此类推，直至 S1 为空，分词结束，得到输出文本 S2＝"分词/是/自然语言处理/的/基础"。

在实际处理 RMM 时，先将文档生成对应的逆序文档，然后基于逆序词典进行正向最大匹配算法。由于受到汉语偏正结构的影响，RMM 的分词准确率（accuracy）往往要高于 FMM。相关统计表明[7]，仅使用正向最大匹配算法的错误率约为 0.0059，仅使用逆向最大匹配算法的错误率约为 0.0040。

1.2.3 双向最大匹配算法

根据相关研究表明[12]，中文 90.0%左右的句子，正向最大匹配算法和逆向最大匹配算法分词结果完全重合且正确，大概 9.0%的句子两种切分方法得到的结果不一致，但其中必有一个是正确的（歧义检测成功），但还存在不到 1.0%的句子，正向最大匹配算法和逆向最大匹配算法的切分虽重合却是错误的，或者正向最大匹配算法和逆向最大匹配算法切分不同但两个均错误（歧义检测失败）。双向最大匹配算法可有效地解决这个问题。该算法的原理就是分别利用正向最大匹配算法和逆向最大匹配算法对待分词文本进行切分，根据分词数量越少越好，大颗粒度词越多越好，非词典词和单字词越少越好等原则，从而选择正确的分词方式。

待分词文本：S1＝{"创","新","和","服","务"}

词典：dict＝["创新","和服","和","服务"]

根据正向最大匹配算法划分结果为"创新/和服/务"，根据逆向最大匹配算法划分结果为"创新/和/服务"。在两种划分结果分词数量、单字词数量等相同情况下，正向最大匹配算法存在非字典词"务"，而逆向最大匹配算法不存在非字典词，因此选择逆向最大匹配算法的划分结果。虽然双向切分算法大大提高了分词的准确度，但仍存在切分检测盲区。

1.3 基于统计模型的分词算法

由于歧义的存在，一段文本存在多种可能的切分结果，基于词典的机械切分会产生许多问题，例如未登录词识别等，使用基于统计模型的分词方法能够有效地解决这个问题并获得更好的效果。基于统计的分词算法的主要思想是将字作为词的最小单元，相连的字在不同文本中出现的次数越多，就证明这段相连的字越有可能就是一个词。因此可以用相邻字出现的频率来衡量其成为词的可能性，当频率高于某个阈值时，可以认为这些字可能会构成一个词。在实际运用中，常常将字符串匹配分词和统计分词结合使用，这样既体现了匹配分词速度快、效率高的优点，同时又能运用统计分词识别生词、自动消除歧义等方面的特点。

N-gram 语言模型作为常用的统计模型，经常被应用于中文分词。下面详细介绍基于 N-gram 语言模型的分词方法。

N-gram 语言模型是一种典型的生成式模型，早期很多统计分词均以它为基本模型，然后配合其他未登录词识别模块进行扩展。该模型既可用于定义字符串中的距离,也可用于中文的分词。在分词时,N-gram 语言模型假设第 n 个词的出现只与前 $n-1$ 个词相关,而与其他任何词都不相关,整个语句的概率就是各个词出现概率的乘积。常用的模型是 Bi-gram 和 Tri-gram 模型。

假设随机变量 S 为一个汉字序列,W 是 S 上所有可能的切分出来的词序列。对于分词,实际上就是求解使条件概率 $P(W|S)$ 最大的切分出来的词序列 W^*,即

$$W^* = \arg \max_W P(W \mid S) \tag{1.1}$$

根据贝叶斯公式展开,可得:

$$W^* = \arg \max_W \frac{P(W)P(S \mid W)}{P(S)} \tag{1.2}$$

其中,$P(S)$ 为归一化因子,由于 $P(W|S)$ 恒为 1,因此只需要求解 $P(W)$。应用 N-gram 语言模型可将 $P(W)$ 展开得到如下表示:

$$P(W) = P(w_1 w_2 \cdots w_n) \tag{1.3}$$

假设第 n 个词的出现只与前 $n-1$ 个词相关,与其他任何词都不相关。根据条件概率公式可得:

$$P(w_1 w_2 \cdots w_n) = P(w_1) \cdot P(w_2 \mid w_1) \cdot P(w_3 \mid w_1 w_2) \cdots P(w_n \mid w_1 w_2 \cdots w_{n-1})$$
$$\tag{1.4}$$

其中,$P(w_1)$ 表示第一个词 w_1 出现的概率,$P(w_2|w_1)$ 是在已知 w_1 的条件下,w_2 出现的概率。$P(w_n|w_1 w_2 \cdots w_{n-1})$ 表示已知 $w_1 w_2 \cdots w_{n-1}$ 条件下,w_n 出现的概率。

但是这种方法在实际的计算中,由于每一个词的概率是根据之前所有词的概率来计算的,计算量按指数级增大,参数空间大,不可能实用化。为了解决这个问题,我们引入了马尔可夫假设:一个词的出现仅依赖于它前面若干词。如果一个词的出现仅依赖于它前面出现的一个词,则称这种统计语言模型为二元模型(Bi-gram Model),此时 $P(W)$ 可表示为:

$$P(W) = P(w_1) \cdot P(w_2 \mid w_1) \cdot P(w_3 \mid w_2) \cdots P(w_n \mid w_{n-1}) \tag{1.5}$$

已知 $P(w_1)$ 为第一个词 w_1 出现的概率,对于其他条件概率是如何计算的呢?条件概率计算过程如下:

$$P(w_i \mid w_{i-1}) = \frac{P(w_i, w_{i-1})}{P(w_{i-1})} \tag{1.6}$$

其中,$P(w_{i-1}, w_i)$ 为联合概率,$P(w_{i-1})$ 为边缘概率。在语料库中,通过统计得到 w_{i-1} 和 w_i 在文本中前后相邻出现的次数 $c(w_{i-1}, w_i)$,以及 w_{i-1} 在同样的文本中出现的次数 $c(w_{i-1})$,分别除以语料库大小 c,从而得到相对频度。根据大数定律,在试验条件不变的情况下,重复试验多次,随机事件的频率近似于它的概率,即

$$P(w_{i-1}, w_i) = \frac{c(w_{i-1}, w_i)}{c} \tag{1.7}$$

$$P(w_{i-1}) = \frac{c(w_{i-1})}{c}$$

将 $P(w_{i-1}, w_i)$、$P(w_{i-1})$ 重新代入式(1.6),可得到如下条件概率:

$$P(w_i \mid w_{i-1}) = \frac{c(w_i, w_{i-1})}{c(w_{i-1})} \tag{1.8}$$

上面提到的一个词只依赖前一个词,形成了二元模型;如果一个词的出现仅依赖于它前面出现的两个词,那么就称为三元模型(Tri-gram Model)。

$$P(W) = P(w_1) \cdot P(w_2 \mid w_1) \cdot P(w_3 \mid w_1 w_2) \cdots P(w_n \mid w_{n-1} w_{n-2}) \qquad (1.9)$$

事实上,一个词可以依赖前面 n 个词,n 可以取很高,但由于 n 取得太大,会导致参数空间过大和数据稀疏严重等问题,因此实际应用中,n 通常不大于 4。

1.4　基于序列标注的分词算法

下面介绍的分词方法都属于由字构词的分词方法,由字构词的分词方法需要做一个转换,将分词问题转换为字的分类问题,即序列标注问题。从某些层面讲,由字构词的方法并不依赖于事先编制好的词典,但仍然需要分好词的训练语料。

1.4.1　基于 HMM 的分词方法

隐马尔可夫模型(Hidden Markov Model,HMM)是关于时序的概率模型,描述了由含有未知参数的马尔可夫链随机生成的不可观测的状态随机序列,再由各个状态产生观测随机序列的过程。一般来说,模型中的状态是可见的,模型的参数就是各状态间的转换概率。而在 HMM 中,状态并不是直接可见的,状态的观察值和相互之间转换的概率函数是已知的。因此,对含未知参数的马尔可夫过程和与之对应的可观察状态集进行建模,HMM 的基本原理如图 1-2 所示。

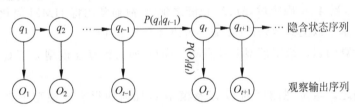

图 1-2　HMM 图

下面通过一个例子来说明 HMM 的含义,假设有 N 个盒子,每个盒子里面有 M 种不同颜色的立方体。根据某一概率分布选择初始的盒子,再根据不同颜色立方体的概率分布随机地选取一个立方体,并将该立方体的颜色记录下来。重复执行上述过程,记录下来的立方体颜色是可观察的,而对于盒子的序列是不可观察的。即每个盒子就相当于 HMM 中的状态,而立方体的颜色对应于 HMM 中的可观测序列,盒子之间的转换相当于状态转换。因此,HMM 可以定义为一个五元组(S,O,$\boldsymbol{A}$,$\boldsymbol{B}$,$\boldsymbol{\pi}$)。

(1)隐含状态集合 S 为独立的状态集合,通常用 N 表示模型状态的数目。这些状态之间满足马尔可夫性质,是模型中实际所隐含的状态,通常无法通过直接观测而得到。例如,上例中的不同盒子的转换序列为隐含状态集合。

(2)可观测状态集合 O 表示观察值的集合,用 M 表示每个状态表示的不同状态的数目。在模型中与隐含状态相关,可通过直接观测而得到。注意:可观测状态的数目不一定要和隐含状态的数目一致。在上例中记录的立方体的颜色序列为可观测状态集合。

(3)状态转移概率矩阵 $\boldsymbol{A} = (a_{ij})$ 描述了 HMM 中各个状态之间的转移概率,每种状态都可以一步到达任何其他状态。

$$a_{ij} = P(q_t = s_j \mid q_{t-1} = s_i), \quad 1 \leqslant i, j \leqslant N$$

$$a_{ij} \geqslant 0$$

$$\sum_{j=1}^{N} a_{ij} = 1$$

其中，a_{ij} 表示在 $t-1$ 时刻的状态为 S_i 的条件下，在 t 时刻的状态是 S_j 的概率。

（4）观测状态转移概率矩阵为 $\boldsymbol{B} = (b_j(k))$。

$$b_j(k) = P(O_t = v_k \mid q_t = s_j), \quad 1 \leqslant j \leqslant N; 1 \leqslant k \leqslant M$$

$$b_j(k) \geqslant 0$$

$$\sum_{k=1}^{M} b_j(k) = 1$$

其中，$b_j(k)$ 表示在 t 时刻的隐含状态是 S_j 的条件下，状态为 v_k 的概率。

（5）初始状态概率矩阵 $\boldsymbol{\pi} = (\pi_{ij})$ 为隐含状态在初始时刻 $t=1$ 的概率矩阵。

$$\pi_i = P(q_1 = s_i), \quad 1 \leqslant i \leqslant N$$

$$\pi_i \geqslant 0$$

$$\sum_{i=1}^{N} \pi_i = 1$$

通常情况下，当 $\boldsymbol{A}$、$\boldsymbol{B}$ 确定后，M、N 也随之确定，故通常用将 HMM 简化为一个三元组 $\lambda = (\boldsymbol{A}, \boldsymbol{B}, \boldsymbol{\pi})$。基于以上参数，HMM 需要解决 3 个基本问题。

（1）概率计算问题。给定模型 λ 及观测序列 O，如何计算在模型 λ 下观测序列 O 出现的概率 $P(O|\lambda)$。

（2）学习问题。给定观测序列 O 以及模型 λ，如何使得在该模型下观测序列的概率 $P(O|\lambda)$ 最大，其本质是一个参数估计问题，通常采用极大似然的方法估计参数。

（3）解码问题。已知模型 λ 与观测序列 O，如何选择"最优"状态序列，使得条件概率最大。

在将 HMM 应用到中文分词之前，首先需要做独立假设。

（1）通俗地说，齐次马尔可夫假设就是 HMM 的任一时刻 t 的某一状态只依赖于其前一时刻的状态，与其他时刻的状态及观测无关。

（2）观测独立性假设，是指任一时刻的观测只依赖于该时刻的马尔可夫链的状态，与其他观测及状态无关。

实际上，基于 HMM 的中文分词问题就是 HMM 的解码问题，主要是将分词问题视为一个序列标注问题，其中，句子为观测序列，分词结果为状态序列。由于中文的词是由汉字构成，每个汉字在构词时都有一个确定的位置，将状态值集合置为 $\{B, M, E, S\}$，分别表示词的开始位置（Begin）、中间位置（Middle）、结束位置（End）及单独成词（Single）；文本中的每个字构成观测序列，每个字的词位标注构成状态序列。中文分词就转换为求解字的词位标注问题，基于已加工好的语料库训练得到 HMM 的参数 $\lambda = (\boldsymbol{A}, \boldsymbol{B}, \boldsymbol{\pi})$，再通过 Viterbi 算法进行求解，得到最优的状态序列，输出分词结果。

综上所述,HMM 实现中文分词的过程可以分为训练和预测。

1. 训练过程

首先通过统计语料库中相关信息训练 HMM 的 3 个参数 π,A,B。从语料库中可以获得每个词出现的次数,每个字出现的次数,通过频率代替概率得到 3 个参数的值。

$$A=(a_{ij})$$

$$B=(b_j(k))$$

$$a_{ij}=P(q_t=s_j \mid q_{t-1}=s_i)=\frac{P(q_t=s_j,q_{t-1}=s_i)}{P(q_{t-1}=s_i)}$$

$$\approx \frac{\text{freq}(q_t=s_j,q_{t-1}=s_i)}{\text{freq}(q_{t-1}=s_i)}$$

$$b_j(k)=P(O_t=v_k \mid q_t=s_j)=\frac{P(O_t=v_k,q_t=s_j)}{P(q_t=s_j)}$$

$$\approx \frac{\text{freq}(O_t=v_k,q_t=s_j)}{\text{freq}(q_t=s_j)}$$

(1.10)

其中,$q\in\{B,M,E,S\}$,O 为观测序列,$\text{freq}(x,y)$ 表示 xy 在语料库中相邻且同时出现的次数。HMM 在分词中的初始矩阵 π 为:

$$\pi=\begin{bmatrix} P(B) \\ 0 \\ 0 \\ P(S) \end{bmatrix}$$

状态转移概率矩阵为:

$$A=\begin{bmatrix} 0 & P(M\mid B) & P(E\mid B) & 0 \\ 0 & P(M\mid M) & P(E\mid M) & 0 \\ P(B\mid E) & 0 & 0 & P(S\mid E) \\ P(B\mid S) & 0 & 0 & P(S\mid S) \end{bmatrix}$$

观测状态转移概率矩阵为:

$$B=\begin{bmatrix} P(O_1\mid B) & P(O_2\mid B) & \cdots & P(O_M\mid B) \\ P(O_1\mid M) & P(O_2\mid M) & \cdots & P(O_M\mid M) \\ P(O_1\mid E) & P(O_2\mid E) & \cdots & P(O_M\mid E) \\ P(O_1\mid S) & P(O_2\mid S) & \cdots & P(O_M\mid S) \end{bmatrix}$$

2. 预测

从语料库中训练 HMM 分词模型后,可通过 Viterbi 算法有效地选择一定意义下的"最优"的状态序列,求得全局最优的分词结果。该算法实际上是用动态规划求解 HMM 模型解码问题,即用动态规划求概率路径最大(最优路径)。此时,一条路径对应一个状态序列。

给定观察序列 O 和模型 λ,通常是使该状态序列中的每一个状态都具有最大概率,即使得 $\gamma_t(i)=P(q_t=s_i\mid O,\lambda)$ 最大。根据贝叶斯公式,则有

$$\gamma_t(i)=P(q_t=s_i \mid O,\lambda)=\frac{P(q_t=s_i,O\mid\lambda)}{P(O\mid\lambda)}$$

(1.11)

那么，t 时刻的最优的状态为：

$$\hat{q}_t = \arg \max_{1 \leqslant i \leqslant N}[\gamma_t(i)] \tag{1.12}$$

根据上述方法，每达到一个字都只会有 4 条路径，在这 4 条路径中，根据维特比算法选择最优的路径，可得到状态序列。根据得到的状态序列，输出分词结果，完成分词任务。

1.4.2　基于 CRF 的分词方法

条件随机场（Conditional Random Field，CRF）模型是 Lafferty 等[13]于 2001 年提出的一种典型的判别式模型，该模型在词性标注、中文分词、命名实体识别等方面，都取得了不错的效果。该模型定义如下：

定义 1-3（条件随机场）　设 $G=(V,E)$ 表示一个无向图，其中 V 为节点集，E 为无向边的集合。$Y=\{Y_v|v \in V\}$，Y_V 与 G 中的顶点对应。如果以观察序列 X 的条件，则 Y_V 具有马尔可夫特性且有：

$$P(Y_v \mid X, Y_w, w \neq v) = P(Y_v \mid X, Y_w, w \sim v) \tag{1.13}$$

其中，$w \sim v$ 表示这两个节点在 G 中为相邻节点，此时称 (X,Y) 为一个条件随机场。

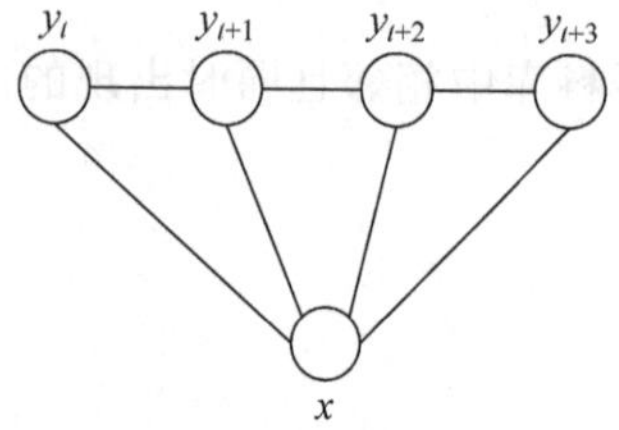

通常情况下，在线性链条件随机场（Linear-chain CRF）的基础上讨论条件随机场，如图 1-3 所示，其中 Y 只是图 G 的一部分，而且 X 的元素间不存在任何图结构，因此，不对 X 做任何独立假设。

图 1-3　CRF 模型结构

假设 $x=\{x_1,x_2,\cdots,x_n\}$ 表示观察序列，则标记序列 $y=\{y_1,y_2,\cdots,y_n\}$ 的联合概率为：

$$P(y \mid x) = \frac{1}{Z(x)}\exp\left(\sum_i \sum_k \lambda_k t_k(y_{i-1},y_i,x,i) + \sum_i \sum_k \mu_k s_k(y_i,x,i)\right) \tag{1.14}$$

其中，$Z(x)$ 被称为归一化因子，λ_k 和 μ_k 分别为 t_k 和 s_k 的权重，可从训练样本中估计出来。$t_k(y_{i-1},y_i,x,i)$ 是特征转移函数，依赖于当前位置 i 和前一个位置 $i-1$，$s_k(y_i,x,i)$ 是特征状态函数，依赖于当前位置 i。为了便于描述，将特征函数统一表示为：

$$F_k(y,x) = \sum_{i=1}^{n} f_k(y_{i-1},y_i,x,i) \tag{1.15}$$

因此联合概率可表示为：

$$P(y \mid x) = \frac{1}{Z(x)}\exp\left(\sum_k \lambda_k F_k(y,x)\right) \tag{1.16}$$

基于 CRF 的分词算法的基本思想是利用训练好的 CRF 标记文本，通过对标记进行解码，获得边界，从而实现中文分词，即"由字构词"的思想，也就是通过把分词任务转换为一个字在一个词中位置的标记问题。输入的句子 S 相当于序列 X，输出的标签序列 L 相当于序列 Y，训练模型使得在给定 S 的前提下，找到其对应的最优的 L。基于 CRF 的中文分词在构造一个特定的词语时，每个字都对应一个确定的构词位置。通常使用四词位 BMES，其分词原理可用下面的公式表示：

$$P(l_1, l_2, \cdots, l_n \mid s_1, s_2, \cdots, s_n) = \prod_{i=1}^{n} P(l_i \mid ((l_1, l_2, \cdots, l_{i-1}), (s_1, s_2, \cdots, s_n)))$$

$$(1.17)$$

其中,$l_i \in \{B, M, E, S\}$,s_i 表示第 i 个位置的字。

同样作为序列标注的模型,与 HMM 相比,CRF 模型的主要优点在于条件随机性,只需考虑当前已经出现的观测状态的特性,没有独立性要求,可有效利用整个序列的内部信息和外部观测信息,因此可以求得全局的最优值。

1.4.3 基于 Bi-LSTM-CRF 的中文分词方法

长短期记忆(Long Short-Term Memory,LSTM)网络为递归神经网络(Recurrent Neural Network,RNN)的一种特殊形式,LSTM 最先由 Hochreiter 等[14]提出,经过 Graves[15]对其进行改进,在序列标注、语音识别等问题上取得了巨大的成功。LSTM 模型由 t 时刻的输入 X_t、细胞状态 C_t、隐含状态 h_t、遗忘门 f_t、输入门 i_t、输出门 o_t 等组成,其模型总体框架如图 1-4 所示。LSTM 首先通过对细胞状态中信息遗忘和记忆新的信息使得对后续时刻计算有用的信息得以传递,无用的信息被丢弃,并在每个时间步通过遗忘门 f_t、输入门 i_t、输出门 o_t 输出隐含状态 h_t。

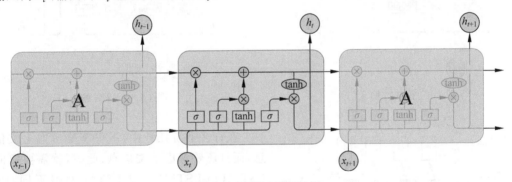

图 1-4 LSTM 模型结构

LSTM 的计算过程可以分为 3 步。

(1) 决定什么信息可以通过细胞状态。遗忘门 f_t 会根据上一时刻的输出 h_{t-1} 和当前输入 X_t 产生一个 0~1 的 f_t 值去决定选择丢弃或保留多少的信息。遗忘门 f_t 结构如图 1-5 所示,其计算公式如下所示:

$$f_t = \sigma(W_f \cdot [h_{t-1}, x_t] + b_f) \quad (1.18)$$

其中,h_{t-1} 表示上一时刻的输出状态,x_t 表示当前输入,W_f 和 b_f 作为待定系数通过训练学习,σ 为激活函数 sigmoid。

(2) 产生需要更新的信息。主要包含两部分:输入门 i_t 通过 sigmoid 来决定哪些值用来更新;通过 tanh 层生成新的候选值 C_t,将其作为当前层产生的候选值添加到细胞状态中,并将这两部分产生的值结合来进行更新。输入门 i_t 结构如图 1-6

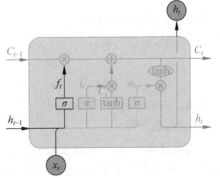

图 1-5 LSTM 遗忘门

所示,计算过程如下所示:

$$i_t = \sigma(W_i \cdot [h_{t-1}, x_t] + b_i)$$

$$\widetilde{C}_t = \sigma(W_C \cdot [h_{t-1}, x_t] + b_C) \tag{1.19}$$

通过上述两步对细胞状态进行更新,得到 C_t:

$$C_t = f_t \odot C_{t-1} \odot i_t \odot \widetilde{C}_t \tag{1.20}$$

(3) 由输出门 o_t 决定模型的输出,首先是通过 sigmoid 层来得到一个初始输出,然后使用 tanh 将 C_t 值缩放至 $-1\sim1$,再与 sigmoid 得到的输出逐对相乘,从而得到模型的输出。输出门 o_t 结构如图 1-7 所示,计算过程如下所示:

$$o_t = \sigma(W_o \cdot [h_{t-1}, x_t] + b_o)$$

$$h_t = o_t * \tanh(C_t) \tag{1.21}$$

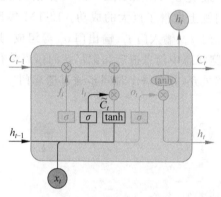

图 1-6 LSTM 输入门

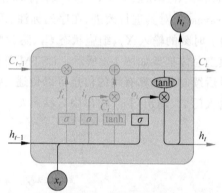

图 1-7 LSTM 输出门

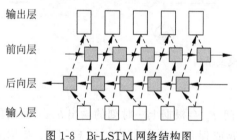

图 1-8 Bi-LSTM 网络结构图

在许多下游任务中,不仅需要考虑上文信息,而且还要考虑下文信息,此时,就需要双向LSTM(Bi-LSTM)。与 LSTM 网络不同,Bi-LSTM 采用两个平行网络层同时向两个方向传播,可以理解为同时训练两个 LSTM,从两个方向记忆句子的信息。该模型基本思想是输入层的数据会通过 LSTM 向前和向后两个方向传播,从左到右顺序学习输入序列的历史信息,从右到左学习未来影响现在的信息,从而将上下文信息提供给输出层。Bi-LSTM 网络模型如图 1-8 所示,输出向量可由以下公式计算:

$$\boldsymbol{h}_{ft} = H(\boldsymbol{w}_{ft} \cdot [h_{ft-1}, x_t] + b_{ft})$$

$$\boldsymbol{h}_{bt} = H(\boldsymbol{w}_{bt} \cdot [h_{bt-1}, x_t] + b_{bt}) \tag{1.22}$$

其中,$\boldsymbol{h}_{ft}$ 表示 t 时刻前向隐含状态输出向量;$\boldsymbol{h}_{bt}$ 代表 t 时刻后向隐含状态输出向量;$\boldsymbol{w}_{ft}$、$\boldsymbol{w}_{bt}$ 代表权值矩阵。

姚茂建等[16]提出双向长短时记忆条件随机场(Bi-LSTM-CRF)模型,可以自动学习文本特征,对文本上下文信息进行建模,该模型在多个数据集上取得了很好的分词结果。Bi-LSTM-CRF 神经网络模型结合 Bi-LSTM-CRF 网络和 CRF 层,该模型可以同时使用过去以及将来的输入特征。基于 Bi-LSTM-CRF 神经网络中文分词模型框架如图 1-9 所示。

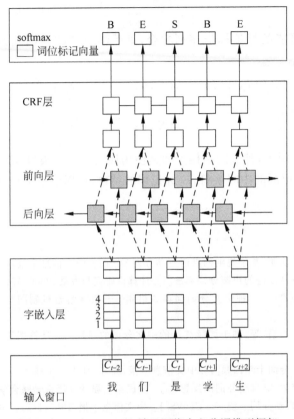

图 1-9　Bi-LSTM-CRF 神经网络中文分词模型框架

　　以中文字符序列"我们是学生"为例,此时输入窗口字符为"我""们""是""学""生",窗口大小为 $k=5$,t 时刻输入字符 $C_t=$"是",字符序列在字嵌入层分别对应 5 个维度为 d 的子向量(其中 d 为设定的子向量维度),将每个子向量串联在一起,形成串联向量 $\boldsymbol{x}_t=\boldsymbol{R}^{H_1}$,其中 $H_1=k\times d$,将串联的 $\boldsymbol{x}_t$ 向量作为 Bi-LSTM-CRF 模型的输入,经过模型转换得到输出 $\boldsymbol{h}_t$,最后再经过 softmax 变换就可以得到一个与标签集维度相等的向量 $\boldsymbol{y}_t=\boldsymbol{R}^D$,$D$ 为词位标签数量。

　　Bi-LSTM-CRF 模型将神经网络输出结果作为 CRF 模型的输入特征引入标签状态转移权重矩阵 $\boldsymbol{A}$,其中 A_{ij} 表示标签 i 转移到标签 j 的概率(打分),A_{ij} 的值越大表示 i 标签转移到 j 的可能性越大。用 $\boldsymbol{Q}$ 表示 Bi-LSTM 神经网络学到的打分输出矩阵,$\boldsymbol{Q}\in\boldsymbol{R}^{n\times D}$,$n$ 是输入词序列长度,Q_{ij} 表示输入的句子中,第 i 个词在第 j 个标签标记上的概率(打分)。字符标签序列得分定义为:

$$s(X,y;\theta)=\sum_{i=1}^{n}(A_{y_{t-1}y_t}+P_{iy_i}) \tag{1.23}$$

其中,X 表示输入的字符序列;输出 y 为标签序列概率;y_t 表示字符序列第 t 个字符的真实标签值;θ 表示模型需要求解的参数集合,将输出经过 softmax 函数变换得到如下表示:

$$p(y \mid X) = \frac{e^{s(X,y;\theta)}}{\sum\limits_{\tilde{y} \in Y_X} e^{s(X,\tilde{y};\theta)}} \tag{1.24}$$

其中,Y_X 代表所有可能的标签标记序列集合,最后学习到的输出是概率最大的那个标记序列。

$$\log(p(y \mid X)) = s(X,y;\theta) - \log \sum_{\tilde{y} \in Y_X} e^{s(X,\tilde{y};\theta)}$$

$$= s(X,y;\theta) - \log \sum_{\tilde{y} \in Y_X} s^{(X,\tilde{y};\theta)} \tag{1.25}$$

在实际的分词应用中,神经网络模型通常使用四词位标注集(B,M,E,S),其中 B 表示标记词的开始,M 标记词的中间字符,E 标记词的结束,S 标记单字符词。

参考文献

[1] 姚天顺,张桂平,吴映明. 基于规则的汉语自动分词系统[J]. 中文信息学报,1990,4(1):39-45.

[2] 陈桂林,王永成. 一种改进的快速分词算法[J]. 计算机研究与发展,2000,37(4):418-424.

[3] 李庆虎,陈玉健,孙家广. 一种中文分词词典新机制——双字哈希机制[J]. 中文信息学报,2003,17(4):14-19.

[4] 费洪晓,康松林,朱小娟,等. 基于词频统计的中文分词的研究[J]. 计算机工程与应用,2005,41(7):67-68.

[5] 黄昌宁,赵海. 中文分词十年回顾[J]. 中文信息学报,2007,21(3):8-19.

[6] 黄昌宁,高剑峰,李沐. 对自动分词的反思[C]//全国第七届计算语言学联合学术会议,2003.

[7] 梁南元. 书面汉语自动分词系统——CDWS[J]. 中文信息学报,1987,1(2):46-54.

[8] 孙茂松,邹嘉彦. 汉语自动分词研究评述[J]. 当代语言学,2001,3(1):11.

[9] 刘挺,王开铸. 关于歧义字段切分的思考与实验[J]. 中文信息学报,1998,12(2):64-65.

[10] 董振东. 汉语分词研究漫谈[J]. 语言文字应用,1997(1):109-114.

[11] 罗智勇,宋柔. 现代汉语通用分词系统中歧义切分的实用技术[J]. 计算机研究与发展,2006,43(6):1122.

[12] Sun M,Tsou B K. Ambiguity resolution in Chinese word segmentation[C]//Proceedings of the 10th Pacific Asia Conference on Language,Information and Computation,1995.

[13] Lafferty J,McCallum A,Pereira F C N. Conditional random fields: Probabilistic models for segmenting and labeling sequence data[C]//Proceedings of the Eighteenth International Conference on Machine Learning,2001.

[14] Hochreiter S,Schmidhuber J. Long short-term memory [J]. Neural Computation, 1997, 9 (8): 1735-1780.

[15] Graves A. Supervised sequence labelling with recurrent neural networks[M]. Berlin: Springer,2012.

[16] 姚茂建,李晗静,吕会华,等. 基于 BI_LSTM_CRF 神经网络的序列标注中文分词方法[J]. 现代电子技术,2019,42(1):95-99.

第2章

命名实体识别

命名实体识别(Named Entity Recognition,NER)是识别并标注文档中命名实体(专有名词,即以名称为标识的实体)的过程,实质上是一个序列标注问题。输入是一个句子,输出是句子中每个字对应的实体标签。实体标签由两部分组成:一部分是用于标注实体的符号,另一部分是用于标注实体类别的符号。因此 NER 任务分为两步:

(1) 发现命名实体,即从句子中找出表示实体的字串;

(2) 标注命名实体,即为发现的实体标注具体类型。

在第一步识别命名实体中,主要的标注方式有 BIO 和 BIOES 两种。B 即 Begin,表示实体的开始;I 即 Intermediate,表示实体的中间;E 即 End,表示实体的结尾;S 即 Single,表示单个字符;O 即 Other,表示其他,用于标记无关字符。第一步已经识别出句子中的实体,这些实体属于不同的类别,包括人名(Person,PER)、地名(Location,LOC)、组织机构名(Organization,ORG),更广泛的实体类别还包括日期(Data)、时间(Time)、百分数(Percentage)、货币(Monetary Value),共 7 种实体类别。由于人名、地名和组织机构名出现的情景复杂,这导致 PER、LOC、ORG 这 3 种标签标注更困难,也更重要。

如图 2-1 所示,采用 BIEO 方式标注得到的结果为[B-PER,E-PER,O,B-ORG,I-ORG,I-ORG,E-ORG,O,B-LOC,I-LOC,E-LOC,O,O,O],其中"小明"是人名实体,"清华大学"是组织机构实体,"古月堂"是地名实体。命名实体识别是信息抽取、信息检索、问答系统、机器翻译等多种自然语言处理技术必不可少的基础任务,它能够帮助计算机理解文本的语义特征,从而帮助下游任务达到更优的效果。

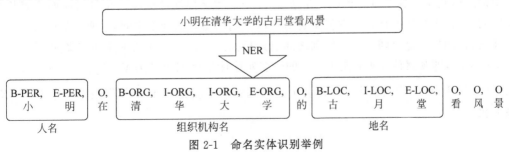

图 2-1　命名实体识别举例

命名实体识别技术一直在不断地发展[1]。最初的命名实体识别任务是采用基于词典和规则的方法,这类方法的核心思想是针对数据集的特征通过人工定义的规则或词典,然后使用匹配的方式来识别文档中的命名实体。然而随着新的实体词汇的产生,使用原来的规则和词典会降低命名实体识别的准确性。与后续发展产生的方法相比较,基于词典和规则的方法需要消耗大量的人力,且泛化能力差。

随着人工智能的发展,传统的基于机器学习方法将命名实体识别当作一个序列标注问题,这个序列标注问题是上下文相关的。例如,"北京第一实验小学,创办于 1912 年 9 月 5 日"和"北京是中华人民共和国的首都",这两个句子都出现了"北京",然而第一个句子中"北京"应属于组织机构名"北京第一实验小学"的一部分,第二个句子中的"北京"是属于地名。也就是说,预测的标签序列之间具有很强的相互依赖关系。

基于传统机器学习的命名实体识别的主流方法是采用条件随机场[2](Conditional Random Fields,CRF)模型,条件随机场模型统计全局概率,在归一化时考虑数据在全局的分布,融合了上下文相关信息进行更可信的标注,该方法将在 2.1 节中详细介绍。

随着神经网络的普遍应用,基于深度学习的方法为命名实体识别任务提供了新的解决途径,深层神经网络中的神经元能够更敏锐地捕获信息,以达到更优异的性能。本章将在 2.2 节介绍 LSTM[3] 网络及其与命名实体识别任务相关的模型。

注意力机制(Attention Mechanism)[4]是当下的热门技术,该技术在各项研究中应用[5]的实验结果都表明了良好的性能。将注意力机制添加到神经网络结构中,习得隐含特征的权重能够使得模型具有更优的表达效果,本章将在 2.3 节介绍注意力机制及其在命名实体识别任务相关模型的应用。

2.1 基于 CRF 的命名实体识别

2.1.1 CRF 基本概念

在统计学中,随机场可以看成一组变量的集合,而这组随机变量对应同一个样本空间。通俗来讲,就是若干变量构成一个整体,这个整体就是场,这若干变量从一个集合中随机取值,就构成了一个随机场。随机场中的随机变量之间常有某种联系,研究随机场就是研究在这种联系的前提下,随机变量取值情况的概率分布。因此,构成随机场有两个要素:一个是随机变量对应的样本空间,另一个是随机变量间的联系。

序列标注问题可以描述为:根据观察值序列来确定其状态序列。在命名实体识别任务中,需要对输入文本序列中的每个字进行命名实体标签的标注,其中,字就是观察值,命名实体识别的标签就是观察值的状态。在这里,每个字和字标注的标签的位置对应两个随机变量序列,字和字标注的标签的取值集合对应两个随机变量的样本空间,这两个随机变量序列之间是相关的,而每个随机变量序列之间也是相关的。将输入的文本序列定义为 $X=\{x_1, x_2, \cdots, x_T\}$,即观察值序列;文本对应的命名实体标签序列定义为 $Y=\{y_1, y_2, \cdots, y_T\}$,即状态序列;其中 T 代表文本的长度。上述问题实际上就是求出 $\hat{Y}$ 使得条件概率 $P(Y|X)$ 最大化:

$$\hat{Y} = \arg \max P(Y \mid X) \tag{2.1}$$

条件随机场模型最早是由 Lafferty 等于 2001 年提出的,该模型的主要思想来源于 HMM[6]。HMM 是生成模型的一种,它定义了一个联合概率分布 $P(X,Y)$,其中 X 和 Y 分别是观察序列及其对应的状态序列上的随机变量。为了定义这种性质的联合分布,生成模型必须枚举所有可能的观测序列。对于大多数领域中的任务来说,这是十分困难的。更准确地说,任何给定时刻的观测元素只直接依赖于当时的状态。对于一些简单的数据集来说,这是一个适当的假设,然而,大多数真实世界的观测序列并不符合这一假设,大多是多个相互作用的状态和观测元素之间的长期依赖性。

HMM 如图 2-2 所示,该模型并不直接对 $P(Y|X)$ 进行建模,其通过贝叶斯公式转换为对 $P(X,Y)$ 进行建模:

$$P(X,Y) = \prod_{t=1}^{T} P(x_t, y_t) = \prod_{t=1}^{T} P(y_t \mid y_{t-1}) P(x_t \mid y_t) \tag{2.2}$$

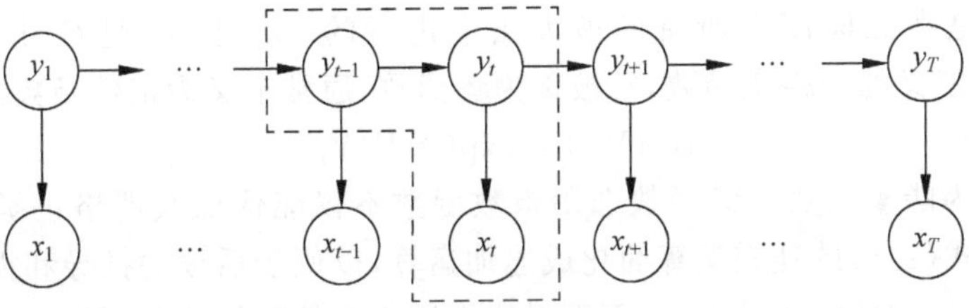

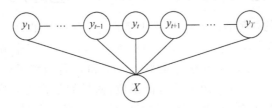

图 2-2　HMM

生成模型认为观察值 x_t 仅由当前状态 y_t 生成的,与其他状态 $y_i (i \neq t)$ 相互独立,然而这样的模型是无法捕捉观察值序列中的长距离依赖关系,因此在上下文相关的任务中,其性能受到了很大的限制。

判别模型给序列数据的标注提供了一个能够捕捉长距离依赖关系的方法,它克服了生成模型的独立性假设。判别模型直接对条件概率 $P(Y|X)$ 进行建模,也就是说,在给定观察序列 X 的条件下,寻找最可能的状态序列 Y 的时候,条件分布 $P(Y|X)$ 可以直接使用。线性链条条件随机场(Linear Chain Conditional Random Field,LCCRF)是自然语言处理任务中最常用的一种判别模型,如图 2-3 所示。

图 2-3　线性链条条件随机场模型

线性链条条件随机场模型是一种典型的无向图模型。对于一个无向图而言,其联合分布可以表示成最大团上的随机变量函数的乘积形式,这个操作称为无向图的因子分解。

在这里引入团和最大团的定义,以便读者理解。对于一个无向图 G 的某个子图 S,若 S 中的任意两个节点之间均有边,则这个子图 S 称为无向图 G 的团;若 S 不能再加入任何一个节点使其成为一个团,则这时的子图 S 就是无向图 G 的最大团,通常将最大团定义为 C,即子图 C 为无向图 G 的最大团。

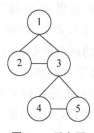

图 2-4　无向图

如图 2-4 中无向图的团包括 $\{1,2\}$，$\{1,3\}$，$\{2,3\}$，$\{3,4\}$，$\{3,5\}$，$\{4,5\}$，$\{1,2,3\}$，$\{3,4,5\}$。其中 $\{1,2,3\}$，$\{3,4,5\}$ 都是最大团。该无向图的因子分解式可表示成如下形式：

$$p(y \mid \theta) = \frac{1}{Z(\theta)} \psi_{123(y_1 y_2 y_3)} \psi_{345(y_3 y_4 y_5)} \tag{2.3}$$

式 (2.3) 是由 Hammersley-Clifford 定理得到的，其中 $p(y \mid \theta)$ 是一个取值为 0～1 的概率，$Z(\theta)$ 为归一化因子。根据 Hammersley-Clifford 定理，无向图的因子分解通用公式定义如下：

$$P(Y) = \frac{1}{Z} \prod_C \psi_C(Y_C) \tag{2.4}$$

$$Z = \sum_Y \prod_C \psi_C(Y_C) \tag{2.5}$$

因子分解是在无向图上所有的最大团上进行的。其中，C 是 G 上的最大团集合，$\psi_C(Y_C)$ 是 C 上定义的严格正函数，常被称为势函数，通常定义为指数函数：

$$\psi_C(Y_C) = \exp(-E(Y_C)) \tag{2.6}$$

其中，$E(Y_C)$ 称为能量函数。势函数选用指数函数不仅能保证其严格正函数的要求，还能使得式 (2.5) 和式 (2.5) 的连乘运算简化成连加运算，以便于后续的推导和损失函数的计算。

在了解了无向图的因子分解后，下面对线性链条件随机场进行形式化定义。

设 X、Y 分别表示需要标记的文本和标签序列联合分布的随机变量，随机变量 Y 构成一个无向图 $G=(V,E)$ 表示马尔可夫随机场，$P(Y|X)$ 构成线性链条件随机场，即满足马尔可夫性（马尔可夫性：未来与过去无关，只与现在有关）。若在给定的随机变量序列 X 取值为 x 的条件下，随机变量 Y 取值为 y 的条件概率公式如下：

$$P(y \mid x) = \frac{1}{Z(x)} \exp\left(\sum_{i,k} \lambda_k t_k(y_{i-1}, y_i, x, i) + \sum_{i,l} \mu_l s_l(y_i, x, i) \right) \tag{2.7}$$

其中，归一化因子 $Z(x)$ 为：

$$Z(x) = \sum_y \exp\left(\sum_{i,k} \lambda_k t_k(y_{i-1}, y_i, x, i) + \sum_{i,l} \mu_l s_l(y_i, x, i) \right) \tag{2.8}$$

其中，λ_k 和 μ_l 是对应的权值，t_k 和 s_l 是特征函数，y_i 表示 Y 的每一种取值情况，k 和 l 表示特征函数的个数。其中，$t_k(y_{i-1}, y_i, x, i)$ 中的 y_{i-1}, y_i, x 三个节点构成线性链上的最大团，$s_l(y_i, x, i)$ 表示不同 x 标注为 y_i 的概率。t_k 和 s_l 都依赖于局部位置，称为局部特征函数。t_k 是定义在 (y_{i-1}, y_i, x) 边上的特征函数，衡量的是在输入序列 x 的条件下，一种状态转变成另一种状态的概率，称为转移特征，依赖于当前和前一个位置。s_l 是定义在 (y_i, x) 上的特征函数，衡量的是观察值表现为某种状态的概率，称为状态特征，仅依赖于当前位置。对于这两个特征函数 t_k 和 s_l，当它们满足特征条件时，其取值为 1，否则取 0。

由于式 (2.8) 参数多且形式过于复杂，不便于后续推导，故将其逐步简化。

因为 t_k 和 s_l 都是局部特征函数，将转移特征和状态特征及其权值用统一的符号表示。设有 K_1 个转移特征，有 K_2 个状态特征，$K=K_1+K_2$，则将特征函数简化为：

$$f_k(y,x) = f_k(y_{i-1}, y_i, x, i) = \begin{cases} t_k(y_{i-1}, y_i, x, i), & k=1,2,\cdots,K_1 \\ s_l(y_i, x, i), & k=K_1+l, l=1,2,\cdots,K_2 \end{cases}$$

用 w 来统一表示两个特征函数的权重 λ_k 和 μ_l：

$$w = \{w_1, w_2, \cdots, w_K\}$$

简化后的条件随机场可以表示为：

$$P(y \mid x) = \frac{1}{Z(x)} \exp\left(\sum_{k=1}^{K} w_k f_k(y, x)\right) \tag{2.9}$$

$$Z(x) = \sum_y \exp\left(\sum_{k=1}^{K} w_k f_k(y, x)\right) \tag{2.10}$$

将 $f_k(y, x)$ 写成向量的形式：

$$\boldsymbol{F}(y, x) = \{f_1(y, x), f_2(y, x), \cdots, f_K(y, x)\}$$

此时条件随机场可以写成向量内积形式：

$$P(y \mid x) = \frac{1}{Z(x)} \exp(\boldsymbol{w}^{\mathrm{T}} \boldsymbol{F}(y, x)) \tag{2.11}$$

$$Z_{\boldsymbol{w}}(x) = \sum_y \exp(\boldsymbol{w}^{\mathrm{T}} \boldsymbol{F}(y, x)) \tag{2.12}$$

2.1.2 命名实体识别任务

将命名实体识别任务分为以下几步。

1. 对文本进行原子切分

对文本进行原子切分，识别出每个字作为原始序列。有些分词方依赖于事先编制的词表，分词过程就是通过查词表来做出词语切分的决策。以"字"为特征的切分方法有一个重要的优势——它能够平衡地看待词表和未登录词的识别问题，可以不必预先设置词表，也不用额外考虑未登录词。这简化了分词系统的设计。在"字"标注过程中，所有的"字"根据预定义的特征进行学习，获得一个概率模型，然后在待分的"字"序列上，根据"字"与"字"之间的上下文联系得到当前词位的分类结果。"字"的切分实现简单，在这里不做过多讲解。

2. 对原始序列衍生出来的观察序列进行研究，根据观察序列的取值建立特征模板

1) 基于"字"的原始序列衍生观察序列

首先要确定序列标注集合，即随机变量 Y 的所有可能取值。在实验过程中，可以采用 BIEO 标注方式来标注每个输入单元。在进行人名、地名、机构名的识别任务中，BIEO 标注方式定义了 7 种标记的集合，$T = \{\text{B-PER}, \text{I-PER}, \text{E-PER}, \text{B-LOC}, \text{I-LOC}, \text{E-LOC}, \text{B-ORG}, \text{I-ORG}, \text{E-ORG}, O\}$，其中各个标记的意思分别为：人名开始，人名内部，人名结束，地名开始，地名内部，地名结束，机构名开始，机构名内部，机构名结束，其他。

如图 2-1 中的例子，观察序列为：$X = \{\text{小, 明, 在, 清, 华, 大, 学, 的, 古, 月, 堂, 看, 风, 景}\}$。对应的标注序列为：$Y = \{\text{B-PER, E-PER, O, B-ORG, I-ORG, I-ORG, E-ORG, O, B-LOC, I-LOC, E-LOC, O, O, O}\}$。

将数据依据情况按比例分为训练集和测试集，训练集的数据应由长度为 K 的观察序列和相应标注序列组成。格式为 $\{X_i, Y_i\}$，其中 $i = 1, 2, \cdots, K$。

2) 建立特征模板

在条件随机场模型中，一个非常重要的问题就是针对特定的任务为模型选取合适的特征函数，特征函数的选取是影响模型性能的关键。选择合适的特征模板后经过语料训练就可以得到具体的模型,然后用于命名实体的识别任务。由于命名实体本身的构成具有很强的随意性,仅仅依靠对命名实体本身构成的分析很难取得较好的识别效果,因此,需要充分挖掘命名实体上下文的相关信息。

条件随机场能够融合长距离的上下文依赖信息,但需要确定命名实体识别时使用的特征模板。特征模板用来匹配结合上下文信息的具体特征。需要指出的是,这里所说的"上下文"是指当前词及其前后若干词所组成的观察窗口。从理论上来说,窗口越大,能够利用的上下文信息就越丰富,若窗口过大,则所选择的特征也会急剧增加,除了会严重地影响运行效率外,也会产生过拟合现象;而窗口过小时,虽然运行效率高,但会导致特征利用的不够充分,丢失重要的上下文信息,进而影响识别的效果。一般选择长度为 5 的窗口,即观察范围包含当前词、当前词的前面两个词和当前词的后面两个词,共 5 个词。

特征模板的选择会直接影响到模型的效果,如果枚举所有的模板,则计算量太大,难以完成。因此选择合理的模板就显得尤为重要。为了充分挖掘中文的内在规律,生成最优的模型,接下来介绍一组用来筛选文本中的特征的模板[7],该模板具有较好的性能。此模板中窗口总长度为 5,共 5 个单字特征和 4 个二元组合特征,特征模板如表 2-1 所示。

表 2-1　特征模板

模 板 编 号	模 板 形 式	模 板 含 义
1	CurrentWord(-2)	当前字左边第二个字
2	CurrentWord(-1)	当前字左边第一个字
3	CurrentWord(0)	当前字
4	CurrentWord(1)	当前字右边第一个字
5	CurrentWord(2)	当前字右边第二个字
6	CurrentWord(0)/CurrentWord(1)	当前字和当前字右边第一个字
7	CurrentWord(-1)/CurrentWord(0)	当前字左边第一个字和当前字
8	CurrentWord(1)/CurrentWord(2)	当前字右边的两个字
9	CurrentWord(-2)/CurrentWord(-1)	当前字左边的两个字

将图 2-1 中的例子与表 2-1 中的特征模板组合,当 $i=5$ 时,即 $x_i=$"大",上述特征模板的上下文特征示例如表 2-2 所示。

表 2-2　表特征模板的上下文特征示例

模 板 编 号	模 板 形 式	代 表 的 字
1	CurrentWord(-2)	清
2	CurrentWord(-1)	华
3	CurrentWord(0)	大
4	CurrentWord(1)	学
5	CurrentWord(2)	的
6	CurrentWord(0)/CurrentWord(1)	大/学
7	CurrentWord(-1)/CurrentWord(0)	华/大
8	CurrentWord(1)/CurrentWord(2)	清/华
9	CurrentWord(-2)/CurrentWord(-1)	学/的

3. 按特征模板规则从数据中提取特征函数

以模板编号为 2 和 8 的模板形式来对特征函数进行定义。当前窗口如图 2-5 所示,编号为 2 的模板表示,当前"字"的标注和当前字的左一个"字"使得特征函数取值为 1,否则为 0。伪代码如下:

```
If (y_i == "I - ORG"&&x_{i-1} == "华") return 1 else return 0;
```

编号为 2 的模板表示,当前"字"的标注和当前字的右两个"字"使得特征函数取值为 1,否则为 0。伪代码如下:

```
If (y_i == "I - ORG"&&x_{i+1} == "学"&&x_{i+2} == "的") return 1 else return 0;
```

其余特征模板结合数据能够生成不同的特征函数,以此来进行模型的训练。

当前字

B-PER,	E-PER,	O,	B-ORG,	I-ORG,	I-ORG,	E-ORG,	O,	B-LOC,	I-LOC,	E-LOC,	O,	O,	O
小	明	在	清	华	大	学	的	古	月	堂	看	风	景

当前窗口

图 2-5　当前窗口

4. 特征函数的参数估计

1) 最大似然估计

在基于条件随机场的命名实体识别任务中,训练模型实质上就是对参数 w 的估计。采用最大似然估计公式如下:

$$\hat{w} = \arg\max \log \prod_{i=1}^{N} P(y \mid x)$$

其中,N 是训练数据的个数,将式(2.7)代入得:

$$\hat{\lambda}, \hat{\mu} = \arg\max_{\lambda, \mu} \log \prod_{i=1}^{N} \left(\frac{1}{Z(x)} \exp \left(\sum_{i,k} \lambda_k t_k (y_{i-1}, y_i, x, i) + \sum_{i,l} \mu_l s_l (y_i, x, i) \right) \right)$$

$$= \arg\max_{\lambda, \mu} \sum_{i=1}^{N} \left(-\log Z(x) + \sum_{i,k} \lambda_k t_k (y_{i-1}, y_i, x, i) + \sum_{i,l} \mu_l s_l (y_i, x, i) \right)$$

2) 梯度上升优化参数

将目标函数设置如下:

$$L = \sum_{i=1}^{N} \left(-\log Z(x) + \sum_{i,k} \lambda_k t_k (y_{i-1}, y_i, x, i) + \sum_{i,l} \mu_l s_l (y_i, x, i) \right)$$

关于线性链条条件随机场的最优化问题,即最大化目标函数,可以采用梯度上升的方法,求目标函数的梯度 $\nabla_\lambda L$、$\nabla_\mu L$,则梯度更新如下:

$$\lambda^{t+1} = \lambda^t + \text{step} \cdot \nabla_\lambda L$$

$$\mu^{t+1} = \mu^t + \text{step} \cdot \nabla_\mu L$$

采用梯度上升的方法训练速度慢,可以采用更优的方法如改进的迭代尺度法 IIS、梯度下降法以及 L-BFGS 算法等。训练好模型后,分别计算出每个"字"对应的标签集中标签的概率,概率最高的标签即命名实体识别的标注结果。

2.2 基于 Bi-LSTM-CRF 的命名实体识别

随着深度神经网络研究的不断深入,用于序列推荐的各种神经网络模型不断涌现,最初应用在自然语言处理领域的是循环神经网络(Recurrent Neural Network,RNN),但 RNN 在处理序列推荐问题上会存在长期依赖问题。当前位置与相关信息所在位置之间的距离相对较小时,RNN 可以被训练来使用这样的相关信息,但是相关信息和需要该信息的位置之间的距离也可能非常远,RNN 很难将这样的距离远的相关信息运用起来,也就是说,模型很难学到远距离的依赖关系。简单来说,长期依赖问题就是信息通过隐含层逐层进行传递的,每传递一层就会导致信息的损失,随着时间的推移会逐渐丢失早期的信息,LSTM 就是为了解决长期依赖问题而生的。本节重点介绍 RNN、LSTM、Bi-LSTM 以及基于 Bi-LSTM-CRF 的命名实体识别的模型。

2.2.1 RNN

RNN 是一类用于处理序列数据的神经网络。序列标注任务采用的 RNN 架构如图 2-6 所示,即多个输入严格对应多个输出。它能够更好地利用上下文信息,提高命名实体识别的精确率。用于处理序列标注问题的 RNN 模型结构如图 2-7 所示。

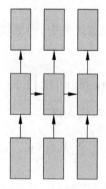

图 2-6 多对多架构

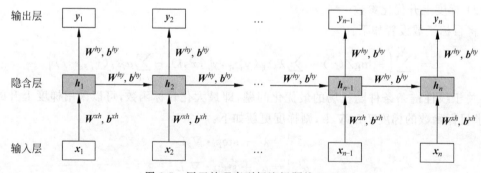

图 2-7 用于处理序列标注问题的 RNN

模型细节如下：

$$h_t = \tanh(\boldsymbol{W}^{xh}\boldsymbol{x}_t + \boldsymbol{b}^{xh} + \boldsymbol{W}^{hh}\boldsymbol{h}_{t-1} + \boldsymbol{b}^{hh}) \tag{2.13}$$

$$\boldsymbol{y}_t = \mathrm{softmax}(\boldsymbol{W}^{hy}\boldsymbol{h}_t + \boldsymbol{b}^{hy}) \tag{2.14}$$

模型由输入层、隐含层、输出层组成。tanh 和 softmax 是两个激活函数。其中 $\boldsymbol{x}_t$、$\boldsymbol{h}_t$、$\boldsymbol{y}_t$ 分别表示 t 时刻的输入、隐含状态和输出。$\boldsymbol{h}_t$ 由两部分组成：一部分表示当前输出的信息 $\boldsymbol{W}^{xh}\boldsymbol{x}_t + \boldsymbol{b}^{xh}$，另一部分表示保存在隐含层中的前一时刻的序列信息 $\boldsymbol{W}^{hh}\boldsymbol{h}_{t-1} + \boldsymbol{b}^{hh}$，$\boldsymbol{y}_t$ 直接对当前时刻的隐含层进行操作，因为隐含层中已经包含了当前输入和以前的序列信息。其中 $\boldsymbol{W}$ 和 $\boldsymbol{b}$ 是模型需要训练的参数。$\boldsymbol{W}^{xh}$、$\boldsymbol{W}^{hh}$、$\boldsymbol{W}^{hy}$ 分别表示隐含层对输入、前一时刻的隐含层对当前时刻的隐含层、隐含层对输出的权重矩阵，这些权重矩阵决定了隐含层该保留输入的哪些信息，当前时刻应该保留从前一时刻传递过来的隐含状态的哪些信息，输出应该保留当前隐含状态的哪些信息。模型通过反向传播来更新和优化 RNN 的参数 $\boldsymbol{W}$ 和 $\boldsymbol{b}$。由于每一时刻的输出不仅仅依赖当前时刻，还需要前一时刻的隐含状态，这种反向传播算法叫作（Back Propagation Through Time，BPTT），也就是将输出端的误差值反向传递，反向传播算法包含 3 个步骤：前向计算每个神经元的输出值；反向计算每个神经元的误差项值；计算每个权重的梯度。每一时刻的输出 $\boldsymbol{y}_t$ 都会产生一个误差值 $\boldsymbol{e}_t$，则全局误差 $\boldsymbol{E}$ 可以表示为：

$$\boldsymbol{E} = \sum_t \boldsymbol{e}_t \tag{2.15}$$

损失函数可以采用交叉熵损失或平方误差损失。运用梯度下降法对权重矩阵进行更新：

$$\begin{aligned} \boldsymbol{W}^{xh}(t+1) &= \boldsymbol{W}^{xh}(t) + \alpha \nabla \boldsymbol{W}^{xh} \\ \boldsymbol{W}^{hh}(t+1) &= \boldsymbol{W}^{hh}(t) + \alpha \nabla \boldsymbol{W}^{hh} \\ \boldsymbol{W}^{hy}(t+1) &= \boldsymbol{W}^{hy}(t) + \alpha \nabla \boldsymbol{W}^{hy} \end{aligned} \tag{2.16}$$

其中，参数 $\boldsymbol{W}^{hy}$ 的寻优仅关注当前时刻，相对简单。$\boldsymbol{W}^{xh}$ 和 $\boldsymbol{W}^{hh}$ 两个参数的寻优过程不仅与当前时刻相关，还依赖于前一个隐含状态。$\nabla \boldsymbol{W}^{xh}$、$\nabla \boldsymbol{W}^{hh}$、$\nabla \boldsymbol{W}^{hy}$ 计算公式如下：

$$\begin{aligned} \nabla \boldsymbol{W}^{xh} &= \frac{\partial \boldsymbol{E}}{\partial \boldsymbol{W}^{xh}} = \sum_t \frac{\partial \boldsymbol{e}_t}{\partial \boldsymbol{W}^{xh}} \\ \nabla \boldsymbol{W}^{hh} &= \frac{\partial \boldsymbol{E}}{\partial \boldsymbol{W}^{hh}} = \sum_t \frac{\partial \boldsymbol{e}_t}{\partial \boldsymbol{W}^{hh}} \\ \nabla \boldsymbol{W}^{hy} &= \frac{\partial \boldsymbol{E}}{\partial \boldsymbol{W}^{hy}} = \sum_t \frac{\partial \boldsymbol{e}_t}{\partial \boldsymbol{W}^{hy}} \end{aligned} \tag{2.17}$$

RNN 在训练时会遇到梯度消失或者梯度爆炸的问题。所谓梯度消失或梯度爆炸，是指训练时计算和反向传播，梯度倾向于在每一时刻递减或递增，经过一段时间后，梯度就会收敛到零（即梯度消失）或发散到无穷大（即梯度爆炸）。梯度爆炸可以使用梯度修剪（Gradient Clipping）解决，即当梯度向量大于某个阈值时，缩放梯度向量。但很难解决梯度消失问题。

2.2.2　LSTM 网络

LSTM 网络是一种特殊的 RNN，RNN 由于梯度消失的原因只能有短期记忆，LSTM

网络通过门控机制在一定程度上解决了梯度消失导致的长期依赖问题。LSTM 网络内部的门控结构能够让模型学到远距离的依赖关系,即能够运用远距离的相关信息来获得当前的隐含状态。LSTM 网络的改进体现在隐含状态 h 的获取和新增加的细胞状态 C 上,RNN 与 LSTM 网络的隐含状态获取部分对比如图 2-8 所示。

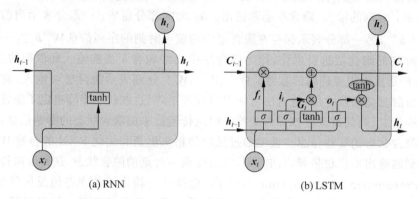

(a) RNN   (b) LSTM

图 2-8　RNN 与 LSTM 的隐含状态获取部分对比

LSTM 网络的神经元的输入除了前一时刻的隐含状态 h_{t-1} 和当前时刻的输入 x_t 外,还增加了一个细胞状态 C_{t-1}。细胞状态类似于 RNN 中的隐含状态,保存的是历史状态的信息,隐含状态则侧重于保存上一时刻的输出信息。LSTM 网络内部的计算,可以分为遗忘门,输入门与输出门,模型细节如下:

遗忘门主要是判断细胞状态 C_{t-1} 中的哪些信息应该被遗忘。输入的 h_{t-1} 和 x_t 经过 sigmoid 激活函数之后得到 f_t,f_t 中每一个值的范围都是 $[0,1]$。f_t 中的值越接近 1,表示细胞状态 C_{t-1} 中对应位置的值更应该记住;f_t 中的值越接近 0,表示细胞状态 C_{t-1} 中对应位置的值更应该遗忘。将 f_t 与 C_{t-1} 按位相乘,可以得到遗忘无用信息之后的 C'_{t-1}。

$$f_t = \sigma(W_f \cdot [h_{t-1}, x_t] + b_f)$$
$$C'_{t-1} = C_{t-1} \odot f_t \tag{2.18}$$

输入门主要是判断哪些输入信息需要加入到细胞状态 C'_{t-1} 中。h_{t-1} 和 x_t 经过 tanh 激活以后可以得到新的输入信息,但是这些输入信息不需要全部加入。将输入的 h_{t-1} 和 x_t 经过 sigmoid 激活函数之后得到与 f_t 类似的 i_t,f_t 中用来记录细胞状态应该遗忘的信息,而 i_t 用来记录哪些新输入信息应该被保留,两向量相乘后的结果加到 C'_{t-1} 中,即得到 t 时刻的细胞状态 C_t。

$$i_t = \sigma(W_i \cdot [h_{t-1}, x_t] + b_i)$$
$$G_t = \tanh(W_G \cdot [h_{t-1}, x_t] + b_G) \tag{2.19}$$
$$C_t = f_t \times C_{t-1} + i_t \times G_t$$

输出门主要用来判断哪些信息被保留到隐含状态 h_t 中。隐含状态的信息来源有两个:一个是传递历史信息的细胞状态,另一个是侧重于前一时刻隐含状态和当前时刻的输入。细胞状态 C_t 经过 tanh 激活函数得到可以输出的信息,然后 h_{t-1} 和 x_t 经过 sigmoid 函数得到一个向量 o_t,o_t 与 f_t、i_t 相似,表示对细胞状态的信息选择。两向量相乘后的结果就是当前时刻的隐含状态 h_t,即神经元的输出。

$$\boldsymbol{o}_t = \sigma(\boldsymbol{W}_o \cdot [\boldsymbol{h}_{t-1}, \boldsymbol{x}_t] + \boldsymbol{b}_o)$$
$$\boldsymbol{h}_t = \boldsymbol{o}_t \times \tanh(\boldsymbol{C}_t)$$

2.2.3 双向 LSTM 网络

在自然语言处理任务中通常要对上下文信息进行建模。在命名实体识别任务中,当前字的标签不仅和前面的字有关还和后面的字有关,如图 2-5 中,在识别当前字为"大"时,识别组织机构名"清华大学"实体不仅与上文"清华"相关,还与下文"学"相关。然而 RNN 和 LSTM 都是从前往后传递信息,无法编码从后到前的信息,这是上下文相关任务中的局限性。

为了解决该问题,设计了一个双向 LSTM(Bi-directional Long Short-Term Memory,Bi-LSTM)网络,它由一个前向的 LSTM 网络和后向的 LSTM 网络组合而成。其思想是将同一个序列分别输入向前和先后的两个 LSTM 网络中,然后将两个网络的隐含层连接在一起得到上下文相关的表示,这样的操作可以更好地捕捉双向的语义依赖和建模上下文信息。双向 LSTM 网络的模型结构如图 2-9 所示。其中,x 表示输入序列,$\boldsymbol{h}^{\mathrm{f}}$ 表示前向的隐含向量,$\boldsymbol{h}^{\mathrm{b}}$ 表示后向的隐含向量,隐含向量的获取与 LSTM 网络中输出门的输出一致,在这里不再赘述。$\boldsymbol{h}$ 表示 $\boldsymbol{h}^{\mathrm{f}}$ 与 $\boldsymbol{h}^{\mathrm{b}}$ 连接得到的上下文相关的表示,再经过 softmax 层得到标签预测的结果 $\boldsymbol{y}_t$。

$$\boldsymbol{h}_t = [\boldsymbol{h}_t^{\mathrm{f}}, \boldsymbol{h}_t^{\mathrm{b}}]$$
$$\boldsymbol{y}_t = \mathrm{softmax}(\boldsymbol{h}_t) \tag{2.20}$$

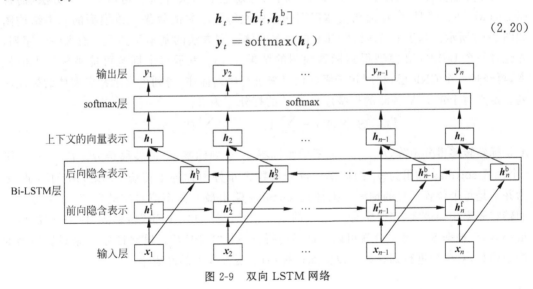

图 2-9 双向 LSTM 网络

2.2.4 Bi-LSTM-CRF

Bi-LSTM 网络虽然能够有效地获取当前字的上下文信息进行标签预测,但并没有考虑句子级的信息,这可能会导致错误的连续的两个相同标注的结果,如"$y_{t-1}=$B-PER,$y_t=$B-PER"。这种错误是不会出现在 CRF 中的,因为 CRF 的特征函数就是描述在当前窗口下的各种词之间的关系,通过对特征函数的定义可以消除这种错误。故而在 Bi-LSTM 预测后再将其结果放入到 CRF 中,利用全局信息进行更精准的预测。如图 2-10 所示的这种方法有效结合了 CRF 和 LSTM 网络的优点,从而改进了命名实体的识别效果。

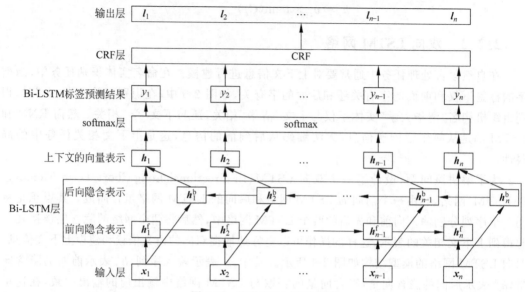

图 2-10   Bi-LSTM-CRF 模型

对于命名实体识别任务,一种基于双向长短期记忆和条件随机场相结合的方法(简称 Bi-LSTM-CRF 模型)[8]在命名实体识别任务中取得了较好的效果。该模型的基本结构图如图 2-10 所示。基于 Bi-LSTM-CRF 的命名实体识别方法的基本思路是:输入一个序列,先经过一个 Bi-LSTM 模型得到标签预测的结果 y_t,y_t 表示每个标签可能被标注上的概率,再经过一个 CRF 层,利用句子级的信息来进行序列标注,得到可表示命名实体的标注序列。定义对于句子 X 预测的标签序列为 Y 的打分[9]为 S:

$$S(X,Y) = \sum_t A_{y_{t-1},y_t} + \sum_t P_{t,y_t} \tag{2.21}$$

A 是标签转移得分矩阵,A_{y_{t-1},y_t} 表示的是标签 y_{t-1} 到标签 y_t 的转移得分。P_{t,y_t} 表示第 t 个位置 softmax 输出为 y_t 的概率。得分函数 S 很好地弥补了传统 Bi-LSTM 的不足,因为并不是每个位置标签的预测结果都是 softmax 输出最大概率值对应的标签,还要考虑前面转移概率相加最大,即要考虑句子级的全局信息。比如"B-PER"转移到"B-PER"的概率很小,那么根据 S 计算得分就可以保证最高得分不是"B-PER"。根据打分 S 来设置适当的损失函数,对模型进行训练就可以消除这种错误,提高模型的准确率。

2.3   注意力机制

在自然语言处理领域,注意力机制最早是由 Bahdanau 等[10]提出的,其原理是模拟人脑的注意力,将有限的注意力选择性地分配给更重要的信息。在命名实体识别的任务中,Bi-LSTM 网络模型能够充分考虑上下文的语义信息,但没有突出与当前位置有关联的上下文信息。在实际应用中发现,序列中处于最后的位置的信息仍然对最终结果有较大的影响。因此对每个时刻的编码状态进行一定程度上的融合有助于丰富源序列的信息,由此引入了注意力机制。

可以将注意力机制的结构抽象描述为图 2-11。将 Source 中的构成元素想象成是由一系列的< Key,Value >数据对构成,此时给定某个元素 Query,通过计算 Query 和各个 Key 的相似性或者相关性,得到每个 Key 对应 Value 的权重系数,然后对 Value 进行加权求和得到了最终的注意力权值。可以将注意力机制归纳为两个过程:第一个过程是根据 Query 和 Key 计算权重系数,第二个过程根据权重系数对 Value 进行加权求和。第一个过程又可以细分为两个阶段:第一个阶段根据 Query 和 Key 计算两者的相似性或者相关性;第二个阶段对第一阶段的原始分值进行归一化处理。

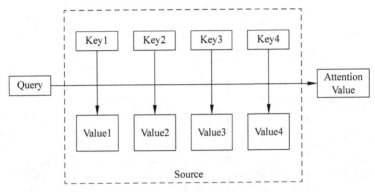

图 2-11 注意力机制

为了强调上下文信息与当前位置的相关性,获得更有效的上下文语义特征,在 Bi-LSTM 网络后加入注意力层,即利用注意力机制对 Bi-LSTM 输出的所有隐含状态赋予不同的关注程度,强化了相关语义特征权重,弱化了无关的语义特征权重,在保留有效的文本信息基础上,最大限度地增加对有效信息的关注。这样能在一定程度上挖掘出文本间潜在的上下文语义联系,有利于识别出不易识别的实体,所以注意力机制在解决命名实体识别问题上具有一定的优势。本节将介绍一个基于注意力机制的 Bi-LSTM-CRF 模型[11],并将之用于命名实体识别任务,该网络模型结构如图 2-12 所示。

该模型包括词输入层、Bi-LSTM 层、注意力层、CRF 层、softmax 层和输出层 6 层结构。

第一层是输入层,作用是将输入的文本序列转换成词向量表示,可以采用传统的 Word2Vec 或当下流行的预训练模型进行编码。

第二层是 Bi-LSTM 层,作用是以输入序列的向量表示为输入,进一步构建包含上下文信息的表示,这个表示就是注意力机制中第一个过程的第一阶段,即获得 Query 和 Key 两者的相关性。

第三层是注意力层,实际是进行注意力机制的其余过程,对相关性进行归一化处理。通过计算得到注意力概率权重,使 Bi-LSTM 层的隐含层状态向量被分配不同的注意力,以区分不同上下文信息的重要性,达到强化与当前信息有关联的上下文信息的目的。

$$\begin{cases} \boldsymbol{\alpha}_t = \dfrac{\exp(\tanh(\boldsymbol{h}_t))}{\sum_t \exp(\tanh(\boldsymbol{h}_t))} \\ \boldsymbol{h}'_t = \sum_t \boldsymbol{\alpha}_t \boldsymbol{h}_t \end{cases} \tag{2.22}$$

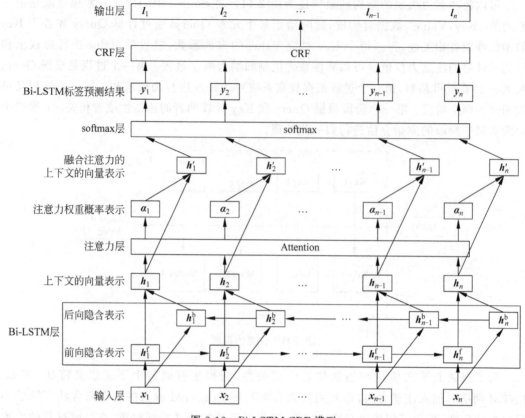

图 2-12 Bi-LSTM-CRF 模型

上式含义如下：$\tanh(\boldsymbol{h}_t)$ 是通过计算得到的注意力权重，表示当前位置与上下文信息的语义关系的大小。通过 softmax 函数将注意力权重概率化得到注意权重概率向量 $\boldsymbol{\alpha}_t$，最后将注意权重概率与隐含层状态向量做乘积得到向量的加权语义表示。

第四层是 softmax 层，其作用是获得标签推荐结果的概率表示。

第五层是 CRF 层，其作用是在全局范围内获得统计归一化的条件状态转移概率矩阵，优化标签预测结果，从而进行更精准的命名实体识别。

第六层是输出层，其作用是直接输出预测的实体标签。

注意力机制的优越性[12]在于，它不再仅依赖于编码器在最后一个时刻的输出来包含源序列所有的信息。通过对编码器不同时刻的输出根据注意力权重进行加权求和，决定哪一部分信息是对于当前时刻输出有用的，能够有效地剔除噪声，改善模型性能。

参考文献

[1] 陈曙东,欧阳小叶. 命名实体识别技术综述[J]. 无线电通信技术,2020,46(03)：251-260.

[2] Lafferty J, McCallum A, Pereira F C N. Conditional random fields: Probabilistic models for segmenting and labeling sequence data[C]//Proceedings of the Eighteenth International Conference on Machine Learning,2001.

[3] Hochreiter S, Schmidhuber J. Long short-term memory [J]. Neural Computation, 1997, 9 (8)：

1735-1780.

［4］ Mnih V，Heess N，Graves A. Recurrent models of visual attention［C］//Advances in Neural Information Processing Systems，2014：2204-2212.

［5］ 石磊，王毅，成颖，等.自然语言处理中的注意力机制研究综述［J］.数据分析与知识发现，2020，4(05)：1-14.

［6］ Zhou G D，Su J. Named entity recognition using an HMM-based chunk tagger［C］//Proceedings of the 40th Annual Meeting of the Association for Computational Linguistics，2002.

［7］ 程志刚.基于规则和条件随机场的中文命名实体识别方法研究［D］.武汉：华中师范大学，2015.

［8］ 张晓海，操新文，彭双震，等.基于 BI-LSTM-CRF 的作战文书命名实体识别［J］.信息工程大学学报，2019，20(04)：502-506,512.

［9］ Lample G，Ballesteros M，Subramanian S，et al. Neural architectures for named entity recognition ［C］//Proceedings of the North American Chapter of the Association for Computational Linguistics：Human Language Technologies，2016.

［10］ Bahdanau D，Cho K，Bengio Y. Neural machine translation by jointly learning to align and translate ［EB/OL］. https://arxiv. org/abs/1409. 0473v1.

［11］ 张华丽，康晓东，李博，等.结合注意力机制的 Bi-LSTM-CRF 中文电子病历命名实体识别［J］.计算机应用，2020，40(S1)：98-102.

［12］ 李延昀.基于注意力机制的命名实体识别算法研究［D］.北京：北京邮电大学，2019.

第3章

关 系 抽 取

在互联网迅猛发展的情况下,绝大多数信息都可以形成电子文本,无处不在的信息,其数量正呈现爆炸式的增长,数据已深入生活的方方面面。如何快速高效地从开放领域的文本中抽取出有效信息,成为摆在人们面前的重要问题。

信息抽取包含 3 个关键技术:实体抽取、关系抽取、事件抽取。其中实体抽取是关系抽取和事件抽取的基础,旨在从文本中识别出人名、地名、机构名、日期、数额等实体信息。为了深入理解自然语言文本信息,要在实体识别的基础上,抽取出这些实体之间存在的语义关系。这项抽取实体间语义关系的任务,即关系抽取。实体间的关系可被形式化描述为关系三元组< Entity1,Relation,Entity2 >,其中 Entity1 和 Entity2 是实体类型,Relation 是关系描述。关系抽取即从自然语言文本中抽取出关系三元组< Entity1,Relation,Entity2 >,从而提取文本信息。

对于命名实体的识别,相关工作已经趋于成熟,并应用于多个数据相关领域。但是,命名实体识别获取的信息不具有联络性,单一、离散且缺乏意义,这对于知识库构建和语义理解是远远不够的,于是,采用实体关系抽取技术使实体之间形成关系网络。由于文本的非结构性与不规则性,导致机器难以处理,需要通过特征表示的方式将其转换为机器可读的结构化数据,而命名实体识别可以将实体从无结构性的文本中独立出来,作为信息抽取过程中的一个关键特征。

由此可见,命名实体识别是信息抽取中最为表层的一步。研究者们希望可以探索这些独立的命名实体之间所具有的联系,例如,通过命名实体识别,发现机构名称在同一句子中出现的概率较大,希望找到机构之间的关联,例如,股东关系或包含关系等。进一步地,需要研究发现命名实体之间的关联,将离散的数据信息进行关联与整合,连接成关系网络。需要研究如何提取文本中可能存在的隐含着关系信息的实体、实体属性与文本结构,以训练具有实体关系分类能力的分类模型。关系抽取目标是研究正确的文本及文本关系信息,保证在不影响信息容量的前提下,提取结果具有较高的准确率和召回率(Recall)。作为数据信息挖掘中至关重要的一步,关系抽取技术已经成为领域内大量研究学者的研究重点[1]。

其研究成果主要应用在文本摘要、自动问答、机器翻译、语义网标注、知识图谱等。随着近年来对信息抽取的兴起,实体关系抽取问题进一步得到广泛关注和深入研究,一些研究成果及时出现在近几年人工智能、自然语言处理等相关领域的国际会议上,如 ACL、EMNLP、ICLR、AAAI、KDD、NAACL、ECML-PKDD 等。目前,Google 和百度均在研究构建知识图谱技术,而抽取实体之间的语义关系是这个过程中关键的一环,对多个命名实体大规模建立信息联系,可促进知识库与知识图谱的构建。在海量信息处理中,通过关系抽取技术,可以通过从偏向自然语言的无结构信息中提取结构化的关系元组,协助机器处理自然语言并提高效率。另外,进一步挖掘文本信息的语义关系,可深入理解用户的搜索目的,用于协助搜索引擎提供更为精确的查询结果。所以,关系抽取不仅具有理论价值,更在多个场景中具有相当可观的应用价值。

经典的实体关系抽取方法主要分为有监督、半监督、无监督、远程监督 4 类。有监督的实体关系抽取主要分为基于特征和基于核函数的方法。有监督方法需要手工标注大量的训练数据,浪费时间精力,因此,人们继而提出了基于半监督、无监督、远程监督的关系抽取方法来解决人工标注语料问题。

经典方法存在特征提取误差传播问题,极大地影响实体关系抽取效果。随着近些年深度学习的崛起,学者们逐渐将深度学习应用到实体关系抽取任务中。基于数据集标注量级的差异,深度学习的实体关系抽取任务分为有监督、半监督、远程监督 3 类[1]。

3.1 实体关系抽取定义

实体关系抽取作为信息抽取的重要任务,是指在实体识别的基础上,从非结构化文本中抽取出预先定义的实体关系。实体对的关系可被形式化描述为关系三元组 $<e_1, r, e_2>$,其中,e_1 和 e_2 是实体,r 属于目标关系集 $R\{r_1, r_2, r_3, \cdots, r_i\}$。关系抽取的任务是从自然语言文本中抽取出关系三元组 $<e_1, r, e_2>$,从而提取文本信息。

在关系抽取领域,实体是现实世界中的一个对象或对象集合。它分为三大类:命名实体(Named Entity,NE)、代词实体(Pronoun Entity,PE)和名词性实体(Nominal Entity,NoE),例如,"China"和"Trump"是命名实体,"her"和"we"是代词实体,"the country"和"the man"是名词性实体。一般而言,我们提到的实体是命名实体,在文本预处理过程中都是对文本进行命名实体识别,其余的实体都通过指代消解或共指消解来识别。

在自然语言处理中,人们定义了一种介于两个或多个实体间的关系,即实体关系。其中,介于两个实体间的关系叫二元关系,3 个及 3 个以上实体间的关系叫作多元实体关系。从文本语义上来看,实体关系抽取可以分为明确性实体关系抽取和隐含性实体关系抽取。顾名思义,明确性实体关系抽取是文本的直接语义关系就是所要抽取的实体关系,隐含性实体关系抽取就是文本所表达的直接语义关系不是所要抽取的实体关系。其中,实体关系可以用数学表达方式表达如下:

$$R(e_1, e_2, \cdots, e_n) = c \tag{3.1}$$

其中,$e_1, e_2, \cdots, e_n$ 分别是关系实例中的实体,R 表示关系实例(Relation),c 表示关系实例的关系类别(Category),如 per:children(父母-孩子关系),org:location(组织-位置关系)等。

在抽取实体关系时,需要预先给定一些关系类别,然后将文本指定到一个关系类别中。

实体关系抽取的应用非常广泛,在生物信息学领域,可以提取出蛋白质与疾病的关系,从而找到病因。它也是自动问答系统的技术支撑,它可以从问题中抽取出实体,从而在知识库中找到它们的关系。例如,关系实例"谁是苹果公司的 CEO?",关系抽取就可以在系统信息库中找到结构化关系"CEO of(Apple Inc.)",因此找到答案"库克"。实体关系抽取的广泛应用大大减少了所需耗费的人力和物力,同时也节约了大量时间成本。

鉴于实体关系抽取的巨大应用价值,越来越多的专家和学者开始研究实体关系抽取技术,希望找到可以提高关系抽取效率的方法,这进一步推动了实体关系抽取技术的发展。目前,实体关系抽取方法根据抽取原理可以分为基于规则的方法和基于机器学习的方法。

最初人们使用的关系抽取方法是基于规则的方法,该方法需要那些通晓语言学知识的专家根据抽取内容制定特殊的能够充分有效地描述文本内容的人工规则,这些规则包含了一些词汇、语法信息和语义信息等特征,然后在语料库中,系统需要根据这些已制定的规则查找符合规则的文本,最后就可以得到实体的语义类型。基于规则的方法需要专门的人力来制定规则,以使系统能够在特定领域抽取到可靠的关系。这种方法的实现非常烦琐,不但需要特定领域的专业人员,而且还需要耗费大量的人力、物力去完成整个抽取过程,所以付出的代价非常大,而且效果也不是非常理想。此外,制定的规则都是针对特定领域进行的,当移植到其他领域抽取关系时,得到的结果非常差,因此该方法不适用于大规模复杂数据库。

鉴于基于规则方法的上述缺点,基于机器学习的方法应运而生,基于机器学习的方法主要是基于数学领域中的统计学原理来实现,该方法领域限制不大,可移植性强,效率也很高,耗费的资源也较少,因此渐渐替代了基于规则的方法,成为目前应用最广泛和研究价值最大的关系抽取方法。

基于机器学习的关系抽取流程如图 3-1 所示,主要包括训练过程和预测过程,数据集分为训练集和测试集。训练过程的目的是用机器学习算法根据训练集得到一个模型,预测过程的目的是根据模型预测测试集文本的类别,实现对测试文本集的关系抽取。

基于机器学习的文本关系抽取主要包括 4 部分:文本的预处理、文本分析、关系表示和关系抽取模型。文本预处理的目的是将语料库中含有噪声的数据变为可被计算机处理的纯文本数据,这是因为互联网数据复杂多变,没有统一的格式,这些数据可能是 HTML、XML等格式的数据,所以在进行关系抽取前需进行数据清洗,把语料数据中的网络标签去除掉,变为纯文本格式,以有利于文本特征的抽取;文本分析是从文本中选取出每个文本的特征,即文本的特征表示。从而将无结构的纯文本变为计算机可以识别处理结构化文本,主要的处理过程有分词、词性标注、命名实体识别、句法分析或依存分析等;关系表示是对关系实例的一种模式化表示,就是文本的模式表示,这是计算机处理自然语言的基础。由于如何能够清晰有效地表达出文本的语义信息和结构信息对后续的关系模式识别有重要影响,所以关系模式表示在关系抽取中起着重要的作用。关系抽取模型主要是基于关系表示的分类模型,通过预定义的关系类型,训练基于各种分类原理的分类器,最终实现对测试文本的关系预测。

基于机器学习的关系抽取方法按照有没有已标注好的文本集时的类别预测原理可以分为有监督学习、半监督学习和远程监督学习。本节将重点介绍这几类机器学习算法。

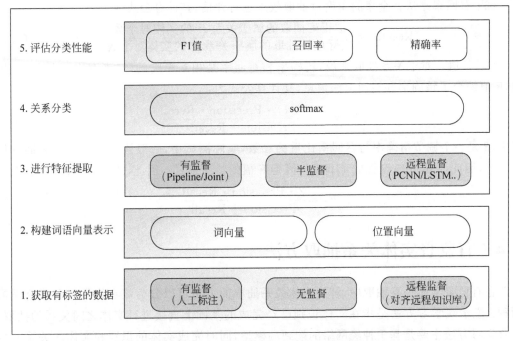

图 3-1　基于机器学习的关系抽取流程框架

3.2　实体关系抽取框架

针对实体关系抽取任务,基于深度学习的抽取过程如下。

(1)获取有标签的数据:有监督方法通过人工标记获取有标签数据集,远程监督方法通过自动对齐远程知识库获取有标签数据集。

(2)构建词语向量表示:将有标签句子分词,将每个词语编码成计算机可以接受的词向量,并求出每个词语与句子中实体对的相对位置,作为这个词语的位置向量,将词向量与位置向量组合作为这个词语的最终向量表示。

(3)进行特征提取:将句子中每一个词语的向量表示输入神经网络中,利用神经网络模型提取句子特征,进而训练一个特征提取器。

(4)关系分类:测试时根据预先定义好的关系种类,将特征提取出的向量放入非线性层进行分类,提取最终的实体对关系。

(5)评估分类性能:最后,对关系分类结果进行评估[2]。

3.3　评测方法

关系抽取领域有 3 项基本评价指标:精确率(Precision)、召回率和 F 值(F-score)。

(1)精确率是从查准率的角度对实体关系抽取效果进行评估,其计算公式为:

$$\text{Precision}_R = \frac{\text{被正确抽取的属于关系 } R \text{ 的实体对个数}}{\text{所有被抽取为关系 } R \text{ 的实体对个数}} \tag{3.2}$$

（2）召回率是从查全率的角度对抽取效果进行评估，其计算公式为：

$$\text{Recall}_R = \frac{\text{被正确抽取的属于关系 } R \text{ 的实体对个数}}{\text{实际应被抽取的属于关系 } R \text{ 的实体对个数}} \tag{3.3}$$

（3）F 值。对于关系抽取来说，精确率和召回率是相互影响的，二者存在互补关系，因此，F 值综合了精确率和召回率的信息，其计算公式为：

$$F_\beta = \frac{(\beta^2 + 1) \cdot \text{Precision} \cdot \text{Recall}}{\text{Precision} + \text{Recall}} \tag{3.4}$$

其中，β 是一个调节精确率与召回率比重的参数，实际测试中，一般认为精确率与召回率同等重要，因此，β 值一般设置成 1，即 F_1 值是 F 值的特殊形式。因此，式（3.4）可以表示为：

$$F_1 = \frac{2 \cdot \text{Precision} \cdot \text{Recall}}{\text{Precision} + \text{Recall}} \tag{3.5}$$

3.4 有监督实体关系抽取方法

在有监督实体关系抽取中，解决实体关系抽取的方法可以分为流水线学习和联合学习两种：流水线学习方法是指在实体识别已经完成的基础上直接进行实体之间关系的抽取；联合学习方法主要是基于神经网络的端到端模型，同时完成实体的识别和实体间关系的抽取[3]。下面对流水线方法（基于 RNN 模型的实体关系抽取方法、基于 CNN 模型的实体关系抽取方法）进行介绍。

基于流水线的方法进行关系抽取的主要流程可以描述为：针对已经标注好目标实体对的句子进行关系抽取，最后把存在实体关系的三元组作为预测结果输出。一些基于流水线方法的关系抽取模型被陆续提出，其中，采用基于 RNN、CNN、LSTM 及其改进模型的网络结构，因其高精度获得了学术界的大量关注。

1. 基于 CNN 模型的实体关系抽取方法

CNN 的基本结构包括两层：其一为特征提取层，每个神经元的输入与前一层的局部接收域相连，并提取该局部的特征；其二是特征映射层，网络的每个计算层由多个特征映射组成，每个特征映射是一个平面，平面上所有神经元的权值相等，减少了网络中自由参数的个数。由于同一特征映射面上的神经元权值相同，所以 CNN 网络可以并行学习。图 3-2 描述了 CNN 用于关系分类的神经网络的体系结构。网络对输入句子提取多个级别的特征向量，它主要包括以下 3 个组件：词向量表示、特征提取和输出。图的右部分显示了句子级特征向量构建过程：每个词语向量由词特征（WF）和位置特征（PF）共同组成，将词语向量放入卷积层提取句子级特征[4]。图 3-2 的左上部分为提取词汇级和句子级特征的过程，然后直接连接以形成最终的句子特征向量。最后如图 3-2 的左下部分，通过隐含层和 softmax 层得到最终的分类结果[3]。

2. 基于 RNN 模型的实体关系抽取方法

RNN 在处理单元之间既有内部的反馈连接又有前馈连接，可以利用其内部的记忆来处理任意时序的序列信息，具有学习任意长度的各种短语和句子的组合向量表示的能力，已成功应用在多种 NLP 任务中。与 RNN 相比，前馈网络更适合处理序列化输入，但 RNN 也存在着以下两个缺点。

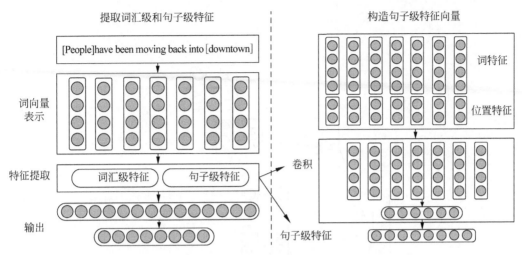

提取词汇级和句子级特征　　　　　　　　构造句子级特征向量

图 3-2　基于 CDNN 的关系抽取框架

（1）在网络训练时，RNN 容易出现梯度消失、梯度爆炸的问题，因此，传统 RNN 在实际中很难处理长期依赖，这一点在 LSTM 网络中有所改进。

（2）由于 RNN 的内部结构复杂，网络训练周期较长，而 CNN 结构相对简单，主要包括前置的卷积层和后置的全连接层，训练更快速。

由于梯度消失、梯度爆炸的问题，传统的 RNN 在实际中很难处理长期依赖，后面时间的节点对于前面时间的节点感知力下降。而 LSTM 网络通过 3 个门控操作及细胞状态解决了这些问题，能够从语料中学习到长期依赖关系。Yan 等提出了基于 LSTM 的融合句法依存分析树的最短路径以及词向量特征、词性特征、WordNet 特征、句法类型特征来进行关系抽取，该论文的模型如图 3-3 所示[5]。首先，如图 3-3 的左下部分，首先将句子解析为依赖树，并提取最短依赖路径（SDP）作为网络的输入，沿着 SDP，使用 4 种不同类型的信息（称为通道），包括单词、词性标签、语法关系和 WordNet 上位词[6]；在每个通道中（图 3-3 右部分是每个通道的细节图），词语被映射成向量，捕获输入的基本含义，两个递归神经网络分别沿着 SDP 的左右子路径获取信息，网络中的 LSTM 单元用于有效信息的传播；之后，如图 3-3 左上部分，最大池化层从每个路径中的 LSTM 节点收集信息，来自不同通道的池化层连接在一起，然后输入到隐含层；最后，使用 softmax 输出层用于关系分类。

基于深度学习的有监督领域关系抽取方法与经典方法的对比如下：基于有监督学习的经典方法严重依赖于词性标注、句法解析等自然语言处理标注工具中提供的分类特征，而自然语言处理标注工具中往往存在大量错误，这些错误会在关系抽取系统中不断传播放大，最终影响关系抽取的效果。而基于深度学习的有监督方法可以在神经网络模型中自动学习特征，将低层特征进行组合，形成更加抽象的高层特征，用来寻找数据的分布式特征表示，能够避免人工特征选择等步骤，减少并改善特征抽取过程中的误差积累问题。

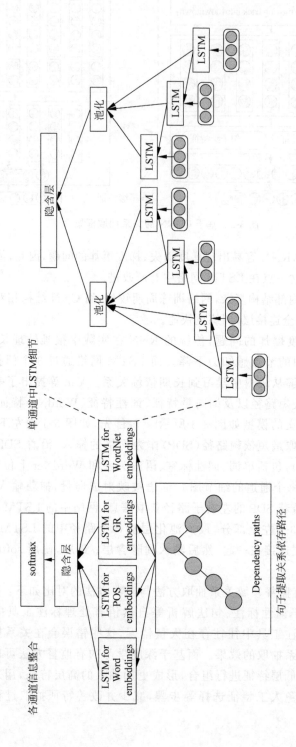

图 3-3 基于 LSTM 及最短依存路径的关系抽取方法

3.5 半监督实体关系抽取方法

半监督学习算法也称弱监督学习、半指导学习,它中和了监督算法和无监督算法的优点,只需要采用少量的标记语料,在分类模型的训练过程中加入无标记语料。典型的方法是自举(Bootstrapping)方法,该方法由 Sergey Brin 等提出,Bootstrapping 方法是指,在迭代的初始阶段,投入少量的种子集合,循序渐进,逐步将集合发展到体量具有一定规模[7]。同时,在迭代过程中,若实体对之间具有某种关系,则关系内容必须唯一。

目前,半监督学习方法仍处于探索和发展阶段,虽然克服了监督性学习在人工标注方面的问题,但自然语言语法复杂、句式多样且语义丰富,且半监督学习对关系种子集合具有较强依赖性。因此,致力于提出一个合理的获取语料集合的方法和高效的关系分类模型。

有监督学习方法具有较高的精确率,但有些过度依赖人工标记的语料,无法对大规模文本数据进行预测和分类;无监督学习方法能够处理大规模无结构文本数据,可移植性强,但无法确定抽取出的关系类别。此时,半监督学习方法应运而生。半监督学习使用少量已标注数据集作为初始种子集,通过一种循环学习机制去标注大量未标注数据。半监督实体关系抽取不但能够减少人工标记语料的数量,而且能够处理大量未标注语料集,所以受到了众多学者的推崇。目前,半监督关系抽取算法中常用的主要有协同训练方法、标注传播方法和Bootstrapping 算法[8]。

1. 自举方法

自举方法是一种相对基础,抽取效果较好的半监督学习方法,典型的雪球(Snowball)就是以此思想为基础研究的关系抽取系统,其流程示意图如图 3-4 所示[14]。

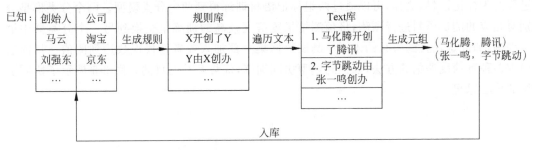

图 3-4 自举算法流程图

自举方法的训练大体可分为两个阶段。在第一阶段,需要提供少量具有代表性的种子集合,该种子集合可以是关系元组,其中的关系类型已经过人工标记[9]。然后将已标记元组结合语料训练一个监督性模型,产生一个可预测关系类型的分类器。至此,第一阶段的监督性训练结束。在第二阶段,利用已训练好的分类器对未经过关系标记的输入语料进行预测,可以得到一组新的关系元组,筛选其中置信度较高的部分,作为新的标记语料输入分类模型,对分类模型进一步训练与修正。重复该阶段直到达到停止条件,停止条件可以为人工定义的迭代次数或者运行直到没有新的关系元组生成,最终得到利用无标记样本强化的关系分类模型[8]。

自举是一种迭代式方法,其步骤如下。

(1) 给定一些初始种子(seed tuple),即具有某些关系的实体组,例如,<姚明 夫妻 叶莉>,<搜狗 CEO 王小川>。

(2) 从语料库中找到包含实体组的句子,根据这些句子总结出相应的模式,如 X 的妻子是 Y、X 的 CEO 是 Y。

(3) 根据新老 pattern 抽取更多的 tuple,再次总结 pattern,不断地进行迭代。

其中,具有代表性的自举方法有:DIPRE(Dual Iterative Pattern Relation Extraction)、Snowball。下面以 DIPRE 为例进行说明。以< Author,Book >这样一个关系举例阐述DIPRE 方法,主要步骤如下。

(1) 从原始语料库中找到,包含种子实体组的语句上下文,并总结相应的 pattern(模式)。pattern 的具体表现形式为包含 5 个元素的元组,< order,urlprefix,prefix,middle,suffix >,简单地说,这 5 个元素为:当用 pattern 从语料库中寻找相应关系实体组时,若一个网页 URL 匹配 urlprefix * (* 为通配符),且 order(顺序)为 True(order 为布尔值、其他为字符串类型),该网页存在某句话能匹配正则式: * prefix,author,middle,title,suffix * ,则当前实体组< author,title >满足这个 pattern(注:若 order 为 False,则正则式中 author 与title 的位置需要互换)。

(2) 根据总结的 pattern 从语料库中寻找相应的实体组。

(3) 根据实体组生成新的 pattern。

2. 协同训练

协同训练(Co-Training)目前是半监督机器学习方法研究中一个十分热门的方向,在实体关系抽取研究中也具有广泛的应用。协同训练要求训练语料能够分成完全独立并充分冗余的两个视图,将两组语料分别划分为用于训练初始分类模型的标记语料和用于加深训练过程的无标记语料,这样,可以通过两组标记语料训练得到两个分类模型。两个分类模型分别对相应的测试语料进行预测,将预测结果置信度较高的训练集交换到另一个分类器中继续训练,如此迭代直到所有的未标注测试数据集全部加入或者迭代次数达到阈值。目前已出现多种置信度评估的方法,以达到模型协同训练,优势互补的目的。图 3-5 展示了协同训练的核心思想。

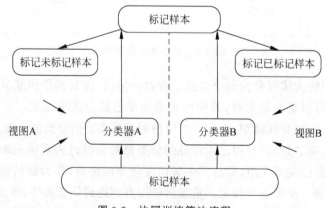

图 3-5　协同训练算法流程

协同训练算法之所以与自举不同,是因为它训练了具有差异的分类器,使得训练过程中两分类模型逐步趋向标准化,而这个问题的关键就是保证分类模型的完全独立,其根源是保证训练语料能够分解为两个视图,两者需要满足以下条件。

(1)视图可以充分表达问题,能够训练良好的分类模型。

(2)两个视图需要完全独立两个条件缺一不可,由于视图的拆分相对困难,所以研究者往往将其作为重点,良好的协同训练算法可以大大提升实体关系分类的性能。

有文献指出,在满足以上条件的前提下,协同训练中新增样本的信息度等同于随机抽样中样本的信息度。

3. 标注传播

标注传播算法使用图的思想实现标注样本对无标注样本的分类联合概率预测,采用相似度函数判断样本之间的权重,标注样本根据权重对相邻无标注样本传播分类概率[10]。标记数据与无标记数据通过相似度判断聚合成一个规模巨大的连通图,图的顶点为标记数据和无标记数据,标记数据会保持一个稳定的关于关系类型的概率分布,无标记数据需要标记数据根据边的权重来决定传播的难易度,顶点之间边的权重为两者的相似度,这需要预定义公式计算得到。在标注传播的过程中,标记数据顶点根据边的权重将关系概率信息传播给具有高相似度的相邻顶点上,使标记数据顶点对周围有连通性的顶点进行指导,相似度越高,指导性越强。标记传播方法对数据的训练过程可以平滑过渡到无标记训练数据,新标记的数据可以对其他数据继续训练,最终得到一个稳定的连通结构,保持了数据间的联络性。标注传播可以突破传统算法的一些局限性,它不受预料形态的影响,只要数据关系模式是相似的,标记结果就可以正常传递,已有研究者将其应用于实体关系抽取。但由于计算过程具有传播性,它同样具有在大规模语料条件下计算时间过长,消耗内存巨大的缺点,且如果不同数据类型所对应的语料数量过于不平衡,其系统的性能就会大大下降。因此标注传播在实体关系抽取领域的应用还在探索阶段。

3.6 远程监督实体关系抽取方法

在面对大量无标签数据时,有监督的关系抽取消耗大量人力,显得力不从心。与有监督实体关系抽取相比,远程监督方法缺少人工标注数据集,因此,远程监督方法比有监督多一步远程对齐知识库给无标签数据打标的过程[11]。而构建关系抽取模型的部分,与有监督领域的流水线方法差别不大。因此,远程监督实体关系抽取应运而生,通过数据自动对齐远程知识库来解决开放域中大量无标签数据自动标注的问题。远程监督标注数据时主要有两个问题:噪声和特征提取误差传播。噪声问题是由于远程监督的强假设条件,导致大量数据的关系被错误标记,使得训练数据存在大量噪声;而特征提取中的误差传播问题是由于传统方法主要是利用NLP工具进行数据集的特征提取,因此会引入大量的传播误差。自从深度学习的崛起并且在有监督领域取得良好的关系抽取效果后,用深度学习提取特征的思路来替代特征工程的想法越来越清晰:用词向量、位置向量来表示句子中的实体和其他词语;用深度模型对句子建模,构建句子向量;最后进行关系分类[12]。

下面基于图3-6介绍目前应用最广的基于LSTM的实体关系抽取方法。

(1)LSTM网络抽取实体对方向性信息:HE等首先将句子的最短依存路径(SDP)分

割成两个子路径作为 LSTM 结构的输入,自动地抽取特征,以此来抽取实体对的方向性信息。

(2) CNN 网络提取句子整体信息:尽管 SDP 对关系抽取非常有效,但是这并不能捕捉到句子的全部特征。针对此问题,作者将全部句子放进 CNN 网络,进而抽取句子的表示。

(3) 特征融合:将 LSTM 隐含层单元以及 CNN 的非线性单元相融合,通过 softmax 层来标注实体对的对应关系。

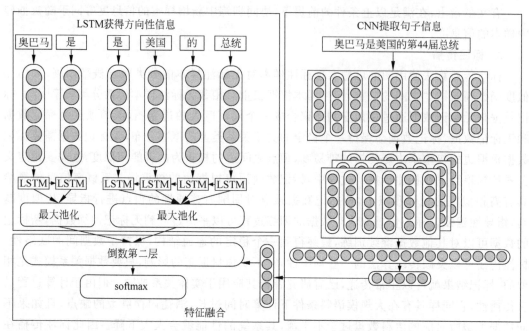

图 3-6　基于 LSTM 的远程监督实体关系抽取框架

1. 基于深度学习的远程监督关系抽取方法与经典方法的对比

经典的远程监督方法是在解决远程监督中强假设条件造成大量错误标签的问题,而深度学习方法主要是在解决特征提取中的误差传播问题[13]。

远程监督的提出,是因为在开放域中存在大量无规则非结构化数据,人工标注虽能获得较高的标注精确率,但是时间和人力消耗巨大,在面对大量数据集时显得不切实际。因此,远程监督实现一种数据集自动对齐远程知识库进行关系提取的方法,可自动标注数据。但由于其强假设条件造成了大量错误标签问题,之后,经典的远程监督的改进都是在改进处理错误标签的算法[14]。

深度学习的提出,是为了解决数据特征构造过程依赖于 NER 等 NLP 工具,中间过程出错会造成错误传播的问题。现今基于深度学习的远程监督实体关系抽取框架已包含经典方法中对错误标签的处理,因此可以认为目前的远程监督关系抽取框架是基于传统方法的扩展优化。

2. 基于深度学习的远程监督关系抽取方法与有监督方法的对比

有监督的实体关系抽取依靠人工标注的方法得到数据集,数据集精确率较高,训练出的关系抽取模型效果较好,具有很好的实验价值。但人工标注数据集的方法需要耗费大量人力成本,且标注数据的数量有限、扩展性差、领域性强,导致构造的关系抽取模型对人工标注的数据具有依赖性,不利于模型的跨领域泛化能力,领域迁移性较差[4]。

远程监督在面对大量无标签数据时,相较于有监督实体关系抽取具有明显优势。人力标注大量无标签数据显得不切实际,因此远程监督采用对齐远程知识库的方式自动标注数据,极大地减少了人力的损耗且领域迁移性较强。但远程监督自动标注得到的数据精确率较低,因此在训练模型时,错误标签的误差会逐层传播,最终影响整个模型的效果。因此,现今的远程监督实体关系抽取模型的效果普遍比有监督模型抽取效果差。

3. 关系抽取存在的问题与挑战

1) 数据规模问题

人工精准地标注句子级别的数据代价十分高昂,需要耗费大量的时间和人力。在实际场景中,面向数以千计的关系、数以千万计的实体对以及数以亿计的句子,依靠人工标注训练数据几乎是不可能完成的任务。

2) 学习能力问题

在实际情况下,实体间关系和实体对的出现频率往往服从长尾分布,存在大量的样例较少的关系或实体对。神经网络模型的效果需要依赖大规模标注数据来保证,存在"举十反一"的问题。如何提高深度模型的学习能力,实现"举一反三",是关系抽取需要解决的问题。

3) 复杂语境问题

现有模型主要从单个句子中抽取实体间关系,要求句子必须同时包含两个实体。实际上,大量的实体间关系往往表现在一篇文档的多个句子中,甚至在多个文档中。如何在更复杂的语境下进行关系抽取,也是关系抽取面临的问题。

4) 开放关系问题

现有任务设定一般假设有预先定义好的封闭关系集合,将任务转换为关系分类问题。这样的话,文本中蕴含的实体间的新型关系无法被有效获取。如何利用深度学习模型自动发现实体间的新型关系,实现开放关系抽取,仍然是一个开放问题。

参考文献

[1]　李冬梅,张扬,李东远,等.实体关系抽取方法研究综述[J].计算机研究与发展,2020,57(07):1424-1448.

[2]　鄂海红,张文静,肖思琪,等.深度学习实体关系抽取研究综述[J].软件学报,2019,30(06):1793-1818.

[3]　黄勋,游宏梁,于洋.关系抽取技术研究综述[J].现代图书情报技术,2013(11):30-39.

[4]　白龙,靳小龙,席鹏弼,等.基于远程监督的关系抽取研究综述[J].中文信息学报,2019,33(10):10-17.

[5]　Yan Y,Okazaki N,Matsuo Y,et al. Unsupervised relation extraction by mining Wikipedia texts using information from the web[C]//Proceedings of the Joint Conference of the 47th Annual Meeting of the ACL and the 4th International Joint Conference on Natural Language Processing of the AFNLP,2009.

[6]　Jabbari A,Sauvage O,Zeine H,et al. A French corpus and annotation schema for named entity recognition and relation extraction of financial news[C]//Proceedings of The 12th Language Resources and Evaluation Conference,2020.

[7]　Brin S. Extracting patterns and relations from the world wide web[C]//International Workshop on the World Wide Web and Databases,1998.

［8］　Elsahar H，Demidova E，Gottschalk S，et al. Unsupervised open relation extraction［C］//European Semantic Web Conference，2017.

［9］　Zhao S，Hu M，Cai Z，et al. Modeling dense cross-modal interactions for joint entity-relation extraction ［C］//International Joint Conference on Artificial Intelligence，2020.

［10］　Zheng S，Hao Y，Lu D，et al. Joint entity and relation extraction based on a hybrid neural network ［J］. Neuro Computing，2017，257：59-66.

［11］　Miwa M，Bansal M. End-to-end relation extraction using LSTMs on sequences and tree structures ［C］//Proceedings of the 54th Annual Meeting of the Association for Computational Linguistics，2016.

［12］　Bekoulis G，Deleu J，Demeester T，et al. Joint entity recognition and relation extraction as a multi-head selection problem［J］. Expert Systems with Applications，2018，114：34-45.

［13］　Jiang X，Wang Q，Li P，et al. Relation extraction with multi-instance multi-label convolutional neural networks［C］//the 26th International Conference on Computational Linguistics：Technical Papers，2016.

［14］　Zhu J，Nie Z，Liu X，et al. Statsnowball：A statistical approach to extracting entity relationships ［C］//Proceedings of the 18th International Conference on World Wide Web，2009.

第4章

词向量技术

在 NLP 领域,处理的对象是大量的文本数据,然而计算机是基于数值或向量进行计算的,文本数据并不被计算机所理解。因此,将文本数据转换为计算机可以识别的表示是自然语言处理中非常重要的一个环节。词向量技术是目前流行且能够有效解决这一问题的方法,如何找到通用的词向量表示方法成为近年来学者研究的热点问题[1]。本章将主要对 One-Hot、Word2Vec、BERT(Bidirectional Encoder Representation from Transformers)3 种词向量技术进行介绍。

4.1 One-Hot 词向量技术

One-Hot 编码是一种传统的词表示方法,其方法是使用 N 位状态寄存器来对 N 个状态进行编码,每个状态都有其独立的寄存器位,并且在任意时刻,其中只有一位有效。该词向量的表示分为两个步骤:第一,构造文本分词后的字典,每个分词是一个比特值,比特值为 0 或者 1。第二,将每个分词表示为该分词相应位置的比特位为 1,其余位为 0 的矩阵表示。例如有这样两个文本:Mary wants to play football,Kerry wants too. John also likes to play football。以上两句可以构造一个词典:{"Mary":1,"wants":2,"to":3,"play":4,"football":5,"Kerry":6,"too":7,"John":8,"also":9,"likes":10}。每个词典索引对应着比特位,那么利用 One-Hot 编码可以表示为:John:[1,0,0,0,0,0,0,0,0,0],wants:[0,1,0,0,0,0,0,0,0,0],等。

可以发现,One-Hot 编码是将每个单词表示为完全独立的实体,这样的表征方法存在以下 3 个问题。

(1) 有序性问题:它无法反映文本的有序性。因为语言并不是一个完全无序的随机序列。比如,一个字之后只有连接特定的字才能组成一个有意义的词,特定的一系列词按特定的顺序组合在一起才能组成一个有意义的句子。

(2) 语义鸿沟:此方法无法通过词向量来衡量相关词之间的距离关系。即这样的表征方法无法反映词之间的相似程度,因为任意两个向量的距离是相同的。

（3）维度灾难：高维情形下将导致数据样本稀疏，距离计算困难，这对下游模型的负担是很重的。

4.2 Word2Vec 词向量技术

Word2Vec 是 Google 开源的训练词嵌入向量的工具，属于词的分布式表示[2]。与 One-Hot 编码相比，Word2Vec 词向量是一种维度大小相对较低的稠密向量表示，且每一个维度都是实数。由于该表示方法可以将所有信息分布式地表示在稠密向量的各个维度上，因此其表示能力更强，且具备不同程度的语义表示能力。具体来说，Word2Vec 是通过嵌入（也就是输入层到隐含层）将 One-Hot 编码转换为低维度的连续值（稠密向量），并且其中意思相近的词被映射到向量空间中相近的位置，从而解决了 One-Hot 编码中存在的语义鸿沟和维度灾难的问题。

Word2Vec 主要包括连续词袋（Continuous Bag Of Words，CBOW）模型和跳字（Skip-Gram）模型两种不同的训练模式[3]。在一个句子中，遮住目标单词，通过其前面以及后面的单词来推测出这个单词，这就是 CBOW 的思想。相反地，Skip-Gram 的思想则是模型通过某个单词来推测出其前面以及后面的单词。CBOW（见图 4-1）和 Skip-Gram 模型（见图 4-2）都包含 3 层：输入层、投影层、输出层。接下来将对这两个模型进行详细介绍。

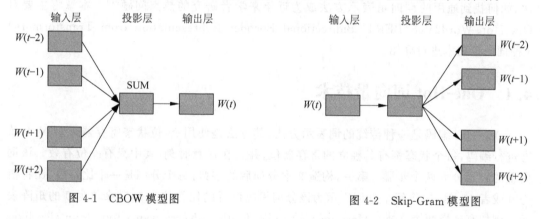

图 4-1　CBOW 模型图　　　　　　　　图 4-2　Skip-Gram 模型图

4.2.1　CBOW 模型

CBOW[4] 模型是根据输入的上下文来预测当前单词。模型结构如图 4-1 所示。CBOW 模型输入为 One-Hot 编码，隐含层没有激活函数，即为线性单元，输出层维度与输入层维度相同，使用 softmax 回归。后续任务用训练模型所学习的参数（例如，隐含层的权重矩阵）处理新任务。

CBOW 模型具体处理流程为以下 7 个步骤。

（1）输入层输入上下文单词的 One-Hot 编码（假设单词向量空间维度为 V，上下文单词个数为 C）。

（2）所有 One-Hot 向量分别乘以共享的输入权重矩阵 W（$V \times N$ 矩阵，N 为自设定）。

（3）所得的向量相加求平均作为隐含层向量。

（4）乘以输出权重矩阵 W'（$N \times V$ 矩阵）。

（5）激活函数处理得到 $V\text{-dim}$ 概率分布。

（6）概率最大的 index 所指示的单词为预测出的目标词（target word）。

（7）将目标词与真实值的 One-Hot 做比较，误差越小越好，从而根据误差更新权重矩阵。经过若干轮迭代训练后，即可确定 W 矩阵。输入层的每个单词与矩阵 W 相乘得到的向量就是想要的词向量[5]。由于一般词汇表中的词汇量巨大，所以每次 W 矩阵训练时计算代价会很大，同时样本中不同的词出现频率是不同的，有的词出现频率非常低，这样的差异性会使得模型的训练变得困难，所以 Google 团队针对以上两个问题提出了两种训练的优化方法：层次 softmax 和负采样[6]。具体优化方法内容将在 4.2.3 节进行讨论。

从输入层到隐含层所进行的操作实际就是上下文向量的加和，具体的代码如下所示。

```
//in -> hidden
for(a = b;a < window * 2 + 1 - b;a++) if(a!= window){
c = sentence_position - window + a ;
If(c < 0) continue;
if (c > = sentence_length) continue ;
last word = sen [c] ;
If(last_word == - 1) continue;
for (c = 0; C < layer1_size; C++) neul[c] += syn0[c + last word * layer1 _size] ;
}
```

其中，sentence_position 为当前 word 在句子中的下标。

以一个具体的句子 ABCD 为例，第一次进入到下面代码时当前 word 为 A，sentence_position 为 0。b 是一个随机生成的 0 到 window－1 的词，整个窗口的大小为（2 * window＋1－2 * b），相当于左右各看 window－b 个词。可以看出随着窗口的从左往右滑动，其大小也是在 3（b=window－1）到 2 * window＋1（b=0）之间随机变通，即随机值 b 的大小决定了当前窗口的大小。代码中的 neu1 即为隐含层向量，也就是上下文（窗口内除自己之外的词）对应 vector 之和。

4.2.2 Skip-Gram 模型

Skip-Gram 的模型结构与 CBOW 的模型结构是左右颠倒的，即根据目标关键词去推断其窗口范围内的邻接词，结构如图 4-2 所示，但其模型内部原理和连续词袋模型类似，只不过它的输入是目标词，输出是目标词的邻接词。从模型结构示意图来看，相当于输入层与输出层交换位置，先将目标词词向量映射到隐含层，再将隐含层的输出作为输出层的输入，最后预测目标窗口范围内的邻接词。

同时，Skip-Gram 中的每个词向量表征了上下文的分布。Skip-Gram 中的 Skip 是指在一定窗口内的词两两都会计算概率（就算它们之间隔着一些词），这样做的好处是"黑色汽车"和"黑色的汽车"很容易被识别为相同的短语。同样，样本中不同的词出现频率的差异性和总词汇量大会使得模型的训练变得困难，模型也采用层次 softmax 或负采样进行优化训练。

4.2.3 优化方法

Word2Vec 模型在做预测任务时，输出的是词汇表中所有词的概率，也就是说，每一次预测都要基于全部的数据集进行计算,这无疑会带来很大的时间开销。Word2Vec 模型与其他神经网络模型不同,该模型提出了两种优化训练速度的方法:一种是层次 softmax,另一种是负采样。下面对这两种优化方法进行逐一介绍。

层次 softmax 结构是把维度为词表大小的 softmax 层改成了一棵由频数构建的哈夫曼树(哈夫曼树即叶节点带权路径长度之和达到最小的二叉树)。该方法将以词汇表大小为类别的多分类任务转换成多个二分类任务。计算某个词的概率时,计算从根节点到这个词对应的叶节点的路径上所有节点的二分类任务的概率乘积,这样就不需要遍历所有词汇节点,大大降低了模型的复杂度,减少了训练所需要的时间和计算资源。然而,层次 softmax 的缺点是:虽然我们使用哈夫曼树代替传统的神经网络,可以提高模型训练的效率,但是如果训练样本中的中心词 w 是一个很生僻的词,那么就需要沿着哈夫曼树往下走很多(因为越是低频的词,越是远离根节点)。负采样就是为解决这种问题而提出的一种优化 Word2Vec 模型的方法。

负采样来源于噪声对比评估方法(NEC),对于每个预测正确的词 w_0,每次按照少量的概率随机采样 m 个词 $w_i(i=1,2,3,\cdots,m)$ 当作负例。以最大化样本概率乘积的 log 函数为目标函数对模型进行训练,这样原来以词汇表长度为类别的分类问题变成了 $m+1$ 分类问题,降低了模型的复杂度,减少了训练所需要的时间和资源。从上面可以看到,负采样由于没有采用哈夫曼树,每次都只是通过采样 m 个不同的中心词做负例就可以训练模型,因此整个过程要比层次 softmax 简单。

通过 Word2Vec 技术方法得到的静态的词嵌入表示的本质上就是当模型训练好之后,在不同的上下文语境中,单词的词嵌入表示是一样的,不会发生改变。由此,Word2Vec 的缺点就显现出来了,它不能解决一词多义的问题。为了解决这个问题,考虑上下文而选择不同语义,动态的词嵌入方法提供了研究的思路和方向。

4.3 BERT 词向量嵌入

固定的词向量作为输入对文本特征进行学习训练可以有效地解决维数灾难、多词一义和计算量大的问题,但却无法表示单词的一词多义问题。2018 年 10 月,Google 团队提出了 BERT 模型[7]。它是一种基于动态表征的词嵌入,利用上下文语境信息解决了上述问题,即输入的不再是单独的某个词汇,而应包含该词所处的上下文信息,然后再获得该词在当前语境下的向量表示。这样生成的词向量不再是固定不变的,而是随着单词的上下文的不同,生成的词向量也会不同。测试数据中表示,BERT 在多项自然语言处理任务中表现优异,多数任务在原来的最优指标的基础上有了很大的提高[8]。

BERT 算法,顾名思义,是基于 Transformer 算法的双向编码表征算法。而 Transformer 算法则基于多头注意力(Multi-Head Attention)机制,因此,在对 BERT 进行正式讲解之前,我们会对注意力机制以及 Transformer 算法进行介绍。

4.3.1 注意力机制

注意力(Attention)机制由 Bengio 团队于 2014 年提出并在近年广泛应用于深度学习的各个领域中,例如,在计算机视觉方向用于捕捉图像上的关键区域,以及在 NLP 中用于定位关键特征[9]。在开始介绍注意力模型之前,我们先简单回顾一下序列到序列(Sequence-2-Sequence,Seq2Seq)模型。该模型于 2014 年被提出,是使用神经网络将一个序列映射到另一个序列的通用框架。该模型分为编码器层与解码器层,均由 RNN 或 RNN 的变体构成。在该框架中,每个时刻编码器的输出取决于当前时刻的输入和上一时刻的隐含状态(即上一时刻的输出),最后的隐含状态作为解码器的输入,解码器之后的输出取决于上一时刻的隐含状态和上一时刻的输出单词的嵌入表示,由此逐步得到输出单词序列。然而,当输入序列较长时,只靠编码器的最后状态很难捕捉前后的依赖关系,容易丢失文本的一些信息,为了解决这个问题,注意力模型应运而生。

注意力模型具体可表示为:

$$\text{Attention}(\text{Query},\text{Source}) = \sum_{i=1}^{L_x}\text{Similarity}(\text{Query},\text{Key}_i) * \text{Value}_i \qquad (4.1)$$

对于其中的 Source,可以将其中的构成元素想象成一系列的< Key, Value >数据对,此时给定目标中的某个元素 Query,通过计算 Query 和各个 Key 的相似性得到每个 Key 对应 Value 的权重系数,然后对 Value 值进行加权求和,就得到了最终的注意力值。所以,从本质上说,注意力机制是对 Source 中元素的 Value 值进行加权求和,而 Query 和 Key 用来计算对应 Value 的权重系数。具体来说,基于注意力机制的计算方法共分为以下三步。

(1) 计算比较 Q 和 K 的相似度(常用的相似度函数有点积、拼接、感知机等),此处,采用点积的方法以得到点积注意力,即 $f(Q,K_i)=Q^T K_i$。

(2) 将得到的相似度进行 softmax 操作,进行归一化 $\alpha_i = \dfrac{e^{f(Q,K_i)}}{\sum_{j=1}^{m} e^{f(Q,K_j)}}$,$i=1,2,\cdots,m$。

(3) 利用计算出来的权重 α,对 V 中所有值进行加权求和计算,得到最终的注意力向量:$\sum_{i=1}^{m}\alpha_i V_i$。

在 Transformer 模型中,使用的是缩放的点积注意力(Scaled Dot-Product Attention)机制。输入由 Query、Key 和 Value 组成以及 Key 的维度 d_k 组成,计算方法则是在上述点积注意力方法的基础上加入了缩放因子 d_k。

Transformer 模型在注意力机制的基础上统一了目标词与源文本,提出自注意力(Self-Attention)机制,并将叠加的自注意力结构与多头注意力(Multi-Head Attention)机制结合,能够同时获取上下文信息,解决了长期依赖问题,还具备了并行计算的关键能力,在一定程度上证明了增加模型参数规模可以提升模型效果。因此这种架构被之后的预训练模型广泛使用,从而实现了对 NLP 任务的更深层次的探究[10]。下面对自注意力机制与多头注意力机制分别进行介绍。

首先对自注意力进行介绍。它是 Transformer 中设计的一种通过其上下文来理解当前词的一种办法,属于注意力机制的一种特殊形式。以下面这个经典的句子进行举例:The animal didn't cross the street because it was too tired 这句话中的 it 指的是什么? 它指的是 animal 还是 street? 对于人类来说,这是一个简单的问题,it 显然应当指 animal,因为根据常识,只有 animal 这种动物才会有 tired 的感觉,但是对于计算机算法来说,这却是一个较为困难的问题。自注意力的出现就是为了解决这个问题,从而可以准确地将 it 与 animal

联系起来。具体来说,当模型在处理 it 这个单词的时候,自注意力层会把所有相关的单词融入正在处理的单词 it 中,从而允许 it 与 animal 之间建立起比与单词 street 更密切的联系。具体来说,自注意力机制在 KQV 模型中的特殊点在于 $Q = K = V$,也就是在序列内部做注意力,寻找序列内部的联系。例如输入一个句子,那么里面的每个词都要和该句子中的所有词进行注意力计算。目的是学习句子内部的词依赖关系,捕获句子的内部结构。

那么,为什么 Transformer 模型中选择了自注意力呢? 主要是由于自注意力相对于 CNN 的优势主要包含以下 3 点。

(1) 每层的总计算复杂度较小,自注意力层用常数次 $O(1)$ 的操作连接所有位置,而循环层需要 $O(n)$ 顺序操作。

(2) 可以并行化的计算量(以所需的最小序列操作数衡量)。

(3) 网络中长距离依赖关系之间的路径长度。

在许多序列转换任务中,学习长距离依赖性是一个关键的挑战。影响学习这种依赖关系能力的一个关键因素是网络中前向和后向信号必须经过的路径的长度。输入序列和输出序列中任意位置组合之间的这些路径越短,越容易学习长距离依赖。还有一个优势是,自注意力机制可以产生更多可解释的模型。每个注意力头(Attention head)不仅清楚地学习到执行不同的任务,还表现出了许多和句子的句法和语义结构相关的行为[11]。

下面对 Transformer 中的多头注意力机制进行介绍。总体来说,多头注意力机制并不是使用维度相同 Query、Key 和 Value 执行一次注意力函数,而是使用不同的学习到的线性映射把 Query、Key 和 Value 分别线性映射到 d_q 维、d_k 维和 d_v 维共 h 次。该机制是把多个自注意力机制连接起来,也就是不仅仅只初始化一组 Q、K、V 的矩阵,而是初始化多组(Transformer 使用了 8 组)。具体来说,多头注意力结构如图 4-3 所示,Query、Key 和 Value 首先经过一个线性变换层,然后输入到缩放点积注意力层(共 h 次),而且每次 Q、K、V 进行线性变换的参数 W 是不同的。然后将 h 次的放缩点积注意力层得到的结果进行拼接,再进行一次线性变换最终得到多头注意力的输出结果。公式如下:

$$\text{head}_i = \text{Attention}(QW_i^Q, KW_i^K, VW_i^V) \tag{4.2}$$

$$\text{MultiHead}(Q, K, V) = \text{Concat}(\text{head}_1, \text{head}_2, \cdots, \text{head}_h)W^0 \tag{4.3}$$

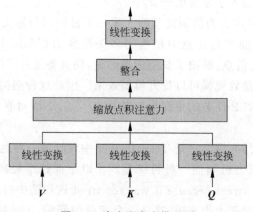

图 4-3 多头注意力模型图

其中，W^O 为头拼接后还原维度的权重矩阵，W_i^Q、W_i^K、W_i^V 分别为 Q、K、V 的权重矩阵。可以看到，多头注意力机制的不同之处在于进行了 h 次计算而不仅仅算一次，好处是可以允许模型在不同的表示子空间里学习到相关的信息。此外，多头注意力机制允许模型把不同位置子序列的表示都整合到一个信息中。如果只有一个注意力头，则它的平均值会削弱这个信息。

具体来说，多头注意力在 Transformer 中有 3 种不同的使用方式。

（1）在编码器-解码器-注意力层中，Query 来自前面的解码器层，而 Key 和 Value 来自编码器的输出。这使得解码器中的每个位置都能关注到输入序列中的所有位置。这是模仿序列到序列模型中典型的编码器-解码器的注意力机制。

（2）编码器包含自注意力层。在自注意力层中，所有的 Key、Value 和 Query 来自同一个地方，在这里是解码器中前一层的输出。这样可以使得编码器中的每个位置都可以关注到编码器上一层的所有位置。

（3）类似地，解码器中的自注意力层允许解码器中的每个位置都关注解码器层中当前位置之前的所有位置（包括当前位置）。为了保持解码器的自回归特性，需要防止解码器中的信息向左流动。在带缩放的点积注意力机制的内部，通过屏蔽 softmax 输入中所有的非法连接值（设置为负无穷）实现了这一点。

4.3.2 Transformer

BERT 主要的模型结构是 Transformer 编码器。Transformer 于 2017 年提出，用于 Google 机器翻译。它是一个基于自注意力机制编码-解码（Encoder-Decoder）框架的 Seq2Seq 模型，由编码器和解码器两部分组成。相比于传统用于 NLP 任务的 RNN 和 LSTM 等，Transformer 拥有更强大的文本编码能力，也能更高效地利用图形处理器（Graphics Processing Unit，GPU）等高性能设备完成大规模训练工作[12]。

下面对 Transformer 的结构进行分析，结构图如图 4-4 所示。首先讨论 Transformer 的编码器部分。该编码器由 6 个相同的层（layers）组成，每一层包括两个子层，第一个子层包括一个多头注意力（Multi-Head Attention）层和一个前馈层，其中每一个子层都加了"求和"与"归一化"（Normalization，Norm）的功能。在机器翻译时，从编码器输入的源语言句子首先经过多头注意力层，这一层帮助编码器在对每一个单词进行编码时关注输入源语言句子中的其他单词。多头注意力层的输出会传递到前馈层中，每一个位置的单词对应的前馈层都是一样的。

像大部分的自然语言处理系统一样，在神经机器翻译中，首先使用词嵌入算法将每一个输入单词都转换为词向量。每一个单词都被嵌入为 512 维的向量中。词嵌入过程只发生在最底层的编码器中。所有的编码器都有一个相同的特点：它们都要接受一个向量列表，列表中的每一个向量的大小为 512 维。在最底层的编码器中，输入的是词向量，但是在其后的其他编码器中，这个词向量就是下一层编码器的输出，也就是一个向量列表。向量列表的大小是我们可以设置的参数，一般就是训练集中最长句子的长度。将输入的单词序列进行词嵌入之后，源语言中的每一个单词都会流经编码器中的多头注意力层和前馈层。多头注意力层使用自注意力机制，这样便可表示单词与单词之间联系的密切程度。

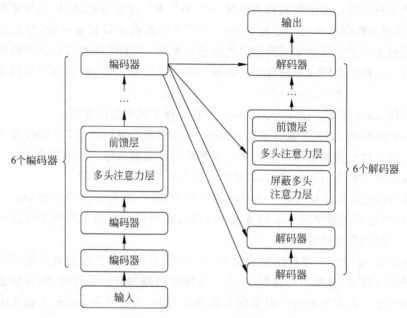

图 4-4　Transformer 结构图

　　Transformer 的解码器也由 6 个相同的层组成（$N=6$），但是解码器的层与编码器的层不同。解码器的层包括 3 个子层：多头注意力层是一个自注意力层，前馈层是一个全连接层，此外还有屏蔽多头注意力层。屏蔽多头注意力层之所以用"屏蔽"（Masked）这样的修饰语，就是要防止 Transformer 在训练的时候使用未来要输出的单词。Transformer 在训练的时候，译文是单向生成的，前面的单词不能参考后面还没有生成的单词，因此要把后面尚未生成的单词屏蔽起来。设置屏蔽多头注意力层的原因，就是为了使解码器在生成过程中看不见未来的信息。也就是说，在生成过程中，对于一个序列，在时间步（time step）为 t 的时刻，解码输出应该只是依赖于时刻 t 之前的输出，而不能够依赖时刻 t 之后的输出。

　　Transformer 没有使用 RNN。RNN 的最大优点是能够在位置前后的序列上对于数据进行抽象，重视处理对象的前后位置顺序，如果不使用 RNN，将难以进行位置编码。为了弥补这样的缺憾，Transformer 在编码器和解码器中都进行了位置编码（Positional Encoding，PE），在编码器的"输入嵌入"（Input Embedding）和解码器的"输出嵌入"（Output Embedding）时，使用正弦（sine）与余弦（cosine）函数计算位置。在位置编码时，不同的位置向量可以通过线性转换得到。在机器翻译时，输入的源语言数据经过编码器和解码器处理之后，再经过线性变换层和 softmax 层的归一化处理，得到目标语的输出概率（output probabilities）。线性变换层是一个简单的全连接神经网络，它可以把解码器产生的向量投射到向量对数概率（logits）中。如果模型从训练集当中学习 10000 个不同的英语单词，因而对数概率向量就是 10000 个单元格长度的向量，每一个单元格对应某个英语单词的分数。接下来的 softmax 层把这些分数转换为对数概率（log_probs）。对数概率最高的单元格被选中，它对应的单词就作为这个时刻的输出译文[13]。

4.3.3 BERT

有了前面对于注意力机制以及 Transformer 的讲解,BERT 模型也就没有那么神秘了。BERT 模型中使用的是 Transformer 的编码器部分,使用了双向 Transformer 编码器构建深层网络实现真正的双向连接。此外,BERT-base 与 BERT-large 模型分别采用 12 层与 24 层的 Transformer 编码器作为模型网络层。BERT 模型是利用大规模无标注语料训练从而获得包含上下文语义信息的文本特征和词向量。BERT 发布后一举刷新了 11 项自然语言处理任务的最优性能纪录,其结构如图 4-5 所示。

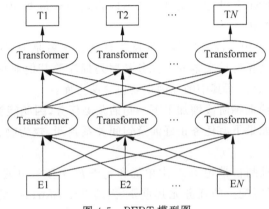

图 4-5　BERT 模型图

BERT 的实际输入由句子序列的词嵌入(token embedding)、段嵌入(segment embedding)和位置嵌入(position embedding)3 部分相加而成。下面对这 3 个词嵌入特征进行介绍。

(1) 词嵌入:token 嵌入层的作用是将单词转换为固定维的向量表示形式,BERT 中是转化为 768 维的向量。

(2) 段嵌入:因为 BERT 能够处理输入句子对的分类任务,所以段向量就是用来区分句子对的上下句。

(3) 位置嵌入:位置嵌入是指将单词的位置信息编码成特征向量,位置嵌入是向模型中引入单词位置关系的至关重要的一环。

BERT 是一个多任务模型,它的任务由两个自监督任务组成,即掩码语言模型(Masked Language Model,MLM)和下一句话预测(Next Sentence Prediction,NSP)。即在预训练的时候,以 80% 的概率随机屏蔽掉 15% 的单词,10% 的概率替换成随机的一个词,10% 的概率不变,然后让语言模型去预测这个单词。模型训练使用 80%、10% 和 10% 的策略,而不使用 100% 屏蔽的原因是如果所有参与训练的 token 被 100% 屏蔽,那么在微调整的时候所有单词都是已知的,不存在 MASK,那么模型就只能根据其他词的信息和语序结构来预测当前词,而无法利用到这个词本身的信息,10% 情况下采用一个任意词替换,剩余 10% 情况下模型并不知道输入对应位置的词汇是否为正确的词汇(10% 概率),这就迫使模型更多地依赖于上下文信息去预测词汇,并且赋予了模型一定的纠错能力。下一句话预测即预测两个句子是否是上下句的关系,选择一些句子,其中 50% 的句子对是上下句的关系正例,剩余 50% 句子对则通过随机为句子配对的负例。这样使得语言模型可以更好地学习到句子层级的知识。预训练后使用自然语言处理下游任务中的相应的数据对模型参数进行微调整,从而达到最好效果[6]。

那么,BERT 的适用场景包括哪些呢?

(1) 如果 NLP 任务偏向在语言本身中就包含答案,而不特别依赖文本外的其他特征,那么此时应用 BERT 能够极大地提升应用效果。典型的任务比如 QA 和阅读理解,正确答案更偏向对语言的理解程度,不太依赖语言之外的一些判断因素,所以效果提升就会较为明显。反过来说,对于某些任务,除了文本类特征外,其他特征也很关键,比如搜索的用户行为、链接分析或内容质量等也非常重要,此时 BERT 的优势就不太容易发挥出来。而推荐系统也是类似的道理,BERT 可能只能对于文本内容编码有帮助,其他的用户行为类特征,不太容易融入 BERT 之中。

(2) BERT 适合解决句子或者段落的匹配类任务。也就是说,BERT 可以用来解决判断句子关系类问题,这是相对单文本分类任务和序列标注等其他典型 NLP 任务来说的,很多实验结果表明了这一点。而其中的原因主要包含两方面:

① 由于 BERT 在预训练阶段增加了下一句话预测任务,因此能够在预训练阶段学会一些句间关系的知识,而如果下游任务正好涉及句间关系判断,较为吻合 BERT 本身的长处,效果就会得到明显提升。

② 由于自注意力机制自带句子 A 中单词和句子 B 中任意单词的注意力效果,而这种细粒度的匹配对于句子匹配类的任务尤其重要,因此 Transformer 的本质特性也决定了它特别适合解决这类任务。

(3) BERT 的适用场景与 NLP 任务对深层语义特征的需求程度有关。需要深层语义特征的任务会更加适合利用 BERT 来解决。而对有些 NLP 任务来说,浅层的特征即可解决问题,典型的浅层特征性任务如分词、POS 词性标注、NER 以及文本分类等任务,只需要较短的上下文,以及浅层的非语义的特征就可以较好地解决问题,因此此时就不太需要BERT。

(4) BERT 更适合解决输入长度较短的 NLP 任务。主要原因在于:Transformer 的自注意力机制因为要对任意两个单词做注意力计算,所以时间复杂度是 n 平方,n 是输入的长度。如果输入长度较长,Transformer 的训练和推理速度就会随之减慢。因此,BERT 更适合解决句子级别或者段落级别的 NLP 任务[14]。

4.3.4　基于 BERT 的衍生模型

随着 BERT 模型的提出,迁移学习在 NLP 领域取得了极大的突破,随后基于 BERT 的改进模型层出不穷[15],下面简要介绍 3 个基于 BERT 的改进模型。

(1) SpanBERT 模型[16]。这是一个从分词层面上进行研究的预训练模型,能够对分词进行更好地表示和预测。SpanBERT 模型采用了一种与 BERT 不同的掩码方式——片段掩码(span masking),通过对分词后有关联性的子词同时添加掩码,能够使模型更好地根据其所在的语境进行预测。另外,SpanBERT 还使用分词边界的表示来推测被掩码遮盖的分词内容。SpanBERT 经过实验测试在多个任务中的表现都比原始的 BERT 模型效果要好。

(2) RoBERTa 模型[17]。RoBERTa 是 Facebook AI 联合 UW 发布的基于 BERT 改进

的预训练模型,RoBERTa 模型在掩码方式、预训练任务、训练批量上对 BERT 模型进行了改进。RoBERTa 提出了一种动态的掩码机制,将预训练数据复制 10 份,每一份都随机进行掩码,则每个句子序列被掩码的单词在每次是不同的。RoBERTa 与训练任务 Next Sentence Prediction 改为将多个连续句子同时输入预测句子序列最大长度,又称全句模式。RoBERTa 使用批量大小为 2K 和 8K 来代替 BERT 的 256。RoBERTa 在多个任务上获得了超越 XLNet 的表现。

(3) ALBERT 模型[18]。ALBERT 和 BERT 的结构一样,ALBERT 通过对 BERT 模型进行 3 方面的改进使得 ALBERT 模型的参数量比 BERT 模型少了很多。首先,ALBERT 在输入时使用一种因式分解的方法以减少参数,把携带词语信息的 m 维 One-Hot 编码映射到一个 v 维的低维空间,然后再将低维空间的向量映射到一个 h 维的高维空间,即将参数量从 $(m \times h)$ 降为了 $(m \times v + v \times h)$;ALBERT 提出了一种参数共享的方法,其将模型中使用的 Transformer 编码器内的所有参数全部共享;ALBERT 提出一个新的训练任务句子顺序预测(Sentence-Order Prediction,SOP),SOP 相对于 BERT 的 NEP 在选择负样本时,选择同一主题文档下的句子,增加任务的难度。ALBERT 的改进提升了模型的整体效果再一次拿下了各项任务榜的榜首,而且该模型减少了训练时所需的内存资源和训练时间。

参考文献

[1] 刘胜杰,许亮.基于词嵌入技术的文本表示研究现状综述[J].现代计算机,2020(01):40-43.

[2] Hinton G. E. Learning distributed representations of concepts[C]//Eighth Conference of the Cognitive Science Society,1989.

[3] Mikolov T,CHEN K,Corrado G,et al. Efficient estimation of word representations in vector space [EB/OL]. https://arxiv.org/abs/1301.3781? context=cs.CL.

[4] Kenter T,Borisov A,Rijke M D. Siamese CBOW:Optimizing word embeddings for sentence representations[EB/OL]. https://arxiv.org/abs/1606.04640.

[5] 陈德光,马金林,马自萍,等.自然语言处理预训练技术综述[J].计算机科学与探索,2021,15(08):1359-1389.

[6] 陈萌,和志强,王梦雪.词嵌入模型研究综述[J].河北省科学院学报,2021,38(02):8-16.

[7] Devlin J,Chang M W,Lee K,et al. BERT:Pre-training of deep bidirectional transformers for language understanding[EB/OL]. https://arxiv.org/abs/1810.04805.

[8] Sutskever I,Vinyals O,Le Q V. Sequence to sequence learning with neural networks[C]//NIPS. MIT Press,2014.

[9] Bahdanau D,Cho K,Bengio Y. Neural machine translation by jointly learning to align and translate [EB/OL]. https://arxiv.org/abs/1409.0473.

[10] 刘睿珩,叶霞,岳增营.面向自然语言处理任务的预训练模型综述[J].计算机应用,2021,41(05):1236-1246.

[11] Vaswani A,Shazeer N,Parmar N,et al. Attention is all you need[EB/OL]. https://arxiv.org/abs/1706.03762.

[12] 刘欢,张智雄,王宇飞.BERT 模型的主要优化改进方法研究综述[J].数据分析与知识发现,2021,5(01):3-15.

[13] 冯志伟,李颖.自然语言处理中的预训练范式[J].外语研究,2021,38(01):1-14,112.

[14] Wu Y，Schuster M，Chen Z，et al. Google's neural machine translation system：Bridging the gap between human and machine translation[EB/OL]. https：//arxiv. org/abs/1609. 08144.

[15] 李舟军，范宇，吴贤杰. 面向自然语言处理的预训练技术研究综述[J]. 计算机科学，2020，47（03）：162-173.

[16] Joshi M，Chen D，Liu Y，et al. SpanBERT：Improving pre-training by representing and predicting spans[J]. Transactions of the Association for Computational Linguistics，2020，8：64-77.

[17] Liu Y，Ott M，Goyal N，et al. Roberta：A robustly optimized BERT pretraining approach[EB/OL]. https：//arxiv. org/abs/1907. 11691.

[18] Lan Z，Chen M，Goodman S，et al. ALBERT：A lite BERT for self-supervised learning of language representations[EB/OL]. https：//anxiv. org/pdf/1909. 11942 pdf.

第5章

关键词提取

　　关键词提取是指从文本中提取与文章主题或当前任务最相关的词语,例如,从文献中选取出能够反映文章主题的词语作为关键词。关键词提取可用于自动文摘、文献检索、文本分类等任务。提取关键词最简单的一个方法就是利用词频,将高频出现的词作为关键词,这种方法虽然简单,但是往往结果较差。本章将介绍以下几种关键词提取算法:基于图的TextRank 算法、基于词频和逆文本频率的 TF-IDF 算法、基于分布的 LDA 算法和 PLSA算法。

5.1 TextRank 关键词提取算法

　　TextRank[1] 是一个无监督的基于图的排序算法,它与 Google 的 PageRank 算法相似。PageRank 是根据网页之间的链接关系来对网页的重要程度进行排序。也就是说,在进行网页排序的过程中,PageRank 算法只需要知道网页间的结构信息,而无须知道网页的具体内容。从图的角度来看,网页可以作为节点,若两个网页间存在链接关系,则相应的两个节点间就存在一条边。图中每个节点的重要程度由图中的这些边决定,即由整张图的结构决定,而非由节点的内部信息决定。TextRank 采用了与 PageRank 相似的思路。在提取关键词时,TextRank 由文本中提取出词汇图,以单词作为节点,单词间的关系作为边,然后根据图对单词进行排序。

5.1.1 基于图的排序算法

　　基于图的排序算法会递归地从整张图中提取信息,最终完成对图中节点的重要程度的排序。基于图的排序算法的基本思想是投票,若图中存在由节点 A 指向节点 B 的边,则认为节点 A 为节点 B 投了一票,图中获得票数越多的节点就越重要。此外,不同的节点投出的票的重要程度是不同的,这取决于投票节点的重要程度。因此决定节点的重要程度的因素有两个:有多少节点为该节点投票;为该节点投票的那些节点自身的重要程度。

　　记有向图为 $G=(V,E)$,其中 V 代表节点集,E 代表边集,E 是一个 $|V|\times|V|$ 的矩阵。

若图 G 中存在由 V_j 指向 V_i 的边,则矩阵中第 i 行第 j 列的元素值为 1,否则为 0。对于节点 V_i,$S(V_i)$ 为节点 V_i 的得分,即节点 V_i 的所得的票数,每个节点都会被赋予一个随机的初始得分,然后对每个节点的得分进行迭代更新,直至节点的得分值收敛。节点得分的更新方式如下:

所有指向 V_i 的节点组成的集合记为 $\mathrm{In}(V_i)$;所有由 V_j 出发所指向的节点组成的集合记为 $\mathrm{Out}(V_j)$;则节点 V_i 经过一次更新后的得分为:

$$S(V_i) = (1-d) + d \times \sum_{V_j \in \mathrm{In}(V_i)} \frac{1}{|\mathrm{Out}(V_j)|} S(V_j) \tag{5.1}$$

式(5.1)中的 d 为阻尼系数,其值为 $0\sim1$,通常取 0.85[2]。d 用于模拟从一个节点跳转至另一个节点的概率。在用户浏览网页的情景下,可以理解为:若当前处于网页 V_i,用户通过单击此网页上的链接,跳转至新网页 $V_j (j \in \mathrm{In}(V_i))$ 的概率为 d;用户没有单击此网页上的链接,而是直接打开了一个全新的网页 $V_k (k \notin \mathrm{In}(V_i))$ 的概率为 $1-d$。

【例 5-1】 模拟图的更新过程。

如图 5-1 所示的有向图 G 可以表示为:

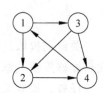

图 5-1 有向图 G

$$G = (V, E)$$
$$V = \{V_1, V_2, V_3, V_4\}$$

$$E = \begin{bmatrix} 0 & 0 & 0 & 1 \\ 1 & 0 & 1 & 0 \\ 1 & 0 & 0 & 0 \\ 0 & 1 & 1 & 0 \end{bmatrix}$$

假设分数的随机初始值为:

$$S(V_1) = 1, \quad S(V_2) = 4, \quad S(V_3) = 2, \quad S(V_4) = 6$$

取 $d = 0.85$,对于节点 V_2,第一次的更新过程如下:

$$\mathrm{In}(V_2) = \{V_1, V_3\}, \quad \mathrm{Out}(V_1) = \{V_2, V_3\}, \quad \mathrm{Out}(V_3) = \{V_2, V_4\}$$

$$S(V_2) = (1 - 0.85) + 0.85 \times \left(\frac{1}{|\mathrm{Out}(V_1)|} S(V_1) + \frac{1}{|\mathrm{Out}(V_3)|} S(V_3) \right)$$

$$= 0.15 + 0.85 \times \left(\frac{1}{2} \times 1 + \frac{1}{2} \times 2 \right) = 1.425$$

则第一次更新后:

$$S(V_2) = 1.425$$

若从矩阵的角度计算,第一次更新的计算过程为:

$$E \times D^{-1} \times S = \begin{bmatrix} 0 & 0 & 0 & 1 \\ 1 & 0 & 1 & 0 \\ 1 & 0 & 0 & 0 \\ 0 & 1 & 1 & 0 \end{bmatrix} \times \begin{bmatrix} 2 & 0 & 0 & 0 \\ 0 & 1 & 0 & 0 \\ 0 & 0 & 2 & 0 \\ 0 & 0 & 0 & 1 \end{bmatrix}^{-1} \times \begin{bmatrix} 1 \\ 4 \\ 2 \\ 6 \end{bmatrix}$$

$$= \begin{bmatrix} 0 & 0 & 0 & 1 \\ 0.5 & 0 & 0.5 & 0 \\ 0.5 & 0 & 0 & 0 \\ 0 & 1 & 0.5 & 0 \end{bmatrix} \times \begin{bmatrix} 1 \\ 4 \\ 2 \\ 6 \end{bmatrix}$$

$$\begin{bmatrix} 6 \\ 1.5 \\ 0.5 \\ 5 \end{bmatrix}$$

其中,

$$D_{ii} = \sum_j e_{ji}$$

$$\boldsymbol{S} = (1 - 0.85) + 0.85 \times \begin{bmatrix} 6 \\ 1.5 \\ 0.5 \\ 5 \end{bmatrix} = \begin{bmatrix} 5.250 \\ 1.425 \\ 0.575 \\ 4.400 \end{bmatrix}$$

则第一次更新后:

$$S(V_1) = 5.250, \quad S(V_2) = 1.425, \quad S(V_3) = 0.575, \quad S(V_4) = 4.400$$

重复上述过程,对节点的得分进行迭代更新,直至节点的得分收敛,收敛后每个节点的得分即为最终能够反映节点重要程度的得分。

5.1.2 基于图的排序算法的拓展运用

传统的基于图的排序算法作用于有向图,但是也可运用于无向图和加权图中。

在无向图中,若想使用基于图的排序算法,只需假设无向图中节点的入度和出度相等且都等于该节点的度,即 $\mathrm{In}(V_i) = \mathrm{Out}(V_i) = \mathrm{Degree}(V_i)$。

加权图是指边有相应权重的图,根据自然语言文本构建的图往往都是加权图,TextRank 算法中使用的便是加权图。对于加权图,我们将节点的更新公式修改为:

$$\boldsymbol{W}S(V_i) = (1 - d) + d \times \sum_{V_j \in \mathrm{In}(V_i)} \frac{w_{ji}}{\sum\limits_{V_k \in \mathrm{Out}(V_j)} w_{jk}} \boldsymbol{W}S(V_j) \tag{5.2}$$

【例 5-2】 基于图的排序算法在加权图中的运用。

如图 5-2 所示的带权有向图 G 可以表示为:

$$G = (\boldsymbol{V}, \boldsymbol{E})$$
$$V = \{V_1, V_2, V_3, V_4\}$$
$$\boldsymbol{E} = \begin{bmatrix} 0 & 0 & 0 & 1 \\ 1 & 0 & 1 & 0 \\ 1 & 0 & 0 & 0 \\ 0 & 1 & 1 & 0 \end{bmatrix}$$

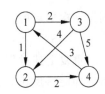

图 5-2 带权有向图 G

边的权重矩阵为:

$$\boldsymbol{W} = \begin{bmatrix} 0 & 1 & 2 & 0 \\ 0 & 0 & 0 & 2 \\ 0 & 4 & 0 & 5 \\ 3 & 0 & 0 & 0 \end{bmatrix}$$

假设分数的随机初始值为:

$$S(V_1)=1, \quad S(V_2)=4, \quad S(V_3)=2, \quad S(V_4)=6$$

取 $d=0.85$，对于节点 V_2，第一次的更新过程如下：

$$\text{In}(V_2)=\{V_1,V_3\}, \quad \text{Out}(V_1)=\{V_2,V_3\}, \quad \text{Out}(V_3)=\{V_2,V_4\}$$

$$S(V_2)=(1-0.85)+0.85\times\left(\frac{w_{12}}{w_{12}+w_{13}}S(V_1)+\frac{w_{32}}{w_{32}+w_{34}}S(V_3)\right)$$

$$=0.15+0.85\times\left(\frac{1}{1+2}\times1+\frac{4}{4+5}\times2\right)=1.189$$

则第一次更新后：

$$S(V_2)=1.189$$

若从矩阵的角度计算，第一次更新的计算过程为：

$$\boldsymbol{W}^{\mathrm{T}}\times\boldsymbol{D}^{-1}\times\boldsymbol{S}=\begin{bmatrix}0&0&0&3\\1&0&4&0\\2&0&0&0\\0&2&5&0\end{bmatrix}\times\begin{bmatrix}3&0&0&0\\0&2&0&0\\0&0&9&0\\0&0&0&3\end{bmatrix}^{-1}\times\begin{bmatrix}1\\4\\2\\6\end{bmatrix}$$

$$=\begin{bmatrix}0&0&0&3\\1/3&0&4/9&0\\2/3&0&0&0\\0&2&5/9&0\end{bmatrix}\times\begin{bmatrix}1\\4\\2\\6\end{bmatrix}=\begin{bmatrix}18\\11/9\\2/3\\82/9\end{bmatrix}$$

其中，

$$D_{ii}=\sum_j w_{ij}$$

$$S=(1-0.85)+0.85\times\begin{bmatrix}18\\11/9\\2/3\\82/9\end{bmatrix}=\begin{bmatrix}15.450\\1.189\\0.717\\7.894\end{bmatrix}$$

则第一次更新后：

$$S(V_1)=15.450, \quad S(V_2)=1.189, \quad S(V_3)=0.717, \quad S(V_4)=7.894$$

重复上述过程，对节点的得分进行迭代更新，直至节点的得分收敛，收敛后每个节点的得分即能够反映节点的重要程度。

5.1.3 基于图的排序算法在关键词提取中的运用

为了将基于图的排序算法运用于自然语言文本，首先需要用图来表示文本。不同级别的文本单元均可以作为节点，例如，节点可以是单词、固定搭配、整个句子等。节点间的关系可以是语法或语义相关、位置相关等。

将基于图的排序模型运用于图，需要以下步骤。

(1) 根据当前任务将文本分割为一个个小的文本单元，并且将这些文本单元作为图的节点。

(2) 定义文本单元间存在哪些关系，并且根据这些关系在节点间构建边。

(3) 使用基于图的排序算法对图进行迭代更新直至节点对应的得分值收敛。

(4) 根据每个节点的得分对节点进行降序排列。

5.1.4 TextRank 算法

TextRank 算法的输入为自然语言文本,其输出为由文本中关键的单词或短语构成的集合。TextRank 算法的实现主要包含以下步骤。

(1) 对文本进行过滤和分割,将分割后的文本作为图中的节点。为了防止图的节点数过多,设分割后的一个单元中仅包含一个单词,即文本中一个单词对应图中的一个节点。每一个节点的得分都被初始化为 1。

(2) 为存在共现关系的节点建立边。单词间的共现关系定义为:设一个窗口中最多包含 N 个单词,若文本中的两个单词出现于同一个窗口,则称这两个单词间存在共现关系。

(3) 使用基于图的排序算法对图进行迭代更新直至收敛。通常需要进行 20~30 轮迭代。

(4) 根据每个节点的得分对节点进行降序排列,选择得分最高的 T 个节点对应的单词作为关键词。通常 T 的值设置为节点数量的三分之一。对于挑选出的关键词,若某些关键词在文本中是相邻的,则将它们组合起来作为一个关键词。

5.2 TF-IDF 关键词提取算法

TF-IDF(Term Frequency-Inverse Document Frequency)是一种用于信息检索与数据挖掘的常用加权技术。其中 TF 是词频,IDF 是逆文本频率指数。在关键词提取问题中,TF-IDF 可以用来评估某个词在文件集的某篇文档中的重要程度。若一个词在某篇文档中高频出现,但是在文件集其他文档中出现的频率较低,则说明这个词较能反映这篇文档的特征。据此,TF-IDF 中使用了两个指标,即词频 TF 和逆向文档词频 IDF,TF 的值与词语在当前文档中出现的频率成正比,IDF 的值与词语在文件集所有文档中出现的频率成反比,TF-IDF 的值即为 TF 与 IDF 的乘积。在某篇文档中,某个单词对应的 TF-IDF 值越大说明这个单词在文档中越重要。

$\mathrm{TF}(w,d)$ 是指词 w 在文档 d 中出现的频率。设文档 d 中共包含 N_d 个词,其中词 w 出现了 $N_{d,w}$ 次,则

$$\mathrm{TF}(w,d)=\frac{N_{d,w}}{N_d} \tag{5.3}$$

在文件集中,设文档总数为 D,词 w 在 D_w 篇文档中出现过,则

$$\mathrm{IDF}(w)=\ln\left(\frac{D}{D_w+1}\right) \tag{5.4}$$

那么,单词 w 在文档 d 中的 TF-IDF$_{d,w}$ 值为:

$$\mathrm{TF\text{-}IDF}_{d,w}=\mathrm{TF}(w,d)\times\mathrm{IDF}(w) \tag{5.5}$$

【例 5-3】 假设在 500 篇文章中,"自然语言处理"一词在 30 篇文章中出现过。第一篇文章共包含 1000 个词,其中"自然语言处理"一词出现了 80 次。求"自然语言处理"相应的 TF-IDF 值。

"自然语言处理"对应的 TF 值为:
$$\mathrm{TF}=80/1000=0.08$$

"自然语言处理"对应的 IDF 值为:
$$\mathrm{IDF}=\ln(500/31)\approx2.78$$

那么,"自然语言处理"对应的 TF-IDF 值为:

$$TF \times IDF = 0.08 \times 2.78 \approx 0.22$$

通过上述过程可以计算出文档中每个词语对应的 TF-IDF 值,并选择 TF-IDF 值较大的词作为关键词。

5.3 LDA 与 PLSA 关键词提取算法

LDA(Latent Dirichlet Allocation[3])模型和 PLSA(Probabilistic Latent Semantic Analysis[4])模型都属于生成概率模型。模型中会用到以下数据:单词、文档和语料。

(1) 单词 w:文本由一些离散的基本单元构成,文本中的一个单词被认为是一个基本单元,LDA 和 PLSA 模型中忽略了单词间的顺序关系。

(2) 文档 d:由 N 个单词的序列构成,表示为 $d = \{w_1, w_2, \cdots, w_N\}$。

(3) 语料 D:由 M 篇文档组成,$D = \{d_1, d_2, \cdots, d_M\}$。

对于给定的语料库,LDA 模型和 PLSA 模型都能估计出语料库中每篇文档的主题分布和词分布。

(1) 主题是某些关键词的集合,如果一篇文档中出现这些关键词,认为该文档中包含该主题的内容。一篇文档可能包含多种主题,某一主题的关键词在文中出现的次数越多,则该主题在文档的主题分布中相应的概率值越大。例如,对于一篇新闻文档,其中可能包含"金融""教育""科技"3 个主题的相关内容,而这 3 个主题在文档中的分布情况即为该文档的主题分布,比如主题分布可能为{金融:0.1,教育:0.6,科技:0.3}。

(2) 对于某一主题,其中会包含许多关键词,与该主题越相关的词在主题的词分布中相应的概率值越大。

主题分布可以反映主题与文档的相关度,而词分布可以反映主题与词语的相关度,那么这两个相关度的乘积就能够反映词语与文档的相关度。得到文档中各个词语与该文档的相关度后,可以提取与文档相关度较高的词语作为文档的关键词。

LDA 模型和 PLSA 模型都属于词袋模型,即 LDA 模型和 PLSA 模型不关注词语间的顺序。LDA 模型和 PLSA 模型中抽取一个词语的过程如下:对于某文档,根据该文档的主题分布抽取一个主题,再根据主题上的词分布抽取一个词。对于一篇有 N 个词的文档来说,需要将词语抽取过程重复 N 次,便可得到一篇文档。在此过程中,已知文档中有哪些词,即已知文档中的词分布,要据此推断文档的主题分布和主题的词分布。为了更好地理解这一过程,可以拿常见的抛硬币问题进行类比:假设当前有两个质地不均匀的硬币 A 和硬币 B,一次只抛硬币 A 和硬币 B 中的一个。抛硬币的过程可以描述为:先按照一定的概率,从硬币 A 和硬币 B 中选择一个,然后多次抛这枚硬币,记录抛出的硬币是正面朝上还是反面朝上。也就是已知多轮抛硬币的结果,求硬币 A 和硬币 B 被选中的概率和每枚硬币正面朝上的概率。在这个例子中,选硬币的过程类似选主题的过程,而抛硬币的过程与选词语的过程类似,这个例子在下面还会详述。

5.3.1 相关基础知识

1. 分布

(1) 泊松分布:泊松分布的参数 λ 是单位时间(或单位面积)内随机事件的平均发生次

数。在 LDA 模型中用泊松分布来模拟文档中词语个数的分布情况。泊松分布的概率密度
函数为:

$$P(X=k)=\frac{\lambda^{k}}{k!}\mathrm{e}^{-\lambda}, \quad k=0,1,\cdots \tag{5.6}$$

(2) 二项式分布(Binomial distribution):二项式分布是 n 个独立的"是/非试验"中成
功的次数的离散概率分布,其中每次试验的成功概率为 p。当 $n=1$ 时,二项式分布就是伯
努利分布。二项式分布的概率密度函数为:

$$P(K=k)=\binom{n}{k}p^{k}(1-p)^{n-k}, \quad \binom{n}{k}=\frac{n!}{k!(n-k)!} \tag{5.7}$$

(3) 多项式分布(Multinomial Distribution):多项式分布是二项式分布在高维度上的推
广,二项式分布的试验结果只有两个(是和非),而多项式分布的试验结果则多于两个。参照二
项式分布试验的特点,多项式分布试验的特点如下:每种结果都有各自发生的概率,所有结果
的发生概率之和为 1;各次试验相互独立,每次试验结果都不受其他各次试验结果的影响。

$$\sum_{i=1}^{k}p_{i}=1, \quad p_{i}>0$$

$$P(x_{1},x_{2},\cdots,x_{k};N,p_{1},p_{2},\cdots,p_{k})=\frac{N!}{x_{1}!\ x_{2}!\ \cdots x_{k}!}p_{1}^{x_{1}}p_{2}^{x_{2}}\cdots p_{k}^{x_{k}} \tag{5.8}$$

$$N=x_{1}+x_{2}+\cdots+x_{k}$$

(4) Beta 分布:Beta 分布是一种连续型概率密度分布。给定参数 $\alpha>0$ 和 $\beta>0$,取值范
围为[0,1]的随机变量 x 的概率密度函数为:

$$p(x;\alpha,\beta)=\frac{1}{B(\alpha,\beta)}x^{\alpha-1}(1-x)^{\beta-1} \tag{5.9}$$

$$B(\alpha,\beta)=\int_{0}^{1}t^{\alpha-1}(1-t)^{\beta-1}\mathrm{d}t$$

Beta 函数相关性质:

$$B(\alpha,\beta)=\frac{(\alpha-1)!(\beta-1)!}{(\alpha+\beta-1)!}$$

函数相关性质为 $\Gamma(n+1)=n!$,因此

$$B(\alpha,\beta)=\frac{\Gamma(\alpha)\Gamma(\beta)}{\Gamma(\alpha+\beta)}$$

(5) 狄利克雷分布(Dirichlet Distribution):狄利克雷分布是 Beta 分布在高维度上的
推广,概率密度函数为:

$$p(x_{1},x_{2},\cdots,x_{k};\alpha_{1},\alpha_{2},\cdots,\alpha_{k})=\frac{1}{B(\alpha)}\prod_{i=1}^{k}x_{i}^{\alpha_{i}-1} \tag{5.10}$$

其中,

$$B(\alpha)=\int_{0}^{1}\prod_{i=1}^{k}t_{i}^{\alpha_{i}-1}\mathrm{d}t, \quad \sum_{x_{i}}=1$$

$$B(\alpha)=\int_{0}^{1}\prod_{i=1}^{k}t_{i}^{\alpha_{i}-1}\mathrm{d}t=\frac{\prod_{i=1}^{k}(\alpha^{i}-1)!}{\left(\sum_{i=1}^{k}\alpha^{i}-1\right)!}=\frac{\prod_{i=1}^{k}\Gamma(\alpha^{i})}{\Gamma\left(\sum_{i=1}^{k}\alpha^{i}\right)}$$

上述分布的关系为：二项式分布和多项式分布类似，Beta 分布和狄利克雷分布类似，Beta 分布是二项式分布的共轭先验概率分布，而狄利克雷分布是多项式分布的共轭先验概率分布。

2. 共轭先验分布

贝叶斯公式为：

$$P(A_i \mid B) = \frac{p(B \mid A_i)p(A_i)}{\displaystyle\sum_{j=1}^{\infty} p(B \mid A_j)P(A_j)} \tag{5.11}$$

其中，$p(A_i)$ 称为先验分布，$p(A_i|B)$ 称为后验分布。

贝叶斯学派里的一个基本观点是：对于任何一个未知量都可以使用概率分布来描述其未知的状况。在抽样之前，基于已有的知识对于未知量的概率分布进行的预估，这在贝叶斯公式里面被称作先验分布，即式(5.11)中的 $p(A_i)$，然后再基于样本的分布情况得出后验分布，即式(5.11)中的 $p(A_i|B)$。

共轭分布的定义：在贝叶斯公式中，如果后验分布与先验分布属于同类，则先验分布与后验分布被称为共轭分布。

共轭先验分布：设 θ 是总体分布中的参数(或参数向量)，$p(\theta)$ 是 θ 的先验密度函数，假如由抽样信息算得的后验密度函数 $p(\theta|x)$ 与 $p(\theta)$ 有相同的函数形式，则称 $p(\theta)$ 是参数 θ 的共轭先验分布。

【例 5-4】 证明 Beta 分布是二项式分布的共轭先验分布。

设事件 A 发生的概率 $P(A)=\theta$，为了估计 θ 的值，进行了 n 次独立实验，其中事件 A 出现了 x 次，因此 $X \sim B(n,\theta)$。概率密度函数为：

$$p(X=x \mid \theta) = \binom{n}{x}\theta^x(1-\theta)^{n-x} \tag{5.12}$$

根据贝叶斯公式，为了得到参数 θ 的后验概率 $p(\theta|x)$，需要知道 $p(\theta)$，由于没有其他有用的信息，因此只能认为 θ 在区间 $[0,1]$ 上均匀分布，即 $\theta \sim U(0,1)$。

计算联合概率分布 $p(x,\theta)$：

$$p(x,\theta) = p(x \mid \theta)p(\theta)$$

根据联合概率分布计算 $p(x)$ 的边缘概率分布：

$$p(x) = \int_0^1 p(x,\theta)\mathrm{d}\theta$$

$$= \int_0^1 \binom{n}{x}\theta^x(1-\theta)^{n-x}\mathrm{d}\theta$$

由于 Beta 函数 $B(\alpha,\beta) = \int_0^1 t^{\alpha-1}(1-t)^{\beta-1}\mathrm{d}t$，故可推出：

$$p(x) = \binom{n}{x}B(x+1,n-x+1)$$

计算 $p(\theta|x)$：

$$p(\theta \mid x) = \frac{p(x,\theta)}{p(x)} = \frac{1}{B(x+1,n-x+1)}\theta^x(1-\theta)^{n-x}$$

即 $p(\theta|x)$ 满足参数为 $(x+1)$ 和 $(n-x+1)$ 的 β 分布，即

$$p(\theta \mid x) \sim \text{Beta}(x+1, n-x+1)$$

而先验分布 $p(\theta)$ 满足区间 $(0,1)$ 上的均匀分布,区间 $(0,1)$ 上的均匀分布是一种特殊的 β 分布,即

$$p(\theta) \sim \text{Beta}(1,1)$$

由此可见,参数 θ 的先验概率 $p(\theta)$ 与其后验概率 $p(\theta|x)$ 都属于 Beta 分布,因此 Beta 分布是二项式分布的共轭先验分布。

【例 5-5】 证明 Beta 分布是伯努利分布的共轭先验分布。

参数为 θ 的伯努利模型,其结果 x 的分布情况为:

$$P(x \mid \theta) = \theta^x (1-\theta)^{1-x}, \quad x = 0, 1$$

设参数 θ 满足参数为 α 和 β 的 Beta 分布,即

$$P(\theta \mid \alpha, \beta) = \frac{\theta^{\alpha-1}(1-\theta)^{\beta-1}}{\int_0^1 t^{\alpha-1}(1-t)^{\beta-1} \mathrm{d}t}$$

由于给定样本后 $P(x)$ 为定值,假设 $\int_0^1 t^{\alpha-1}(1-t)^{\beta-1} \mathrm{d}t$ 也为定值,计算参数 θ 的后验概率:

$$
\begin{aligned}
P(\theta \mid x) &= \frac{P(x \mid \theta) P(\theta)}{P(x)} \\
&\propto P(x \mid \theta) P(\theta) \\
&\propto \left[\theta^x (1-\theta)^{1-x}\right]\left[\theta^{\alpha-1}(1-\theta)^{\beta-1}\right] \\
&= \theta^{x+\alpha-1}(1-\theta)^{\beta-x}
\end{aligned}
$$

将 $\theta^{x+\alpha-1}(1-\theta)^{\beta-x}$ 进行归一化后得:

$$P(\theta \mid x) = \frac{\theta^{x+\alpha-1}(1-\theta)^{\beta-x}}{\int_0^1 t^{x+\alpha-1}(1-t)^{\beta-x} \mathrm{d}t} \sim \text{Beta}(x+\alpha, \beta-x+1)$$

因此,若假定伯努利分布的参数 θ 的先验概率为 Beta 分布,那么其后验概率也属于 Beta 分布,因此 Beta 分布是伯努利分布的共轭先验分布。

LDA 模型中会使用到狄利克雷(Dirichlet)分布和多项式分布(Multinomial Distribution)。由于词分布和主题分布都服从多项式分布,因此 LDA 模型需要估计此多项式分布的参数。为了估计此参数,LDA 模型设它的先验分布为狄利克雷分布,而 LDA 模型中选用狄利克雷分布作为参数的先验分布的原因就是:狄利克雷分布是多项式分布的共轭先验概率分布。

【例 5-6】 证明:狄利克雷分布是多项式分布的共轭先验概率分布。

多项式分布:

$$P(x_1, x_2, \cdots, x_m; N, \alpha_1, \alpha_2, \cdots, \alpha_m) = \frac{N!}{x_1! \ x_2! \ \cdots x_m!} \alpha_1^{x_1} \alpha_2^{x_2} \cdots \alpha_k^{x_m}$$

$$N = x_1 + x_2 + \cdots + x_m, \quad \sum_{\alpha_i} = 1, \alpha_i > 0$$

设参数 $\boldsymbol{\alpha} = (\alpha_1, \alpha_2, \cdots, \alpha_m)$ 满足参数为 $\boldsymbol{k}$ 的狄利克雷分布,即参数 $\boldsymbol{\alpha}$ 的先验分布为 $\text{Dir}(\boldsymbol{\alpha} \mid \boldsymbol{k})$:

$$p(\boldsymbol{\alpha}\ ;\ \boldsymbol{k}) = p(\alpha_1, \alpha_2, \cdots, \alpha_m\ ;\ k_1, k_2, \cdots, k_m) = \frac{\prod\limits_{i=1}^{m} \alpha_i^{k_i-1}}{B(\boldsymbol{k})}\ , \qquad \sum_{i=1}^{m} k_i = 1$$

计算参数 $\boldsymbol{\alpha}$ 的后验概率：

$$P(\boldsymbol{\alpha}\mid\boldsymbol{x}) = \frac{P(\boldsymbol{x}\mid\boldsymbol{\alpha})P(\boldsymbol{\alpha})}{P(\boldsymbol{x})}$$

$$\propto P(\boldsymbol{x}\mid\boldsymbol{\alpha})P(\boldsymbol{\alpha}\ ;\ \boldsymbol{k})$$

$$= \left[\frac{N!}{x_1!\ x_2!\ \cdots x_m!}\alpha_1^{x_1}\alpha_2^{x_2}\cdots\alpha_k^{x_m}\right]\left[\frac{\prod\limits_{i=1}^{m}\alpha_i^{k_i-1}}{B(\boldsymbol{k})}\right]$$

$$\propto \left[\alpha_1^{x_1}\alpha_2^{x_2}\cdots\alpha_k^{x_m}\right]\left[\prod_{i=1}^{m}\alpha_i^{k_i-1}\right]$$

$$= \prod_{i=1}^{m}\alpha_i^{x_i+k_i-1}$$

进行归一化处理后 $P(\boldsymbol{\alpha}\mid\boldsymbol{x}) = \dfrac{\prod\limits_{i=1}^{m}\alpha_i^{x_i+k_i-1}}{B(\boldsymbol{x}+\boldsymbol{k})}$，即参数 $\boldsymbol{\alpha}$ 的后验概率满足 $\mathrm{Dir}(\boldsymbol{\alpha}\mid\boldsymbol{k}+\boldsymbol{x})$

综上所述，多项式分布的参数的先验概率为狄利克雷分布时，其后验概率也为狄利克雷分布，因此狄利克雷分布是多项式分布的共轭先验概率分布。

3. EM 算法

EM 算法是一种迭代算法，用于含有隐含变量的概率模型参数的极大似然估计或极大后验估计。Nature Biotech 在他的文章 *What is the expectation maximization algorithm?*[5] 中，用了以下投硬币的例子讲述了 EM 算法的思想，如图 5-3 所示。

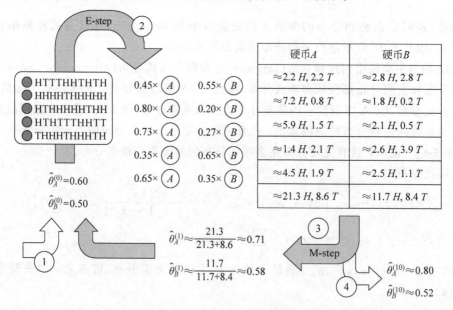

图 5-3　EM算法估计参数

第一步,为硬币 A 和硬币 B 的参数 θ_A 和 θ_B 分别赋值为 0.6 和 0.5,这是根据经验人为设定的值。

第二步(E-step),根据 θ_A 和 θ_B 的估计值判断第一轮至五轮分别抛的是哪个硬币,例如,对于第一轮抛硬币的结果服从二项式分布:

$$P(X=k) = \binom{n}{k} p^k (1-p)^{n-k}$$

硬币 A 抛出 5 正 5 反的概率:

$$P_A(X=5) = \binom{10}{5} 0.6^5 (1-0.6)^{10-5}$$

硬币 B 抛出 5 正 5 反的概率:

$$P_B(X=5) = \binom{10}{5} 0.5^5 (1-0.5)^{10-5}$$

对结果进行归一化后可得,第一次抛硬币抛的是硬币 A 的概率:

$$P(A) = \frac{P_A(X=5)}{0 P_A(X=5) + P_B(X=5)} \approx 0.449$$

抛的是硬币 B 的概率:

$$P(B) = \frac{P_B(X=5)}{0 P_A(X=5) + P_B(X=5)} \approx 0.551$$

将 $P(A)$ 和 $P(B)$ 作为权重,对于硬币 A:

$$0.449 \times (5H, 5T) \approx (2.2H, 2.2T)$$

对于硬币 B:

$$0.551 \times (5H, 5T) \approx (2.8H, 2.8T)$$

采用同样的方法对剩下的 4 轮进行计算。

第三步(M-step),对于硬币 A,将其相应的 H 系数与 T 系数分别相加,即为硬币 A 在抛硬币过程中抛得正面和反面的频数,对于硬币 B 同理。

已知硬币 A 和硬币 B 抛得正面和反面的频数后就可进一步求出新的 θ_A 和 θ_B,例如,硬币 A 抛得的正面的频数(H 数相加):

$$2.2 + 7.2 + 5.9 + 1.4 + 4.5 = 21.2$$
$$2.2 + 0.8 + 1.5 + 2.1 + 1.9 = 8.5$$

θ_A 新的估计值为:

$$\frac{21.2}{21.2 + 8.5} = 0.71$$

同理,可得 θ_B 新的估计值为 0.58。

迭代进行第二步和第三步,直至 θ_A 和 θ_B 收敛,在这个例子中 θ_A 和 θ_B 收敛于 0.8 和 0.52,即 θ_A 和 θ_B 最终的估计结果为 0.8 和 0.52。

5.3.2 PLSA 模型

1. PLSA 模型简介

PLSA 模型中的相关定义如下。

(1) $P(d_i)$表示文档d_i被选中的概率。

(2) $P(w_j|d_i)$表示词w_j在文档d_i中出现的概率,其数值等于词w_j在文档d_i中出现的概率。

(3) $P(z_k|d_i)$表示主题z_k在文档d_i中出现的概率。

(4) $P(w_j|z_k)$表示词w_j在主题z_k下出现的概率,词w_j与主题z_k越相关概率值越大。

(5) PLSA是一种词袋模型,不考虑词与词之间出现的顺序。

在PLSA模型中,为文档d_i抽取一个单词的过程如下。

(1) 根据概率分布$P(z_k|d_i)$,为文档d_i抽取一个主题z_k。

(2) 根据概率分布$P(w_j|z_k)$,在主题z_k下抽取一个词语w_j。

重复步骤(1)和(2),直至生成文档d_i中所需的N个词。

上述过程每篇文档的主题分布$P(z_k|d_i)$和每个主题下的词分布$P(w_j|z_k)$即为PLSA模中需要求的参数。

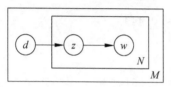

图 5-4　PLSA 模型生成文档

PLSA模型生成文档的过程可由图5-4表示。

图5-4中的d代表文档,w代表词语,z代表主题,M代表文档数量,N代表文档中的单词数量。图5-4中的d和w为可以人为观测到的数据,而图5-4中的z不可观测,称之为隐含变量。图5-4中的方框代表重复,方框右下角的值代表重复的次数。

图5-4所描述的过程如下。

For $i=1,2,3,\cdots,M$:

　　选择一篇文档;

　　For $j=1,2,3,\cdots,N$:

　　　　根据当前文档的主题分布$P(z_k|d_i)$,为当前文档选择一个主题;

　　　　根据选定的主题下的词分布$P(w_j|z_k)$,选择一个词;

将图5-4中所描述的过程做进一步抽象:

给定文档d_i,词语w_j出现的概率为

$$P(w_j \mid d_i) = \sum_{k=1}^{K} P(w_j \mid z_k)P(z_k \mid d_i) \tag{5.13}$$

w_j和d_i的联合概率分布为

$$P(w_j,d_i) = P(d_i)P(w_j \mid d_i)$$

$$= P(d_i)\sum_{k=1}^{K} P(w_j \mid z_k)P(z_k \mid d_i) \tag{5.14}$$

其中,$P(w_j,d_i)$和$P(d_i)$可以由数据集中直接求得,而$P(w_j|z_k)$和$P(z_k|d_i)$为未知值,是PLSA模型中要估计的参数。

2. PLSA 模型的参数估计方法

PLSA模型采用EM算法对参数$P(w_j|z_k)$和$P(z_k|d_i)$进行估计。EM算法用于含有

隐含变量的概率模型参数的极大似然估计或极大后验估计。在 PLSA 模型中,主题分布即为 EM 算法中所说的隐含变量。

利用 EM 算法求解 PLSA 模型的参数过程如下。

PLAS 中需要估计的参数为 $P(w_j|z_k)$ 和 $P(z_k|d_i)$,即需要计算得到文档的主题分布和每个主题下的词分布。设主题在文档 d_i 上服从参数为 θ_i 的多项式分布,其中 $\theta_{i,k}$ 表示主题 z_k 在文档 d_i 中出现的概率,即

$$P(z_k \mid d_i) = \theta_{i,k}, \quad \sum_{k=1}^{K} \theta_{i,k} = 1 \tag{5.15}$$

设单词在主题 z_k 上服从参数为 α_k 的多项式分布,其中 $\alpha_{k,j}$ 表示单词 w_j 在主题 z_k 中出现的概率,即

$$P(w_j \mid z_k) = \alpha_{k,j}, \quad \sum_{k=1}^{K} \alpha_{k,j} = 1 \tag{5.16}$$

有了上述定义后,模型所需求解的参数用矩阵可以表示为:

$$\boldsymbol{\Theta} = [\theta_1, \theta_2, \cdots, \theta_M], \quad M \text{ 为文档数量}$$

$$\boldsymbol{A} = [\alpha_1, \alpha_2, \cdots, \alpha_K], \quad K \text{ 为主题数量}$$

$\boldsymbol{\Theta}$ 中包含每篇文档的主题分布,$\boldsymbol{A}$ 中包含每个主题的词分布。

整个语料库的词分布为:

$$P(W \mid D) = \prod_{i=1}^{M} \prod_{j=1}^{N} P(d_i, w_j)^{n_{i,j}} \tag{5.17}$$

其中,$n_{i,j}$ 表示单词 w_j 在文档 d_i 中出现的次数,则文档 d_i 中单词的个数为 $n_i = \sum_{w_j \in V} n_{i,j}$

为了计算得到 $P(W|D)$,需得到文档和词语的联合概率分布:

$$P(d_i, w_j) = P(d_i)P(w_j \mid d_i)$$

$$= P(d_i) \sum_{k=1}^{K} P(w_j \mid z_k) P(z_k \mid d_i)$$

$$= P(d_i) \sum_{k=1}^{K} \alpha_{k,j} \theta_{i,k} \tag{5.18}$$

参数 $\boldsymbol{\Theta}$ 和 $\boldsymbol{A}$ 的对数似然函数为:

$$l(\boldsymbol{\Theta}, \boldsymbol{A}) = \log P(W \mid D)$$

$$= \sum_{i=1}^{M} \sum_{j=1}^{N} n_{i,j} \log P(d_i, w_j)$$

$$= \sum_{i=1}^{M} \sum_{j=1}^{N} n_{i,j} \log P(d_i, w_j)$$

$$= \sum_{i=1}^{M} \sum_{j=1}^{N} n_{i,j} \log \left[P(d_i) \sum_{k=1}^{K} \alpha_{k,j} \theta_{i,k} \right]$$

$$= \sum_{i=1}^{M} \sum_{j=1}^{N} n_{i,j} \left[\log P(d_i) + \log \sum_{k=1}^{K} \alpha_{k,j} \theta_{i,k} \right]$$

$$= \sum_{i=1}^{M} \sum_{j=1}^{N} \left[n_{i,j} \log P(d_i) + n_{i,j} \log \sum_{k=1}^{K} \alpha_{k,j} \theta_{i,k} \right]$$

$$= \sum_{i=1}^{M} n_i \log P(d_i) + \sum_{i=1}^{M} \sum_{j=1}^{N} n_{i,j} \log \sum_{k=1}^{K} \alpha_{k,j} \theta_{i,k} \qquad (5.19)$$

由于 $\sum_{i=1}^{M} n_i \log P(d_i)$ 中没有涉及参数 $\boldsymbol{\Theta}$ 和 $\boldsymbol{A}$，因此删去也不会影响似然函数的计算。

因此：

$$l(\boldsymbol{\Theta}, \boldsymbol{A}) = \sum_{i=1}^{M} \sum_{j=1}^{N} n_{i,j} \log \sum_{k=1}^{K} \alpha_{k,j} \theta_{i,k} \qquad (5.20)$$

由于式(5.20)中存在和的对数，计算较为麻烦，可以使用 Jensen 不等式对似然函数进行进一步的简化。Jensen 不等式可以表述为：

$$\sum_{i} \log p(x^{(i)}; \theta) = \sum_{i} \log \sum_{z^{(i)}} p(x^{(i)}, z^{(i)}; \theta)$$

$$= \sum_{i} \log \sum_{z^{(i)}} Q_i(z^{(i)}) \frac{p(x^{(i)}, z^{(i)}; \theta)}{Q_i(z^{(i)})}$$

$$\geqslant \sum_{i} \sum_{z^{(i)}} Q_i(z^{(i)}) \log \frac{p(x^{(i)}, z^{(i)}; \theta)}{Q_i(z^{(i)})}$$

其中，

$$Q_i(z^{(i)}) = \frac{p(x^{(i)}, z^{(i)}; \theta)}{\sum_{z^{(i)}} p(x^{(i)}, z^{(i)}; \theta)}$$

根据 Jensen 不等式，似然函数可以进一步简化为：

$$Q_i(z) = \frac{\alpha_{k,j} \theta_{i,k}}{\sum_{k=1}^{K} \alpha_{k,j} \theta_{i,k}} = P(z_k \mid d_i, w_j) \qquad (5.21)$$

$$l(\boldsymbol{\Theta}, \boldsymbol{A}) = \sum_{i=1}^{M} \sum_{j=1}^{N} n_{i,j} \log \sum_{k=1}^{K} \alpha_{k,j} \theta_{i,k}$$

$$= \sum_{i=1}^{M} \sum_{j=1}^{N} n_{i,j} \log \sum_{k=1}^{K} Q_i(z) \frac{\alpha_{k,j} \theta_{i,k}}{Q_i(z)}$$

$$\geqslant \sum_{i=1}^{M} \sum_{j=1}^{N} n_{i,j} \sum_{k=1}^{K} Q_i(z) \log \frac{\alpha_{k,j} \theta_{i,k}}{Q_i(z)}$$

$$= \sum_{i=1}^{M} \sum_{j=1}^{N} n_{i,j} \sum_{k=1}^{K} P(z_k \mid d_i, w_j) \log \frac{\alpha_{k,j} \theta_{i,k}}{P(z_k \mid d_i, w_j)}$$

$$= \sum_{i=1}^{M} \sum_{j=1}^{N} n_{i,j} \sum_{k=1}^{K} P(z_k \mid d_i, w_j) (\log \alpha_{k,j} \theta_{i,k} - \log P(z_k \mid d_i, w_j))$$

由于 $\log P(z_k \mid d_i, w_j)$ 中涉及参数 $\boldsymbol{\Theta}$ 和 $\boldsymbol{A}$，且在给定样本后它为定值，因此删去也不会影响似然函数的计算，因此似然函数转化为：

$$l(\boldsymbol{\Theta}, \boldsymbol{A}) = \sum_{i=1}^{M} \sum_{j=1}^{N} n_{i,j} \sum_{k=1}^{K} P(z_k \mid d_i, w_j) \log \alpha_{k,j} \theta_{i,k} \qquad (5.22)$$

下面采用 EM 算法来估算参数，首先根据经验为参数 $\boldsymbol{\Theta}$、$\boldsymbol{A}$ 赋予一个初始的估计值，随后进行 EM 算法的步骤：E-step 和 M-step。

（1）E-step 计算隐含变量的后验概率

$$P(z_k \mid d_i, w_j) = \frac{P(z_k, d_i, w_j)}{\sum\limits_{l=1}^{K} P(z_l, d_i, w_j)}$$

$$= \frac{P(d_i)P(z_k \mid d_i)P(w_j \mid d_i, z_k)}{\sum\limits_{l=1}^{K}(P(d_i)P(z_l \mid d_i)P(w_j \mid d_i, z_l))}$$

$$= \frac{P(z_k \mid d_i)P(w_j \mid z_k)}{\sum\limits_{l=1}^{K}(P(z_l \mid d_i)P(w_j \mid z_l))}$$

$$= \frac{\alpha_{k,j}\theta_{i,k}}{\sum\limits_{l=1}^{K}\alpha_{l,j}\theta_{i,l}}$$

（2）M-step 实现最大化似然函数，并将 E-step 求出的后验概率值代入 $\boldsymbol{\Theta}$、$\boldsymbol{A}$ 的表达式，求出相应参数的解。首先，似然函数为：

$$l(\boldsymbol{\Theta}, \boldsymbol{A}) = \sum_{i=1}^{M}\sum_{j=1}^{N} n_{i,j} \sum_{k=1}^{K} P(z_k \mid d_i, w_j)\log\alpha_{k,j}\theta_{i,k}$$

通过最大化似然函数可得：

$$\theta_{i,k} = \frac{\sum\limits_{j=1}^{N} n_{i,j} P(z_k \mid d_i, w_j)}{n_i} \tag{5.23}$$

$$\alpha_{k,j} = \frac{\sum\limits_{i=1}^{M} n_{i,j} P(z_k \mid d_i, w_j)}{\sum\limits_{n=1}^{N}\sum\limits_{i=1}^{M} n_{i,m} P(z_k \mid d_i, w_j)} \tag{5.24}$$

将 E-step 求得的 $P(z_k \mid d_i, w_j)$ 的值代入 $\theta_{i,k}$ 和 $\alpha_{k,j}$ 的表达式，可以得到新的 $\theta_{i,k}$ 和 $\alpha_{k,j}$ 值。

迭代 E-step 和 M-step，直至参数 $\boldsymbol{\Theta}$、$\boldsymbol{A}$ 的值收敛。收敛后参数 $\boldsymbol{\Theta}$、$\boldsymbol{A}$ 的值即为模型所求的参数值。

5.3.3 LDA 模型

LDA(Latent Dirichlet Allocation)是一个生成式概率模型，它与 PLSA 模型十分相似。对于一篇文档，LDA 和 PLSA 都会估计样本的主题分布和词分布，不同的是 PLSA 模型认为主题的分布和词的分布是未知的，但值是固定的，也就是说，PLSA 模型得到的 $P(z_k \mid d_i)$ 和 $P(w_j \mid z_k)$ 对应两个固定的实数值。而 LDA 模型则认为主题分布和词分布为服从某一分布的随机变量，也就是说，无论 $P(z_k \mid d_i)$ 和 $P(w_j \mid z_k)$ 是不是固定的值，但它们的值服从一定的分布。LAD 模型可以看作在 PLSA 模型的基础上融合了贝叶斯框架得到的。

【例 5-7】 假设有如下主题"财经""娱乐""科技""体育""教育"，PLSA 模型和 LDA 模型在处理主题分布上有何不同？

设"财经""娱乐""科技""体育""教育"这几个主题在文档中出现的概率$\theta = (\theta_1, \theta_2, \theta_3,$

θ_4, θ_5),文档 d_i 的抽样结果满足以 θ 为参数的多项式分布,即

$$z_i \sim \text{Mul}(\theta)$$

PLSA 模型和 LDA 模型的目标都是获得 θ,但是它们分别采用了两种方式获得 θ,PLSA 模型认为各个主题出现的概率 θ 虽然未知但都为固定值,比如,经过计算后可以得到主题"财经""娱乐""科技""体育""教育"在文档中出现的概率 $\theta = (\theta_1, \theta_2, \theta_3, \theta_4, \theta_5) = (0.2, 0.05, 0.4, 0.05, 0.3)$,即每个主题都会对应一个固定的概率值。

LDA 模型则认为各个主题出现的概率 θ 是服从某一分布的随机变量。主题的抽样结果服从以 θ 为参数的多项式分布,且多项式分布的共轭先验分布为狄利克雷分布,因此设 θ 服从狄利克雷分布,即 $\theta \sim \text{Dir}(\alpha)$。也就是说,在 LDA 模型中最终不会计算得到 θ 的具体值,而是计算得到 θ 的分布。

1. LDA 模型简介

LDA 将词分布和主题分布看作服从某一分布的随机变量。由于词分布和主题分布本身是服从多项式分布的,而前文中证明过狄利克雷分布是多项式分布的共轭先验分布,因此在求词分布和主题分布的过程中,首先人为设定词分布和主题分布的先验分布为狄利克雷分布,然后根据已知数据计算词分布和主题分布的后验分布,这个后验分布即为 LDA 模型所要求的内容。

LDA 模型抽取一个词语的过程如下。

(1) 从狄利克雷分布 $\text{Dir}(\alpha)$ 中取样生成文档 i 的主题分布中相应的参数 θ_i。

(2) 主题服从参数为 θ_i 的多项式分布,即 $z_i \sim \text{Multinomial}(\theta_i)$,从中取样生成文档 i 的第 k 个主题 $z_{i,k}$。

(3) 从狄利克雷分布 $\text{Dir}(\beta)$ 中取样生成主题 $z_{i,k}$ 的词分布中相应的参数 ϕ_k。

(4) 词语服从参数为 ϕ_k 的多项式分布,即 $w_k \sim \text{Multinomial}(\phi_k)$,从中取样生成单词 $w_{k,j}$。

对于一篇包含有 N 个词语的文档(N 服从泊松分布),重复上述步骤 N 次直至生成文档所需的 N 个词。

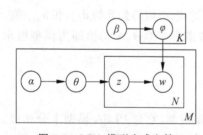

图 5-5　LDA 模型生成文档

上述过程与 PLSA 模型中生成文档的过程相比,LDA 在 PLSA 的基础上,为主题分布和词分布各加了一个狄利克雷先验分布。LDA 模型将主题分布和词分布当作先验分布为狄利克雷分布的随机变量,最终 LDA 模型会基于已知数据,计算主题分布和词分布的后验概率,即参数 θ 和参数 β 是 LDA 模型中需要估计的参数。

LDA 模型生成文档的过程可由图 5-5 表示。

图 5-5 中 θ 是满足参数为 α 的狄利克雷分布的随机变量:

$$p(\theta_1, \theta_2, \cdots, \theta_k ; \alpha_1, \alpha_2, \cdots, \alpha_k) = \frac{\Gamma\left(\sum_{i=1}^{k} \alpha^i\right)}{\prod_{i=1}^{k} \Gamma(\alpha^i)} \prod_{i=1}^{k} \theta_i^{\alpha^i - 1}, \quad \sum \theta_i = 1 \quad (5.25)$$

文档的边缘分布为:

$$p(\boldsymbol{w} \mid \alpha, \beta) = \int p(\theta \mid \alpha) \left(\prod_{n=1}^{N} \sum_{z_k} p(z_k \mid \theta) p(w_n \mid z_k, \beta) \right) d\theta \tag{5.26}$$

其中，$p(w \mid z_k, \beta)$ 为主题 z_k 相应的词分布，此分布的参数由以 β 为参数的狄利克雷分布中抽样得到。

语料库中共包含 M 篇文档，因此语料库的边缘分布为：

$$p(\boldsymbol{D} \mid \alpha, \beta) = \sum_{d=1}^{M} \int p(\theta_d \mid \alpha) \left(\prod_{n=1}^{N_d} \sum_{z_{dn}} p(z_{dn} \mid \theta_d) p(w_{dn} \mid z_{dn}, \beta) \right) d\theta_d \tag{5.27}$$

2. LDA 模型参数估计方法

LDA 模型采用变分 EM 算法对参数进行估计，变分 EM 算法即变分推断和 EM 算法的结合，其基本思路与 PLSA 中参数的求解方法类似。

若要根据已有数据推断分布 P，当 P 不容易直接求解时，可以使用变分推断的方法，即寻找容易求解的分布 Q，使分布 Q 不断逼近 P，当分布 Q 足够逼近 P 时，可以将 Q 作为 P 的近似分布。

在 LDA 模型中，希望找到合适的 α 和 β 使对似然函数最大化，并求出隐含变量的条件概率分布。但由于隐含变量 α 和 β 之间存在耦合关系，使用 EM 算法时 E-step 无法直接求解它们基于条件概率分布的期望，且隐含变量 α 和 β 的分布很难直接求得，因此使用变分法，假设所有的隐含变量都是通过各自独立的分布生成的，即去掉隐含变量之间的连线和 w 节点，并赋予 θ、z、φ 各自独立分布，γ、η、ρ 为相应的变分参数，引入变分参数的目的是增加各个隐含变量之间的独立性，如图 5-6 所示。

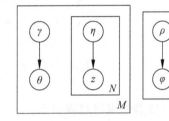

图 5-6 增加了变分参数后的 LDA 模型

设模型的联合概率分布为 $p(x, z)$，其中 x 为观测变量，z 为隐含变量，求后验概率 $p(z|x)$。变分 EM 算法用概率分布 $Q(z)$ 来近似条件分布概率 $p(z|x)$，之后用 KL 散度 $\mathrm{KL}(Q(z) \| p(z|x))$ 计算两者之间的相似度，$Q(z)$ 和 $p(z|x)$ 越相似 KL 散度越小，因此为了让变分分布 $Q(z)$ 能够近似地表示真实后验 $p(z|x)$，需要让二者的 KL 散度尽可能小。KL 散度的计算方法如下：

$$\begin{aligned} \mathrm{KL}(Q(z) \| p(z \mid x)) &= \sum_z Q(z) \log \frac{Q(z)}{p(z \mid x)} \\ &= \sum_z Q(z) \log Q(z) - \sum_z Q(z) \log p(z, x) + \log p(x) \\ &= \log p(x) - \{ E_Q[\log p(x, z)] - E_Q[\log Q(z)] \} \end{aligned} \tag{5.28}$$

KL 散度的值大于或等于 0，当且仅当两个分布一致时 KL 散度为 0，即

$$\log p(x) \geqslant E_Q[\log p(x, z)] - E_Q[\log Q(z)]$$

由于 x 为观测值，所以在给定样本的情况下，$p(x)$ 为定值，因此可以设：

$$L = E_Q[\log p(x, z)] - E_Q[\log Q(z)] \tag{5.29}$$

称 $E_Q[\log p(x, z)] - E_Q[\log Q(z)]$ 为证据下界，可以通过最大化证据下界来求取 $Q(z)$。

图 5-7 中的 w 为可观测变量，α 和 β 为参数，θ、φ、z 为隐含变量，图中的虚线圆圈对应的 γ、η、ρ 为变分参数。

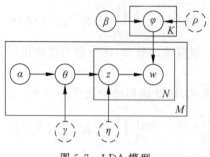

图 5-7　LDA 模型

随机变量 θ、z、w、φ 的联合概率分布为：

$$p(\theta,z,w,\varphi \mid \alpha,\beta)=p(\theta \mid \alpha)p(z \mid \theta)p(\varphi \mid \beta)p(w \mid z,\varphi)$$

隐含变量的后验分布为：

$$Q(\theta,z,\varphi \mid \gamma,\eta,\rho)=Q(\theta \mid \gamma)Q(z \mid \eta)Q(\varphi \mid \rho)$$

$$
\begin{aligned}
L(\gamma,\eta,\rho,\alpha,\beta) &= E_Q[p(\theta,z,w,\varphi \mid \alpha,\beta)]-E_Q[Q(\theta,z,\varphi \mid \gamma,\eta,\rho)] \\
&= E_Q[p(\theta \mid \alpha)p(z \mid \theta)p(\varphi \mid \beta)p(w \mid z,\varphi)]- \\
&\quad E_Q[Q(\theta \mid \gamma)Q(z \mid \eta)Q(\varphi \mid \rho)] \\
&= E_Q[p(\theta \mid \alpha)]+E_Q[p(z \mid \theta)]+E_Q[p(\varphi \mid \beta)]+E_Q[p(w \mid z,\varphi)]- \\
&\quad E_Q[Q(\theta \mid \gamma)]+E_Q[Q(z \mid \eta)]+E_Q[Q(\varphi \mid \rho)]
\end{aligned}
$$

$$(5.30)$$

EM 算法求解过程如下。

(1) E-step：求解变分参数 γ、η、ρ。求解参数 γ 的过程如下：首先提取出 $L(\gamma,\eta,\rho,\alpha,\beta)$ 中含有 γ 的部分记为 $L(\gamma)$；对提取出的部分对 γ 求偏导，即求 $\dfrac{\partial L(\gamma)}{\partial \gamma}$；令偏导等于 0，即 $\dfrac{\partial L(\gamma)}{\partial \gamma}=0$，求出 γ。变分参数 η 和 ρ 的求法与上述 γ 的求法类似，都先从 $L(\gamma,\eta,\rho,\alpha,\beta)$ 提取相关内容，然后求偏导，最后令偏导的值为零，求出参数值。

(2) M-step：求模型的参数 α、β。以参数 α 为例，提取出 $L(\gamma,\eta,\rho,\alpha,\beta)$ 中含有 α 的部分

$$L(\alpha_k)=\sum_{m=1}^{M}\left\{\log\Gamma\left(\sum_{k=1}^{K}\alpha_k\right)-\log\Gamma(\alpha_k)+(\alpha_k-1)\left[\Psi(\gamma_{mk})-\Psi\left(\sum_{l=1}^{K}\gamma_{ml}\right)\right]\right\}$$

其中，Ψ 是 digamma 函数，是对数伽马函数的一阶导数。对 α_k 求偏导：

$$g(\alpha)=\frac{\partial L(\alpha_k)}{\partial \alpha_k}=M\left[\Psi\left(\sum_{i=1}^{K}\alpha_l\right)-\Psi(\alpha_k)\right]+\sum_{m=1}^{M}\left[\Psi(\gamma_{mk})-\Psi\left(\sum_{l=1}^{K}\gamma_{ml}\right)\right]$$

再对 α_l 求偏导：

$$H(\alpha)=\frac{\partial^2 L(\alpha_k)}{\partial \alpha_k \partial \alpha_l}=M\left[\Psi'\left(\sum_{i=1}^{K}\alpha_l\right)-\delta(k,l)\Psi'(\alpha_k)\right]$$

对参数 α 的值进行更新：

$$\alpha_{\text{new}}=\alpha_{\text{old}}-H(\alpha_{\text{old}})^{-1}g(\alpha_{\text{old}})$$

参数 β 的更新过程与 α 的类似：

$$\beta_{\text{new}} = \beta_{\text{old}} - H(\beta_{\text{old}})^{-1} g(\beta_{\text{old}})$$

迭代 E-step 和 M-step，直至参数 α 和 β 的值收敛。收敛后参数 α 和 β 的值即为模型所求的主题分布和词分布的后验分布。

参考文献

［1］ Mihalcea R，Tarau P. TextRank：Bringing order into texts［C］//Conference on Empirical Methods in Natural Language Processing，2004.

［2］ Brin S. The anatomy of a large-scale hypertextual web search engine［C］//7th World Wide Web Conference. Brisbane，1998.

［3］ Blei D M，Ng A，Jordan M I. Latent dirichlet allocation［J］. The Journal of Machine Learning Research，2003(3)：993-1022.

［4］ Hofmann T，Hofmann T. Unsupervised learning by probabilistic latent semantic analysis［J］. Machine Learning，2001，42(1-2)：177-196.

［5］ Do C B，Batzoglou S. What is the expectation maximization algorithm?［J］. Nature Biotechnology，2008，26(8)：897-901.

第6章

文 本 分 类

文本自动分类简称文本分类(text categorization)，就是让计算机对一定的文本集合按照一定的标准进行分类。例如，小王是个篮球迷，喜欢看篮球类的新闻，新闻推荐系统使用文本分类技术为小王自动推荐篮球类的新闻。文本分类任务可以把一个未见过的文档分成已知类别中的一个或多个，例如，把新闻分成国内新闻和国际新闻。利用文本分类技术可以对网页进行分类，也可以用于为用户推荐个性化新闻或者垃圾信息过滤。

6.1 文本分类概述

文本分类是在预定义的分类体系下，根据文本的特征(内容或属性)，将给定文本与一个或多个类别相关联的过程。因此，文本分类研究涉及文本内容理解和模式分类等若干自然语言理解和模式识别问题，一个文本分类系统不仅是一个自然语言处理系统，也是一个典型的模式识别系统，系统的输入是需要进行分类处理的文本，系统的输出是与文本关联的类别。开展文本分类技术的研究，不仅可以推动自然语言理解相关技术的研究，而且可以丰富模式识别和人工智能理论研究的内容，具有重要的理论意义和实用价值。

Sebastiani[1]以如下数学模型描述文本分类任务。文本分类的任务可以理解为获得这样的一个函数 $\Phi: D \times C \rightarrow \{T, F\}$，其中，$D = \{d_1, d_2, \cdots, d_{|D|}\}$ 表示需要进行分类的文档，$C = \{c_1, c_2, \cdots, c_{|C|}\}$ 表示预定义的分类体系下的类别集合。T 值表示对于 $\langle d_j, c_i \rangle$ 来说，文档 d_j 属于类 c_i，而 F 值表示对于 $\langle d_j, c_i \rangle$ 而言，文档 d_j 不属于类 c_i。也就是说，文本分类任务的最终目的是要找到一个有效的映射函数，准确地实现域 $D \times C$ 到值 T 或 F 的映射，这个映射函数实际上就是我们通常所说的分类器。因此，文本分类中有两个关键问题：文本的表示和分类器设计。

一个文本分类系统可以简略地用图 6-1 表示。

图 6-1　文本分类系统示意图

　　国外关于文本自动分类的研究起步较早,始于20世纪50年代末。1957年,美国IBM公司的H.P.Luhn在自动分类领域进行了开创性的研究,这一活动标志着自动分类作为一个研究课题的开始。近几年来,文本自动分类研究取得了若干引人关注的成果,并开发出了一些实用的分类系统。

　　概括而言,文本自动分类研究在国外经历了如下几个发展阶段[2]。

　　(1) 第一阶段(1958—1964年):主要进行自动分类的可行性研究。

　　(2) 第二阶段(1965—1974年):进行自动分类的实验研究。

　　(3) 第三阶段(1975—1989年):进入实用化阶段。

　　(4) 第四阶段(1990年至今):面向互联网的文本自动分类研究阶段。

　　相对而言,国内在文本分类方面的研究起步较晚。文献[3]是国内较早的关于文本自动分类技术方面的概述性报告,此后,文本自动分类技术的研究在国内逐渐兴起。20世纪90年代,国内一些学者也曾把专家系统的实现技术引入到文本自动分类领域,并建立了一些图书自动分类系统,如东北大学图书馆的图书分类系统、长春地质学院图书馆的图书分类系统等。

　　根据分类知识获取方法的不同,文本自动分类系统大致可分为两种类型:基于知识工程(Knowledge Engineering,KE)的分类系统和基于机器学习(Machine Learning,ML)的分类系统。在20世纪80年代,文本分类系统以知识工程的方法为主,根据领域专家对给定文本集合的分类经验,人工提取出一组逻辑规则,作为计算机文本分类的依据,然后分析这些系统的技术特点和性能。进入20世纪90年代以后,基于统计机器学习的文本分类方法日益受到重视,这种方法在准确率和稳定性方面具有明显的优势。系统使用训练样本进行特征选择和分类器参数训练,根据选择的特征对待分类的输入样本进行形式化,然后输入到分类器进行类别判定,最终得到输入样本的类别。

6.2　文本表示

　　文本表现为由文字和标点符号组成字符串,由字或字符组成词,由词组成短语,进而形成句、段、节、章、篇的结构。要使计算机能够高效地处理真实文本,就必须找到一种理想的形式化表示方法,这种表示一方面要能够真实地反映文档的内容(如主题、领域或结构等),另一方面要有对不同文档的区分能力。

　　文本表示按照细粒度划分,一般可分为字级别、词语级别和句子级别的文本表示。文本表示分为离散式表示和分布式表示。离散式表示的代表是词袋模型,One-Hot、Bag Of Words、TF-IDF都可以看作词袋模型。分布式表示也叫作词嵌入(word embedding),经典模型是Word2Vec,还包括后来的Glove、ELMo等模型。

6.2.1　离散式表示

1. One-Hot

One-Hot编码是最传统、最基础的词(或字)特征表示方法。这种编码将词(或字)表示成一个向量,该向量的维度是词典(或字典)的长度(该词典是通过语料库生成的),该向量中,当前词的位置的值为1,其余词的位置的值为0。

文本使用 One-Hot 编码步骤如下。

(1) 根据语料库创建词典,并创建词和索引的映射。

(2) 将句子转换为用索引表示。

(3) 创建 One-Hot 编码器。

(4) 使用 One-Hot 编码器对句子进行编码。

例如,对以下语料库进行 One-Hot 编码:

> I have to clean my room. I am not happy.
> I have to help my mom make dinner.

根据所给语料库创建词典,并对出现的单词进行索引编码:

{"I": 1, "have": 2, "to": 3, "clean": 4, "my": 5, "room":6, "am": 7, "not": 8, "happy": 9, "help": 10, "mom": 11, "make": 12, " dinner ":13}

使用 One-Hot 编码对语料库中的文本进行表示,第一句的 One-Hot 编码为[1,1,1,1,1,1,1,1,1,0,0,0,0],第二句的 One-Hot 编码为[1,1,1,0,1,0,0,0,0,1,1,1,1]。其中,每个单词都可以用 One-Hot 编码方式表示,

> I: [1, 0, 0, 0, 0, 0, 0, 0, 0, 0, 0, 0, 0, 0]
> have: [0, 1, 0, 0, 0, 0, 0, 0, 0, 0, 0, 0, 0, 0]

由上面的结果可以看出,One-Hot 编码的优点如下。

(1) 词向量长度是词典长度。

(2) 在向量中,该单词的索引位置的值为 1,其余位置的值都是 0。

(3) 使用 One-Hot 编码的文本,得到的矩阵是稀疏矩阵(sparse matrix)。

One-Hot 编码的缺点如下。

(1) 不同词的向量表示互相正交,无法衡量不同词之间的关系。

(2) 该编码只能反映某个词是否在句中出现,无法衡量不同词的重要程度。

(3) 使用 One-Hot 对文本进行编码后得到的是高维稀疏矩阵,会浪费计算和存储资源。

2. 词袋(Bag of Words)模型

词袋模型也称为计数向量表示(Count Vector)。在词袋模型中不考虑语序和词法的信息,每个单词都是相互独立的,将词语放入一个"袋子"里,统计每个单词出现的频率。文档的向量表示可以直接用单词的向量进行求和得到。

> I have to clean my room. I am not happy. -->> [2, 1, 1, 1, 1, 1, 1, 1, 1, 0, 0, 0, 0]
> I have to help my mom make dinner. -->> [1, 1, 1, 0, 1, 0, 0, 0, 0, 1, 1, 1, 1]

横向来看,每条文本都表示为一个向量;纵向来看,不同文档中单词的个数又可以构成某个单词的词向量。如句中的 I 纵向表示成[2,1]。

词袋模型编码的优点如下。

(1) 词袋模型是对文本(而不是字或词)进行编码。

(2) 编码后的向量长度是词典的长度。

(3) 该编码忽略词出现的次序。

（4）在向量中,该单词的索引位置的值为单词在文本中出现的次数;如果索引位置的单词没有在文本中出现,则该值为 0。

词袋模型编码的缺点如下。

（1）该编码忽略词的位置信息,位置信息在文本中是一个很重要的信息,词的位置不一样,其语义会有很大的差别(如"猫爱吃老鼠"和"老鼠爱吃猫"的编码一样)。

（2）该编码方式虽然统计了词在文本中出现的次数,但仅通过出现次数这个属性无法区分常用词(如"我""是""的"等)和关键词(如"自然语言处理"和 NLP 等)在文本中的重要程度。

3. TF-IDF

上面的词袋模型是基于计数得到的,而 TF-IDF 则是基于频率统计得到的。TF-IDF 的分数代表了词语在当前文档和整个语料库中的相对重要性。TF-IDF 分数由两部分组成。

（1）TF(Term Frequency):词语频率。某个词在当前文本中出现的频率,频率高的词语或者是重要的词(如"自然语言处理")或者是常用词(如"我""是""的"等)。

（2）IDF(Inverse Document Frequency):逆文本频率。文本频率是指含有某个词的文本在整个语料库中所占的比例。逆文本频率是文本频率的倒数。

$$TF(t) = 该词语在当前文档出现的次数 / 当前文档中词语的总数$$
$$IDF(t) = \log(文档总数 / 出现该词语的文档总数 + 1)$$
$$TF-IDF = TF \times IDF$$

由上面的公式可以看出,TF 判断的是该字/词语是否是当前文档的重要词语,但是如果只用词语出现频率来判断其是否重要可能会出现一个问题,就是有些通用词可能也会出现很多次,如 a、the、at、in 等。当对文本进行预处理的时候一般会去掉这些所谓的停用词(stopword),但仍然会有很多通用词不可避免地出现在很多文档,而其实它们不是那么重要。

IDF 用于判断是否在很多文档中都出现了此词语,即很多文档或所有文档中都出现的就是通用词。出现该词语的文档越多,IDF 越小,其作用是抑制通用词的重要性。

将上述求出的 TF 和 IDF 相乘得到词语在当前文档和整个语料库中的相对重要性。TF-IDF 与一个词在当前文档中的出现次数成正比,与该词在整个语料库中的出现次数成反比。

TF-IDF 编码的优点如下。

（1）实现简单,算法容易理解且解释性较强。

（2）从 IDF 的计算方法可以看出常用词(如"我""是""的"等)在语料库中的很多文章中都会出现,故 IDF 的值会很小;而关键词(如"自然语言处理"和 NLP 等)只会在某领域的文章中出现,故 IDF 的值会比较大。因此,TF-IDF 在保留文章的重要词的同时可以过滤掉一些常见的、无关紧要的词。

TF-IDF 编码的缺点如下。

（1）不能反映词的位置信息,在对关键词进行提取时,词的位置信息(如标题、句首、句尾的词)应该赋予更高的权重。

（2）IDF 是一种试图抑制噪声的加权,本身倾向于文本中频率比较小的词,这使得 IDF

的精度不高。

(3) TF-IDF 严重依赖于语料库(尤其在训练同类语料库时,往往会掩盖一些同类型的关键词;如在进行 TF-IDF 训练时,语料库中的娱乐新闻较多,则与娱乐相关的关键词的权重就会偏低),因此需要选取质量高的语料库进行训练。

6.2.2 分布式表示

离散表示虽然能够进行词语或者文本的向量表示,进而用模型进行情感分析或是文本分类等任务,但其不能表示词语间的相似程度或者词语间的类比关系。例如,beautiful 和 pretty 表达相近的意思,所以希望它们在整个文本的表示空间内靠得很近。引入分布式表示(词的语义由其上下文决定)方法,其主要思想是用周围的词表示该词。

1. N-gram

N-gram 是一种语言模型(Language Model,LM)。语言模型是一种基于概率的判别式模型,该模型的输入是一句话(单词的序列),输出的是这句话出现的概率,也就是这些单词的联合概率(joint probability)。N-gram 语言模型中的概率计算:

$$P(w_1,w_2,\cdots,w_n)$$
$$=P(w_1)*P(w_2\mid w_1)*P(w_3\mid w_1,w_2)*\cdots*P(w_n\mid w_1,w_2,\cdots,w_{n-1}) \quad (6.1)$$

N-gram 是基于马尔可夫假设(假设一个词汇只依赖于前一个词汇,而不是依赖于前面所有的词汇)的一个简化概率模型,基本思想是将文本中的内容按照字节及逆行大小为 n 的滑动窗口,形成长度为 N 的字节片段序列。每一个字节片段称为 gram,对所有 gram 的出现频度进行统计,并且按照事先设定好的阈值进行过滤,形成关键 gram 列表,也就是这个文本的向量特征空间,列表中的每一种 gram 就是一个特征向量维度。该模型就是基于一种这样的假设,第 n 个词的出现只与前面的 $n-1$ 个词有关,这种假设称为 $n-1$ 阶马尔可夫假设,整句话出现的概率就是各个概率的乘积,这些概率可以通过直接从语料中统计 n 个词同时出现的次数得到。

当 $n=1$ 时,也就是一个一元模型(unigram model)即为

$$P(w_1,w_2,\cdots,w_m)=\prod_{i=1}^{m}P(w_i) \quad (6.2)$$

当 $n=2$ 时,一个二元模型(bigram model)即为

$$P(w_1,w_2,\cdots,w_m)=\prod_{i=1}^{m}P(w_i\mid w_{i-1}) \quad (6.3)$$

当 $n=3$ 时,一个三元模型(trigram model)即为

$$P(w_1,w_2,\cdots,w_m)=\prod_{i=1}^{m}P(w_i\mid w_{i-2}w_{i-1}) \quad (6.4)$$

N-gram 中的 n 值大小对性能有一定的影响。当 n 较小的时候,在训练语料库中出现的次数更多,统计结果更可靠,但是约束信息更少。当 n 较大的时候,n 对下一个词出现的约束性信息更多,有更强的辨别力,按理说 n 应该取得越大越好,这样可以考虑到更远的影响。当 n 由 1 增加到 2 或 3 时,模型性能已经有很大的提升了。如果再增加,性价比就不高了,主要原因是模型的大小几乎是 n 的指数函数,即语料库的词汇数的 n 次方,则复杂度为 $O(V^n)$。对于马尔可夫假设,n 即使取得很大,也很难把全部语言空间覆盖到,有时候上下

文之间的联系跨度很大,所以 n 很难覆盖完,这也是马尔可夫假设的局限性,此时就需要考虑其他可以长距离传播信息的工具了。

2. 共现矩阵

首先解释下"共现",即共同出现,如在一句话中共同出现,或一篇文章中共同出现。这里给共同出现的距离定义一个规范——窗口,如果窗口宽度是 2,那就是在当前词的前后各 2 个词的范围内共同出现。可以想象,其实是一个总长为 5 的窗口依次扫过所有文本,同时出现在其中的词就说它们共现。考虑以下两句话:

> John likes to watch movies.
> John likes to play basketball.

设窗口宽度为 1,则上面两句话的共现矩阵如图 6-2 所示。

	John	likes	to	watch	movies	play	basketball
John	0	2	0	0	0	0	0
likes	2	0	2	0	0	0	0
to	0	2	0	1	0	1	0
watch	0	0	1	0	1	0	0
movies	0	0	0	1	0	0	0
play	0	0	1	0	0	0	1
basketball	0	0	0	0	0	1	0

图 6-2 例句的共现矩阵

可以看到,当前词与自身不存在共现,共现矩阵实际上是对角矩阵。

实际应用中,用共现矩阵的一行(列)作为某个词的词向量,其向量维度还是会随着字典大小呈线性增长,而且存储共生矩阵可能需要消耗巨大的内存。一般配合主成分分析(Principal Component Analysis,PCA)或奇异值分解(Singular Value Decomposition,SVD)将其进行降维,如将原来 $m \times n$ 的矩阵降为 $m \times r$ 的矩阵($r < n$),即将词向量的长度进行缩减。如图 6-3 所示即为用 SVD 对矩阵进行降维的过程。

$$\underset{m \times n}{\underset{X}{\begin{pmatrix} x_{11} & x_{12} & \cdots & x_{1n} \\ x_{21} & x_{22} & \cdots & x_{2n} \\ \vdots & \vdots & \ddots & \vdots \\ x_{m1} & x_{m2} & \cdots & x_{mn} \end{pmatrix}}} \approx \underset{m \times r}{\underset{U}{\begin{pmatrix} u_{11} & \cdots & u_{1r} \\ \vdots & \ddots & \vdots \\ u_{m1} & \cdots & u_{mr} \end{pmatrix}}} \underset{r \times r}{\underset{S}{\begin{pmatrix} s_{11} & 0 & \cdots \\ 0 & \ddots & \vdots \\ \vdots & \cdots & s_{rr} \end{pmatrix}}} \underset{r \times n}{\underset{V^{T}}{\begin{pmatrix} v_1 & \cdots & v_{1n} \\ \vdots & \ddots & \vdots \\ v_r & \cdots & v_{rn} \end{pmatrix}}}$$

图 6-3 SVD 降维示例

共现矩阵考虑了句子中词的顺序,但也有如下缺点。

(1)向量维度随着词表的增加而线性增加。

(2)共现矩阵也是稀疏矩阵(可使用 SVD、PCA 等算法进行降维,但计算量很大)。

(3)模型欠稳定,每新增一个语料,模型就需要调整。

3. Word2Vec

什么是 Word2Vec? 可以理解为 Word2Vec 就是将词表征为实数值向量的一种高效的算法模型,其利用深度学习的思想,可以通过训练,把对文本内容的处理简化为 K 维向量空间中的向量运算,而向量空间上的相似度可以用来表示文本语义上的相似。

其基本思想是通过训练将每个词映射成 K 维实数向量(K 一般为模型中的超参数),通过词之间的距离(如余弦相似度、欧氏距离等)来判断它们之间的语义相似度,其采用一个三层的神经网络,包括输入层-隐含层-输出层。有个核心的技术是根据词频用哈夫曼编码,使得所有词频相似的词隐含层激活的内容基本一致,出现频率越高的词语,它们激活的隐含层数目越少,这样有效降低了计算的复杂度。这个三层神经网络本身是对语言模型进行建模,获得一种单词在向量空间上的表示,同时利用了词的上下文,使得语义信息更加丰富。

Word2Vec 实际上是两种不同的方法:CBOW 和 Skip-gram,CBOW 的目标是根据上下文来预测当前词语的概率。Skip-gram 刚好相反,根据当前词语预测上下文的概率。这两种方法都利用人工神经网络作为它们的分类算法。起初,每个单词都是一个随机 K 维向量。经过训练之后,该算法利用 CBOW 或者 Skip-gram 的方法获得了每个单词的最优向量。CBOW 和 Skip-gram 模型如图 6-4 所示。

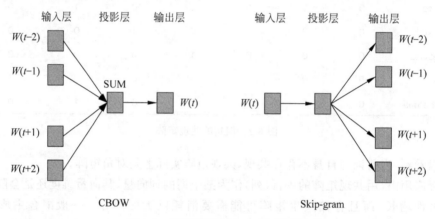

图 6-4　CBOW 和 Skip-gram 模型图

CBOW 利用上下文词预测中心词实例如图 6-5 所示。

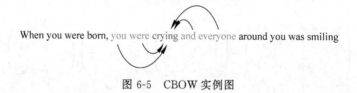

图 6-5　CBOW 实例图

Skip-gram 利用中心词预测上下文词的实例如图 6-6 所示。

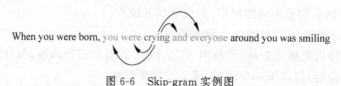

图 6-6　Skip-gram 实例图

Word2Vec 模型的优点如下。

（1）考虑到词语的上下文,学习到了语义和语法的信息。

（2）得到的词向量维度小,节省存储和计算资源。

（3）通用性强,可以应用到各种 NLP 任务中。

Word2Vec 模型的缺点如下。

（1）词和向量是一对一的关系,无法解决多义词的问题。

（2）Word2Vec 是一种静态的模型,虽然通用性强,但无法针对特定的任务做动态优化。

（3）对每个局部上下文窗口（local context window）单独训练,没有利用包含在全局共现（global co-currence）矩阵中的统计信息。

4. GloVe

GloVe（Global Vectors for word Representation）是斯坦福大学 Jeffrey 和 Richard 等提供的一种词向量表示算法。GloVe 是一个基于全局词频统计（count-based & overall statistics）的词表征（word representation）算法。该算法综合了全局矩阵分解（global matrix factorization）和局部上下文窗口两种方法的优点。

5. ELMo

Word2Vec 和 GloVe 算法得到的词向量都是静态词向量（静态词向量会把多义词的语义进行融合,训练结束之后不会根据上下文进行改变）,静态词向量无法解决多义词的问题（如"我今天买了 7 斤苹果"和"我今天买了苹果 7"中的苹果就是一个多义词,后一句中苹果指的是苹果手机）。而 ELMo 模型进行训练的词向量可以解决多义词的问题。

ELMo 的全称是 Embedding from Language Models,网络模型如图 6-7 所示,该模型算法的精髓是：用语言模型训练神经网络,在使用词嵌入（word embedding）时,单词已经具备上下文信息,这个时候神经网络可以根据上下文信息对词嵌入进行调整,这样经过调整之后的词嵌入更能表达在这个上下文中的具体含义,这就解决了静态词向量无法表示多义词的问题。

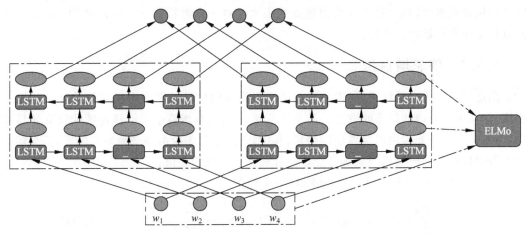

图 6-7　ELMo 模型图

模型生成表示文本词向量的整个过程如下。

（1）图中的结构使用字符级 CNN 将文本中的词转换成原始词向量（raw word vector）。

（2）将原始词向量输入双向语言模型中第一层。

（3）前向迭代中包含了该词以及该词之前的一些词汇或语境的信息（即上文）。

（4）后向迭代中包含了该词以及该词之后的一些词汇或语境的信息（即下文）。

（5）这两种迭代的信息组成了中间词向量（intermediate word vector）。

（6）中间词向量被输入到模型的下一层。

（7）最终向量就是原始词向量和两个中间词向量的加权和。

6.3 文本特征提取

根据 6.2 节的介绍，在向量空间模型中，表示文本的特征项可以选择字、词、短语，甚至"概念"等多种元素。但是，如何选取特征，各种特征应该赋予多大的权重，选取不同的特征对文本分类系统的性能有什么影响等，很多问题都值得深入研究。目前已有的特征选取方法比较多，常用的方法有基于 DF 的特征提取法、信息增益（Information Gain，IG）法、χ^2 统计量（CHI）法和互信息（Mutual Information，MI）方法等[4,5]。

6.3.1 基于 DF 的特征提取法

DF 是指出现某个特征项的文档的频率。基于 DF 的特征提取法通常的做法是：从训练语料中统计出包含某个特征的文档的频率（个数），然后根据设定的阈值，当该特征项的 DF 值小于某个阈值时，从特征空间中去掉该特征项，因为该特征项使文档出现的频率太低，没有代表性；当该特征项的 DF 值大于另外一个阈值时，从特征空间中也去掉该特征项，因为该特征项使文档出现的频率太高，没有区分度。

基于文档频率的特征选择方法可以降低向量计算的复杂度，并可能提高分类的准确率，因为按这种选择方法可以去掉一部分噪声特征。这种方法简单、易行。但严格地讲，这种方法只是一种借用算法，其理论依据不足。根据信息论我们知道，某些特征虽然出现频率低，但往往包含较多的信息，对于分类的重要性很大。对于这类特征就不应该使用 DF 方法将其直接排除在向量特征之外。

6.3.2 信息增益法

信息增益法依据某特征项，为整个分类所能提供的信息量多少来衡量该特征项的重要程度，从而决定对该特征项的取舍。某个特征项 t_i 的信息增益是指有该特征或没有该特征时，为整个分类所能提供的信息量的差别，其中，信息量的多少由熵来衡量。因此，信息增益即不考虑任何特征时文档的熵和考虑该特征后文档的熵的差值：

$$\text{Gain}(t_i) = \text{Entropy}(S) - \text{ExpectedEntropy}(S_{t_i})$$

$$= \left\{ -\sum_{j=1}^{M} P(C_j) \times \log P(C_j) \right\} - \left\{ P(t_i) \times \left[-\sum_{j=1}^{M} P(C_j \mid t_i) \times \log P(C_j \mid t_i) \right] + \right.$$

$$P(\bar{t}_i) \times \left[-\sum_{i=1}^{M} P(C_j \mid \bar{t}_i) \times \log P(C_j \mid \bar{t}_i) \right] \right\} \tag{6.5}$$

其中，$P(C_j)$ 表示 C_j 类文档在语料中出现的概率；$P(t_i)$ 表示语料中包含特征项 t_i 的文档的概率；$P(C_j|t_i)$ 表示文档包含特征项 t_i 时属于 C_j 类的条件概率；$P(\bar{t}_i)$ 表示语料中不

包含特征项 t_i 的文档的概率；$P(C_j|\bar{t}_i)$ 表示文档不包含特征项 t_i 时属于 C_j 的条件概率；M 表示类别数。

从信息增益的定义可知，一个特征的信息增益实际上描述的是它包含的能够帮助预测类别属性的信息量。从理论上讲，信息增益应该是最好的特征选取方法，但实际上由于许多信息增益比较高的特征出现频率往往较低，所以，当使用信息增益选择的特征数目比较少时，往往会存在数据稀疏问题，此时分类效果也比较差。因此，有些系统实现时，首先对训练语料中出现的每个词（以词为特征）计算其信息增益，然后指定一个阈值，从特征空间中移除那些信息增益低于此阈值的词条，或者指定要选择的特征个数，按照增益值从高到低的顺序选择特征组成特征向量[5,6]。

6.3.3　χ^2 统计量

χ^2 统计量（CHI）衡量的是特征项 t_i 和类别 C_j 之间的相关联程度，并假设 t_i 和 C_j 之间符合具有一阶自由度的 χ^2 分布[7]。特征对于某类的 χ^2 统计值越高，它与该类之间的相关性越大，携带的类别信息也越多；反之则越少。

如果令 N 表示训练语料中文档的总数，A 表示属于 C_j 类且包含 t_i 的文档频数，B 表示不属于 C_j 类但包含 t_i 的文档频数，C 表示属于 C_j 类但不包含 t_i 的文档频数，D 是既不属于 C_j 也不包含 t_i 的文档频数，N 为总的文本数量。上述 4 种情况可以用表 6-1 表示。

表 6-1　特征与类关系示意图

特 征 项	类　别	
	C_j	$\sim C_j$
t_i	A	B
$\sim t_i$	C	D

特征项 t_i 对 C_j 的 CHI 值为：

$$\chi^2(t_i,C_j) = \frac{N \times (A \times D - C \times B)^2}{(A+C) \times (B+D) \times (A+B) \times (C+D)} \tag{6.6}$$

对于多类问题，基于 CHI 统计量的特征提取方法可以采用两种实现方法。

（1）分别计算 t_i 对于每个类别的 CHI 值，然后在整个训练语料上计算：

$$\chi^2_{\text{MAX}}(t_i) = \max_{j=1}^{M}\{\chi^2(t_i,C_j)\} \tag{6.7}$$

其中，M 为类别数。从原始特征空间中去除统计量低于给定阈值的特征，保留统计量高于给定阈值的特征作为文档特征。

（2）计算各特征对于各类别的平均值，以这个平均值作为各类别的 CHI 值：

$$\chi^2_{\text{AVG}}(t_i) = \sum_{j=1}^{M} P(C_j)\chi^2(t_i,C_j) \tag{6.8}$$

6.3.4　互信息法

互信息（MI）法的基本思想是：互信息越大，特征 t_i 和类别 C_j 共现的程度越大。如果 A、B、C、N 的含义和 6.3.3 节中的约定相同，那么 t_i 和 C_j 的互信息可由下式计算：

$$I(t_i, C_j) = \log \frac{P(t_i, C_j)}{P(t_i)P(C_j)}$$

$$= \log \frac{P(t_i \mid C_j)}{P(t_i)}$$

$$\approx \log \frac{A \times N}{(A+C) \times (A+B)} \tag{6.9}$$

如果特征 t_i 和类别 C_j 无关,则为了选出对多类文档识别有用的特征,与上面基于 CHI 统计量的处理方法类似,也有最大值方法和平均值方法两种方法:

$$I_{\mathrm{MAX}}(t_i) = \max_{j=1}^{M}[P(C_j) \times I(t_i, C_j)] \tag{6.10}$$

$$I_{\mathrm{AVG}}(t_i) = \sum_{j=1}^{M} P(C_j) I(t_i, C_j) \tag{6.11}$$

以上是文本分类中比较经典的一些特征选取方法,实际上还有很多其他文本特征选取方法,例如,DTP(Distance To Transition point)方法[8]、期望交叉熵法、文本证据权法、优势率方法[9],以及国内学者提出的"类别区分词"的特征提取方法[10],组合特征提取方法[5],基于粗糙集(rough set)的特征提取方法 TFACQ[11],以及利用自然语言文本所隐含规律等多种信息的强类信息词(strong information class word)的特征选取方法[12],等等。

国内外很多学者对各种特征选取方法进行了对比研究,比较典型的实验有 Yang 和 Pederson 的降维实验。研究结果表明,在英文文本分类问题中,取单词和短语作为特征时,特征空间的维数一般要在一万左右。而对于汉语文本分类问题而言,代六玲等采用支持向量机(Support Vector Machine,SVM)和 KNN 两种分类器分别考查不同的特征抽取方法的有效性,结果表明,在英文文本分类中表现良好的特征提取方法(IG、MI 和 CHI)在不加修正的情况下,并不适合中文文本分类。周茜等利用文本相似度方法和朴素贝叶斯(Naive Bayes)分类器进行了对比测试,实验结果表明,多类优势率方法和文献[5]中提出的类别区分词方法取得了最好的选择效果。不过需要说明的是,这些比较都是通过实验方法进行的,由于实验语料、分类器方法等各种因素的差异,得出的结论并非完全一致,所以,这些结论可以作为特征选择的参考,并非绝对的定论。虽然 Yang 和 Pederson 从数学的角度比较了 IG 和 MI 方法,解释了实验结果的一些现象,但是,评价特征提取方法的标准并没有从理论上得到验证。

另外需要指出的是,无论选择什么作为特征项,特征空间的维数都是非常高的,在中文文本分类中问题表现得更为突出。这样的高维特征向量对后面的分类器存在不利的影响,很容易出现模式识别中的"维数灾难"现象。而且,并不是所有的特征项对分类都是有利的,很多提取出来的特征可能是噪声。因此,如何降低特征向量的维数,并尽量减少噪声,仍然是文本特征提取中的两个关键问题。

6.4 特征权重计算方法

特征权重用于衡量某个特征项在文档表示中的重要程度或者区分能力的强弱。权重计算的一般方法是利用文本的统计信息,主要是词频,给特征项赋予一定的权重。在文献[6]

和文献[13]中将一些常用的权重计算方法归纳为表 6-2 所示的形式。其中各变量的说明如下：w_{ij} 表示特征项 t_i 在文本 D_j 中的权重，tf_{ij} 表示特征项 t_i 在训练文本 D_j 中出现的频度；n_i 是训练集中出现特征项 t_i 的文档数，N 是训练集中总的文档数；M 为特征项的个数，nt_i 为特征项 t_i 在训练语料中出现的次数。

表 6-2　常用的特征权重计算方法

名　称	权　重　函　数	说　明
布尔权重	$w_{ij} = \begin{cases} 1, & \text{tf}_{ij} > 0 \\ 0, & \text{其他} \end{cases}$	如果文本中出现了该特征项，那么文本向量的该分量为 1，否则为 0
TF	tf_{ij}	使用特征项在文本中出现的频度表示文本
IDF	$w_{ij} = \log \dfrac{N}{n_i}$	稀有特征比常用特征含有更新的信息
TF-IDF	$w_{ij} = \text{tf}_{ij} \times \log \dfrac{N}{n_i}$	权重与特征项在文档中出现的频率成正比，与在整个语料中出现该特征项的文档数成反比
TFC	$w_{ij} = \dfrac{\text{tf}_{ij} \times \log(N/n_i)}{\sqrt{\sum\limits_{i_i \in D_j} \left[\text{tf}_{ij} \times \log(N/n_i) \right]^2}}$	对文本长度进行归一化处理后的 TF-IDF
ITC	$w_{ij} = \dfrac{\log(\text{tf}_{ij} + 1.0) \times \log(N/n_i)}{\sqrt{\sum\limits_{t_i \in D_j} \left[\log(\text{tf}_{ij} + 1.0) \times \log(N/n_i) \right]^2}}$	在 TFC 的基础上，用 tf_{ij} 的对数值代替 tf_{ij} 值
熵权重	$w_{ij} = \log(t_{ij} + 1.0) \times \left(1 + \dfrac{1}{\log N} \sum\limits_{j=1}^{N} \left[\dfrac{t_v}{n_i} \log\left(\dfrac{\text{tf}_j}{n_i} \right) \right] \right)$	建立在信息论的基础上
TF-IWF-IWF	$w_{ij} = \text{tf}_{ij} \times \left(\log\left(\dfrac{\sum\limits_{i=1}^{M} \text{nt}_i}{\text{nt}_i} \right) \right)^2$	在 TF-IDF 算法的基础上，用特征项频率倒数的对数值 IWF 代替 IDF；并且用 IWF 的平方平衡权重值对于特征项频率的倚重

　　由于布尔权重(Boolean weighting)计算方法无法体现特征项在文本中的作用程度，因而在实际运用中 0、1 值逐渐地被更精确的特征项的频率所代替。在绝对词频(Term Frequency，TF)方法中，无法体现低频特征项的区分能力，因为有些特征项频率虽然很高，但分类能力很弱(如很多常用词)，而有些特征项虽然频率较低，但分类能力却很强。IDF 法是 1972 年由 Spark Jones 提出的计算词与文献相关权重的经典计算方法，其在信息检索中占有重要地位。该方法在实际使用中，常用公式 $L + \log((N - n_i)/n_i)$ 替代，其中，常数 L 为经验值，一般取为 1。IDF 方法的权重值随着包含某个特征的文档数量 n_i 的变化呈反向变化，在极端情况下，只在一篇文档中出现的特征含有最高的 IDF 值。TF-IDF 的公式有多种表达形式，TFC 方法和 ITC 方法都是 TF-IDF 方法的变种。其实，还有一种比较普遍的 TF-IDF 公式：

$$w_{ij} = \frac{\text{tf}_{ij} \times \log(N/n_i + 0.01)}{\sqrt{\sum_{t_i \in D_j} [\text{tf}_{ij} \times \log(N/n_i + 0.01)]^2}} \tag{6.12}$$

或

$$w_{ij} = \frac{(1 + \log_2 \text{tf}_{ij}) \times \log_2\left(\frac{N}{n_i}\right)}{\sqrt{\sum_{t_i \in D_j} \left[(1 + \log_2 \text{tf}_{ij}) \times \log_2\left(\frac{N}{n_i}\right)\right]^2}} \tag{6.13}$$

TF-IWF(Inverse Word Frequency)权重算法也是在 TF-IDF 算法的基础上由 Basili[14] 提出的。TF-IWF 与 TF-IDF 的不同主要体现在两方面。

(1) TF-IWF 算法中用特征频率倒数的对数值 IWF 代替 IDF。

(2) TF-IWF 算法中采用了 IWF 的平方,而不像 IDF 中采用的是一次方。Basili 等认为 IDF 的一次方给了特征频率太多的倚重,所以用 IWF 的平方平衡权重值对于特征频率的倚重。

除了上面介绍的这些比较常用的方法以外,还有很多其他权重计算方法。例如 Dagan[15] 提出的基于错误驱动的(mistake-driven)特征权重算法,这种算法的类权重向量不是通过一个表达式直接计算出来的,而是首先为每个类指定一个初始权重向量,不断输入训练文本,并根据对训练文本的分类结果调整类权重向量的值,直到类权重向量的值大致不再改变为止。

需要说明的是,权重计算方法存在与特征提取方法类似的问题,就是缺少理论上的推导和验证,因而,表现出来的非一般性结果无法得到合理的解释。很多论文所提出的权重计算方法中都引入了新的计算变量,实质上都是考虑特征项在整个类中的分布问题。因此,有必要对特征权重选取方法进行进一步的理论研究,获得更一般的有关特征权重确定的结论,而不是仅仅从不同的角度定义不同的计算公式。

6.5 分类器构建

6.5.1 朴素贝叶斯分类器

朴素贝叶斯分类器的基本思想是利用特征项和类别的联合概率来估计给定文档的类别概率。假设文本是基于词的一元模型,即文本中当前词的出现依赖于文本类别,但不依赖于其他词及文本的长度,也就是说,词与词之间是独立的。根据贝叶斯公式,文档 Doc 属于 C_i 类的概率为:

$$P(C_i \mid \text{Doc}) = \frac{P(\text{Doc} \mid C_i) \times P(C_i)}{P(\text{Doc})} \tag{6.14}$$

在具体实现时,通常又分为两种情况。

(1) 文档 Doc 采用 DF 向量表示法,即文档向量 **V** 的分量为一个布尔值,0 表示相应的特征在该文档中未出现,1 表示特征在文档中出现。在这种方法中,

$$P(\mathrm{Doc} \mid C_i) = \prod_{t_j \in V} P(\mathrm{Doc}(t_j) \mid C_i)$$

$$P(\mathrm{Doc}) = \sum_i \left[P(C_i) \prod_{t_i \in V} P(\mathrm{Doc}(t_i) \mid C_i) \right] \tag{6.15}$$

因此，

$$P(C_i \mid \mathrm{Doc}) = \frac{P(C_i) \prod\limits_{t_j \in V} P(\mathrm{Doc}(t_j) \mid C_i)}{\sum_i \left[P(C_i) \prod\limits_{t_j \in V} P(\mathrm{Doc}(t_j) \mid C_i) \right]} \tag{6.16}$$

其中，$P(C_i)$ 为 C_i 类文档的概率；$P(\mathrm{Doc}(t_j) \mid C_i)$ 是对 C_i 类文档中特征 t_i 出现的条件概率的拉普拉斯估计：

$$P(\mathrm{Doc}(t_j) \mid C_i) = \frac{1 + N(\mathrm{Doc}(t_j) \mid C_i)}{2 + \mid D_{c_i} \mid} \tag{6.17}$$

其中，$N(\mathrm{Doc}(t_j) \mid C_i)$ 是 C_i 类文档中特征 t_i 出现的文档数，$\mid D_{c_i} \mid$ 为 C_i 类文档所包含的文档的个数。

（2）若文档 Doc 采用 TF 向量表示法，即文档向量 V 的分量为相应特征在该文档中出现的频度，则文档 Doc 属于 C_i 类文档的概率为：

$$P(C_i \mid \mathrm{Doc}) = \frac{P(C_i) \prod\limits_{t_i \in V} P(t_j \mid C_i)^{\mathrm{TF}(t_i, \mathrm{Doc})}}{\sum_j \left[P(C_j) \prod\limits_{t_i \in V} P(t_i \mid C_j)^{\mathrm{TF}(t_i, \mathrm{Doc})} \right]} \tag{6.18}$$

其中，$\mathrm{TF}(t_i, \mathrm{Doc})$ 是文档 Doc 中特征 t_i 出现的频度；$P(t_i \mid C_i)$ 是对 C_i 类文档中特征 t_i 出现的条件概率的拉普拉斯概率估计：

$$P(t_i \mid C_i) = \frac{1 + \mathrm{TF}(t_i, C_i)}{\mid V \mid + \sum\limits_j \mathrm{TF}(t_j, C_i)} \tag{6.19}$$

这里，$\mathrm{TF}(t_i, C_i)$ 是 C_i 类文档中特征 t_i 出现的频度，$\mid V \mid$ 为特征集的大小，即文档表示中所包含的不同特征的总数目。

假如数据集有 n 种不同的分类结果，要判断一个样本 B 的分类，只需要分别计算它在所有情况下发生的条件概率并比较它们的大小，找出其中最大的那个概率对应的类别 $C_{\max}$ 作为该样本的类别。对每个样本都进行相同的分类，这样对每个样本都有最大概率准确判断它的类别。

总结一下，朴素贝叶斯方法通常分为如下几个步骤。

（1）找出样本中出现的所有特征属性 featlist，并计算每种类别的概率 Pi；

（2）把样本的特征向量转化为以 featlist 相同长度的只包含 0、1 的向量，其中 1 代表该样本中出现了该属性，0 代表没有出现；

（3）计算每种类别的样本中各特征属性出现的概率；

（4）根据每个样本中的特征属性出现的情况计算它是每种类别的概率选出其中最大的作为该样本的特征；

（5）对数据集中所有样本进行分类，计算预测的准确率。

6.5.2 SVM 分类器

基于 SVM 的分类方法主要用于解决二元模式分类问题。SVM 的基本思想是在向量空间中找到一个决策平面(decision surface),这个平面能"最好"地分割两个分类中的数据点[16]。基于 SVM 分类器的方法就是要在训练集中找到具有最大类间界限(margin)的决策平面。

由于 SVM 算法是基于两类模式识别问题的,因而,对于多类模式识别问题通常需要建立多个两类分类器。与线性判别函数一样,它的结果强烈地依赖于已知模式样本集的构造,当样本容量不大时,这种依赖性尤其明显。此外,将分界面定在最大类间隔的中间,对于许多情况来说也不是最优的。对于线性不可分问题也可以采用类似于广义线性判别函数的方法,通过事先选择好的非线性映射将输入模式向量映射到一个高维空间,然后在这个高维空间中构造最优分界超平面。

1. 支持平面和超平面

在了解 SVM 算法之前,首先需要了解一下线性分类器这个概念。比如给定一系列的数据样本,每个样本都有对应的一个标签。为了使得描述更加直观,采用二维平面进行解释,高维空间的原理也是一样的。

如图 6-8(a)所示是一个二维平面,平面上有两类不同的数据,分别用圆点和方块表示。我们可以很简单地找到一条直线使得两类数据正好能够完全分开。但是能将数据点完全分开的直线不止一条,那么在如此众多的直线中应该选择哪一条呢?希望找到这样一条直线,使得距离这条直线最近的点到这条直线的距离最长。从图 6-8(b)直观来解释,就是要求线放在最佳位置,以便让线的两边到两组数据点边界点的距离尽可能大。因为假如数据样本是随机出现的,那么这样分割之后数据点落入到其类别一侧的概率越高,最终预测的准确率也会越高。在高维空间中这样的直线称为超平面,因为当维数大于 3 时已经无法想象出这个平面的具体样子。那些距离这个超平面最近的点就是所谓的支持向量。实际上,如果确定了支持向量也就确定了这个超平面,找到这些支持向量之后其他样本就不会起作用了。

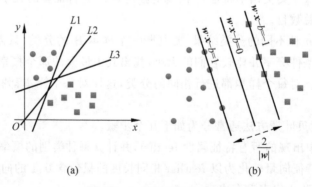

(a)   (b)

图 6-8　二维平面线性分割图

2. SVM 分类器原理

1) 点到超平面的距离公式

既然这样的直线是存在的,那么怎样寻找出这样的直线呢?与二维空间类似,超平面的方程也可以写成以下形式：

$$w^{\mathrm{T}}x + b = 0 \tag{6.20}$$

有了超平面的表达式之后，就可以计算样本点到平面的距离。假设 $P(x_1, x_2, \cdots, x_n)$ 样本中的一个点，表示为第 x_i 个特征变量。那么该点到超平面的距离为：

$$d = \frac{|w_1^* x_1 + w_2^* x_2 + \cdots + w_n^* x_n + b|}{\sqrt{w_1^2 + w_2^2 + \cdots + w_n^2}} = \frac{|w^{\mathrm{T}}x + b|}{\|w\|} \tag{6.21}$$

其中，$\|w\|$ 为超平面的范数，常数 b 类似于直线方程中的截距。

2）最大间隔的优化模型

现在已经知道了如何去求数据点到超平面的距离，在超平面确定的情况下，就能够找出所有支持向量，然后计算出间隔界限。每一个超平面都对应着一个界限，目标就是找出所有界限中最大的那个值对应的超平面。因此用数学语言描述就是确定 w、b，使界限最大。这是一个优化问题，其目标函数可以写成：

$$\underset{w, b}{\arg\max}\left\{\min(y(w^{\mathrm{T}}x + b)) \cdot \frac{1}{\|w\|}\right\} \tag{6.22}$$

其中，y 表示数据点的标签，且其为 -1 或 1。距离用 $y(w^{\mathrm{T}}x + b)$ 计算，这时就能体会出 -1 和 1 的好处了。如果数据点在平面的正方向（即 $+1$ 类），那么 $y(w^{\mathrm{T}}x + b)$ 是一个正数，而当数据点在平面的负方向时（即 -1 类），$y(w^{\mathrm{T}}x + b)$ 依然是一个正数，这样就能够保证始终大于零了。注意，当 w 和 b 等比例放大时，超平面是不会改变的。因此可以令所有支持向量的 $y(w^{\mathrm{T}}x + b)$ 为 1，也就是说，对所有的点满足 $y(w^{\mathrm{T}}x + b) \geqslant 1$。因此上面的问题可以简化为：

$$\arg\max\left(\frac{1}{\|w\|}\right) \tag{6.23}$$
$$\mathrm{s.t.}\ y(w^{\mathrm{T}}x + b) - 1 \geqslant 0$$

为了后面计算的方便，可以将目标函数等价替换为：

$$\min \frac{1}{2}\|w\|^2 \tag{6.24}$$

3）学习的对偶算法

为了求解线性可分 SVM 的最优化问题，将它作为原始最优化问题，应用拉格朗日对偶性，通过求解对偶问题得到原始问题的最优解，这就是线性可分支持向量的对偶算法。这样使对偶问题往往更容易求解，自然引入核函数，进而推广到非线性分类问题；同时改变了问题的复杂度。由求特征向量 w 转换为求比例系数 α，在原始问题中，求解的复杂度与样本的维度有关，即 w 的维度。在对偶问题中，只与样本数量有关。

首先构建拉格朗日函数。为此，对每个不等式约束引进拉格朗日乘子 $\alpha_i \geqslant 0, i = 1, 2, \cdots, N$，定义拉格朗日函数：

$$L(w, b, \alpha) = \frac{1}{2}\|w\|^2 - \sum_{i=1}^{N}\alpha\left[(w^{\mathrm{T}} + b) - 1\right] \tag{6.25}$$

根据拉格朗日函数对偶性，原始问题的对偶问题是极大极小问题：

$$\max_{\alpha}\min_{w, b} L(w, b, \alpha) \tag{6.26}$$

所以，为了求解问题的解，需要先求 $L(w, b, \alpha)$ 对 w、b 的极小，再求对 α 的极大。

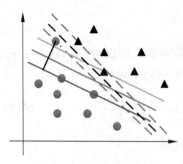

图 6-9 噪声导致数据点在超平面出现偏差

4) 松弛变量

实际中很多样本数据都不能够用一个超平面把数据完全分开。如果数据集中存在噪声,那么在求超平面的时候就会出现很大的误差。从图 6-9 中可以看出,其中一个点偏差太大,如果把它作为支持向量的话所求出的界限就会比不算入它时要小得多。更糟糕的情况是,如果这个圆形点落在了三角形点之间,那么就找不出超平面了。

因此引入一个松弛变量 ξ_i 来允许一些数据可以处于分隔面错误的一侧。这时新的约束条件变为:

$$y_i(\boldsymbol{w}^{\mathrm{T}}\boldsymbol{x}_i + \boldsymbol{b}) \geqslant 1 - \xi_i \tag{6.27}$$

其中,ξ_i 的含义为允许第 i 个数据点允许偏离的间隔。如果让 $\boldsymbol{\xi}_i$ 任意大,那么任意的超平面都是符合条件的了。所以在原有目标的基础之上,尽可能地让 $\boldsymbol{\xi}_i$ 的总量尽可能小。所以新的目标函数变为:

$$\arg\min_{\boldsymbol{w},\boldsymbol{b},\boldsymbol{\xi}} \frac{1}{2}\|\boldsymbol{w}\|^2 + C\sum_{i=1}^{N}\boldsymbol{\xi}_i$$

$$\text{s.t.} \begin{cases} \boldsymbol{y}_i(\boldsymbol{w}^{\mathrm{T}} + \boldsymbol{b}) \geqslant 1 - \xi_i \\ \xi_i \geqslant 0, \quad i = 1, 2, \cdots, N \end{cases} \tag{6.28}$$

其中,C 为惩罚因子来衡量惩罚的程度,C 越大表明离群点越不被希望出现。这仍是一个二次规划问题,于是,通过拉格朗日乘子法可得到下列朗格朗日函数:

$$L(\boldsymbol{w},\boldsymbol{b},\boldsymbol{\alpha},\boldsymbol{\xi},\boldsymbol{\mu}) = \frac{1}{2}\|\boldsymbol{w}\|^2 + C\sum_{i=1}^{N}\boldsymbol{\xi}_i + \sum_{i=1}^{N}\alpha_i[1 - \xi_i - y_i(\boldsymbol{w}^{\mathrm{T}}\boldsymbol{x}_i + \boldsymbol{b})] - \sum_{i=1}^{N}\mu_i\xi_i \tag{6.29}$$

其中,$\alpha_i \geqslant 0, \mu_i \geqslant 0$ 是拉格朗日乘子。

接下来将拉格朗日函数转化为其对偶函数,首先对 L 分别求 $\boldsymbol{w},\boldsymbol{b},\boldsymbol{\xi}$ 的偏导,并令其为 0,结果如下:

$$\begin{cases} \dfrac{\partial L}{\partial \boldsymbol{w}} = 0 \Rightarrow \boldsymbol{w} = \sum_{i=1}^{n}\alpha_i\boldsymbol{y}_i\boldsymbol{x}_i \\ \dfrac{\partial L}{\partial \boldsymbol{b}} = 0 \Rightarrow \sum_{i=1}^{n}\alpha_i\boldsymbol{y}_i = 0, \quad i = 1, 2, \cdots, n \\ \dfrac{\partial L}{\partial \boldsymbol{\xi}} = 0 \Rightarrow C - \alpha_i - \mu_i = 0 \end{cases} \tag{6.30}$$

代入原式化简之后得到和原来一样的目标函数:

$$\max L(\alpha) = \sum_{i=1}^{n}\alpha_i - \frac{1}{2}\sum_{i,j=1}^{n}\alpha_i\alpha_j\boldsymbol{y}_i\boldsymbol{y}_j\boldsymbol{x}_i^{\mathrm{T}}\boldsymbol{x}_j$$

$$\text{s.t.} \begin{cases} 0 \leqslant \alpha_i \leqslant C \\ \sum_{i=1}^{n}\alpha_i\boldsymbol{y}_i = 0 \end{cases}, \quad i = 1, 2, \cdots, n \tag{6.31}$$

经过添加松弛变量的方法,我们现在能够解决数据更加混乱的问题。通过修改参数 C,可以得到不同的结果而 C 的大小到底取多少合适,需要根据实际问题进行调节。

5) 核函数

以上讨论的都是在线性可分情况进行讨论的,但是实际问题中给出的数据并不是都是线性可分的,比如有些数据可能是如图 6-10 所示的样子。

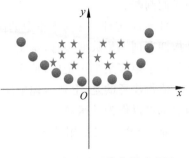

图 6-10 线性不可分数据示意图

那么这种非线性可分的数据是否就不能用 SVM 算法来求解呢? 答案是否定的。事实上,对于低维平面内不可分的数据,放在一个高维空间中去就有可能变得可分。以二维平面的数据为例,可以通过找到一个映射将二维平面的点放到三维平面之中。理论上任意的数据样本都能够找到一个合适的映射,使得这些在低维空间不能划分的样本到高维空间中之后能够线性可分。再来看之前的目标函数:

$$\max L(\alpha) = \sum_{i=1}^{n} \alpha_i - \frac{1}{2} \sum_{i,j=1}^{n} \alpha_i \alpha_j \boldsymbol{y}_i \boldsymbol{y}_j \boldsymbol{x}_i \boldsymbol{x}_j$$

$$\text{s. t.} \begin{cases} 0 \leqslant \alpha_i \leqslant C \\ \sum_{i=1}^{n} \alpha_i \boldsymbol{y}_i = 0 \end{cases}, \quad i = 1, 2, \cdots, n \tag{6.32}$$

定义一个映射使得将所有映射到更高维空间之后等价于求解上述问题的对偶问题:

$$\max L(\alpha) = \sum_{i=1}^{n} \alpha_i - \frac{1}{2} \sum_{i,j=1}^{n} \alpha_i \alpha_j \boldsymbol{y}_i \boldsymbol{y}_j < \phi(\boldsymbol{x}_i), \phi(\boldsymbol{x}_j) >$$

$$\text{s. t.} \begin{cases} 0 \leqslant \alpha_i \leqslant C \\ \sum_{i=1}^{n} \alpha_i \boldsymbol{y}_i = 0 \end{cases}, \quad i = 1, 2, \cdots, n \tag{6.33}$$

这样对于线性不可分的问题就解决了,现在只需要找出一个合适的映射即可。但求解式(6.33)涉及计算 $<\phi(\boldsymbol{x}_i), \phi(\boldsymbol{x}_j)>$,这是样本 $\boldsymbol{x}_i$ 与 $\boldsymbol{x}_j$ 映射到特征空间之后的内积。由于特征空间维数很高,甚至可能是无穷维,因此直接计算通常是很困难的。为了避开这个障碍,可以设想这样一个函数:

$$K(\boldsymbol{x}_i, \boldsymbol{x}_j) = \phi(\boldsymbol{x}_i) \cdot \phi(\boldsymbol{x}_j) \tag{6.34}$$

实际上这就是要找的核函数 $K(\boldsymbol{x}_i, \boldsymbol{x}_j)$ 即两个向量在隐式映射后的空间中的内积。$\boldsymbol{x}_i$ 与 $\boldsymbol{x}_j$ 在特征空间的内积等于它们在原始样本空间中通过函数 $K(.,.)$ 计算的结果。有了这样的函数,就不必直接去计算高维甚至无穷维特征空间中的内积。即上述问题的对偶问题可以写为:

$$\max L(\alpha) = \sum_{i=1}^{n} \alpha_i - \frac{1}{2} \sum_{i,j=1}^{n} \alpha_i \alpha_j \boldsymbol{y}_i \boldsymbol{y}_j K(\boldsymbol{x}_i, \boldsymbol{x}_j)$$

$$\text{s. t.} \begin{cases} 0 \leqslant \alpha_i \leqslant C \\ \sum_{i=1}^{n} \alpha_i \boldsymbol{y}_i = 0 \end{cases}, \quad i = 1, 2, \cdots, n \tag{6.35}$$

相比于从低维空间映射到高维空间再进行矢量积运算,核函数大大简化了计算的过程,使得向更高维转化变为了可能,那么怎样的函数才可以作为核函数呢?下面的定理可以帮助我们判断。

Mercer 定理:任何半正定的函数都可以作为核函数。其中所谓半正定函数 $f(\boldsymbol{x}_i, \boldsymbol{x}_j)$ 是指拥有训练集数据集合,定义一个矩阵的元素 $\alpha_{ij} = f(\boldsymbol{x}_i, \boldsymbol{x}_j)$,这个矩阵是 $n \times n$ 的矩阵,如果这个矩阵是半正定的,那么 $f(\boldsymbol{x}_i, \boldsymbol{x}_j)$ 称为半正定函数。

值得注意的是,上述定理中所给出的条件是充分条件而非充要条件。因为有些非正定函数也可以作为核函数。

表 6-3 是一些常用的核函数。

表 6-3 常用的核函数

名　　称	表　达　式	参　　数
线性核	$K(\boldsymbol{x}_i, \boldsymbol{x}_j) = \boldsymbol{x}_i^{\mathrm{T}} \boldsymbol{x}_j$	无
多项式核	$K(\boldsymbol{x}_i, \boldsymbol{x}_j) = (\boldsymbol{x}_i^{\mathrm{T}} \boldsymbol{x}_j)^d$	$d \geqslant 1$ 为多项式的次数
高斯核	$K(\boldsymbol{x}_i, \boldsymbol{x}_j) = \exp\left(-\dfrac{\|\boldsymbol{x}_i - \boldsymbol{x}_j\|^2}{2\sigma^2}\right)$	$\sigma > 0$ 为高斯核的带宽
拉普拉斯核	$K(\boldsymbol{x}_i, \boldsymbol{x}_j) = \exp\left(-\dfrac{\|\boldsymbol{x}_i - \boldsymbol{x}_j\|}{\sigma}\right)$	$\sigma > 0$
sigmoid 核	$K(\boldsymbol{x}_i, \boldsymbol{x}_j) = \tanh(\beta \boldsymbol{x}_i^{\mathrm{T}} \boldsymbol{x}_j + \theta)$	tanh 为双曲正切函数,$\beta > 0, \theta < 0$

通过对偶问题的转化将最开始求 w、b 的问题转化为求 α 的对偶问题。只要找到所有的 α(即找出所有支持向量),就能够确定 w、b。然后就可以通过计算数据点到这个超平面的距离从而判断出该数据点的类别。

总结一下,SVM 方法通常分为如下几个步骤。

(1)首先,对样本空间利用核函数的方法转换到能线性可分的空间。

(2)然后利用最大化间隔的方法获取间隔最大的分割线,进而得出支持向量。

(3)最后利用分割线和支持向量,对新的样本进行分类预测。

6.5.3　基于神经网络的分类器

基于深度学习的文本分类中,将经过文本预处理和文本表示的数据集,输入到深度学习模型中,最后使用 softmax 进行分类,完成文本分类。

Kim[17]最先提出的 CNN 分类模型用于文本分类,该模型包含输入层、卷积层、池化层和全连接层。其主要过程如图 6-11 所示,CNN 用于文本分类的主要算法过程如算法 6-1 所示。与传统方法相比,CNN 模型在很多数据集和任务中都取得了较好的效果,适用于大多数的文本分类场景和短文本分类。

【算法 6-1】　基于 CNN 算法的文本分类。

输入:无标签的数据集 D,训练集 D-train,测试集 D-test。(输入层为向量化的文本矩阵。假设某文本包含 n 个单词,词向量维数为 k,则输入可表示为 $n \times k$ 维的文本矩阵)

输出:测试集的情感标签。

算法的伪代码实现如下。

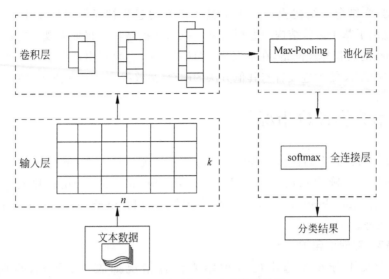

图 6-11　CNN 用于文本分类的过程

（1）将训练集和测试集中的数据进行预处理。

（2）通过初始化 Word2Vec 的参数，获取模型，并且得到所有词汇的词向量。

（3）初始化 CNN 的参数，训练模型。

（4）For Sentences L in D-train：

① 对于 L 中的每个词汇，找到其对应的词向量，放入输入层。

② 通过 CNN 的卷积层、池化层和全连接层，在全连接层加上 softmax 层，计算分类类别的概率值。

③ 训练阶段结束，将模型用来预测测试集。

End for

（5）导出模型，用于测试集的情感分类。

（6）For Sentences L in D-test：

① 对于 L 中的每个词汇，找到其对应的词向量，放入输入层。

② 通过 CNN 的卷积层、池化层和全连接层，在全连接层加上 softmax 层，计算分类类别的概率值。

End for

CNN 用于文本分类关键的两层是卷积层和池化层，卷积层可以进行特征提取，池化层进行降维。这样可以减少训练参数，而且可以提取更高层次的文本特征。在 Kim 提出模型之后，Zhang[18] 也提出了用于文本分类的 CNN 模型，与 Kim 的不同之处在于并没有把句子转化为一个向量，而是仍然按照句子矩阵的形式排列，所以在选择卷积核的时候，对应核的长度就是这个词向量的维度。Kim 和 Zhang 等提出的 CNN 模型都是浅层的卷积神经网络用于文本分类，文献[19,20]提出了基于字符级的深层卷积神经网络（VDCNN），与浅层的卷积神经网络对比，深层卷积网络的分类效果有着显著的提升。同时，Johnson 等[21] 提出了深度金字塔卷积神经网络（Deep Pyramid Convolutional Neural Network，DPCNN），该模型的复杂度较低，分类效果也较为出色。Yao 等[22] 提出了基于图的卷积神经网络结构

GCN。Ma 等[23]结合树结构模型提出了基于依赖的卷积神经网络模型 DBCNN。同时,Mou 等[24]提出了基于树状结构的卷积模型 TBCNN 提高特征提取表现;文献[25]提出了结合 XGBoost 的卷积神经网络,在数据集 THUCNews 上表现出较好的分类效果。这些方法都是通过对 CNN 的改进或者与其他方法的融合,最终提高了文本分类效果。

6.6 文本分类评价指标

针对不同的目的,人们提出了多种文本分类器性能评价方法,包括精确率(precision)、召回率(recall)、准确率(accuracy)、F_1 值、微平均(Micro-average)和宏平均(Macro-average)、平衡点(break-even point)、11 点平均精确率(11-point average precision)等,以下介绍其中的几种。

1. 精确率、召回率和 F_1 值

假设一个文本分类器输出的各种结果统计情况如表 6-4 所示,也叫混淆矩阵(Confusion Matrix)。

表 6-4　文本分类器的输出结果(混淆矩阵)

分类器对二者关系的判断	文本与类别的实际关系	
	属于	不属于
标记为 YES	TP	FP
标记为 NO	FN	TN

在表 6-4 中,TP 表示分类器将输入文本正确地分类到某个类别的个数;FP 表示分类器将输入文本错误地分类到某个类别的个数;FN 表示分类器将输入文本错误地排除在某个类别之外的个数;TN 表示分类器将输入文本正确地排除在某个类别之外的个数。

该分类器的精确率即标记为 YES 的结果中,确实是属于该类的比例:

$$precision = \frac{TP}{TP + FP} \tag{6.36}$$

召回率即所有属于对应类别的样本中,被找出的比例:

$$recall = \frac{TP}{TP + FN} \tag{6.37}$$

准确率即标记为 YES(NO)的所有结果中,确实是(不)属于该类的比例:

$$accuracy = \frac{TP + TN}{TP + FN + FP + TN} \tag{6.38}$$

F_1 值能够表达对精确率和召回率的不同偏好:

$$F_\beta = \frac{(\beta^2 + 1) \times precision \times recall}{\beta^2 \times precision + recall} \tag{6.39}$$

其中,β 是调整精确率和召回率在评价函数中所占比重的参数,通常取 $\beta = 1$,这时的评价指标变为:

$$F_1 = \frac{2 \times precision \times recall}{precision + recall} \tag{6.40}$$

2. 微平均和宏平均

由于在分类结果中对应于每个类别都会有一个召回率和精确率,因此,可以根据每个类别的分类结果评价分类器的整体性能,通常的方法有两种:微平均和宏平均。所谓微平均,是指根据精确率和召回率计算公式直接计算出总的精确率和召回率值,即利用被正确分类的总文本个数 a_{all}、被错误分类的总文本个数 b_{all} 以及应当被正确分类实际上却没有被正确分类的总文本个数 c_{all} 分别替代的 a、b、c 得到的精确率和召回率。宏平均是指首先计算出每个类别的精确率和召回率,然后对精确率和召回率分别取平均得到总的精确率和召回率。

微平均更多地受分类器对一些常见类(这些类的语料通常比较多)分类效果的影响,而宏平均则可以更多地反映对一些特殊类的分类效果。在对多种算法进行对比时,通常采用微平均算法。

除了上述评测方法以外,常用的方法还有两种,即平衡点评测法[26]和 11 点平均精确率方法[27]。

一般地讲,精确率和召回率是一对相互矛盾的物理量,提高精确率往往要牺牲一定的召回率;反之亦然。在很多情况下,单独考虑精确率或者召回率来对分类器进行评价都是不全面的。因此,Aas 和 Eikvil 提出了通过调整分类器的阈值,调整精确率和召回率的值,使其达到一个平衡点的评测方法。

另外,Taghva 等为了更加全面地评价一个分类器在不同召回率情况下的分类效果,调整精确率使分类器分别为 0,0.1,0.2,0.3,0.4,0.5,0.6,0.7,0.8,0.9,1,然后计算出对应的 11 个精确率,取其平均值,这个平均值即为 11 点平均精确率,用这个平均精确率衡量分类器的性能。

参考文献

[1]　Sebastiani F. Machine learning in automated text categorization[J]. ACM Computing Surveys,2002,34(1):1-47.

[2]　肖明.科技信息资源自动标引的理论与实践研究[D].北京:中国科学院文献情报中心,2001.

[3]　侯汉清.分类法的发展趋势简论[J].情报科学,1981(1):7.

[4]　Yang Y M. Pedersen J O. A Comparative study on feature selection in text categorization[C]//Proceedings of International Conference on Machine Learning,1997.

[5]　代六玲,黄河燕,陈肇雄.中文文本分类中特征抽取方法的比较研究[J].中文信息学报,2004,18(1):26-32.

[6]　陈克利.大规模平衡语料的收集分析及文本分类方法研究[D].北京:中国科学院自动化研究所,2004.

[7]　Dunning T. Accurate methods for the statistics of surprise and coincidence[J]. Computational Linguistics,1993,19(1):61-74.

[8]　Moyotl-Hernández E,Jiménez-Salazar H. 2005. Enhancement of DTP feature selection method for text categorization[C]//International Conference on Computational Linguistics and Intelligent Text Processing,2005.

[9]　Mademnic D. Grobelnik M. Feature selection for unbalanced class distribution and naive Bayes[C]//Proceedings of the Sixteenth International Conference on Machine Learning,1999.

[10]　周茜,赵明生,扈旻. 中文文本分类的特征选择研究[J].中文信息学报,2004,18(3):17-23.

[11] Hu Q H,Yu D R,Duan Y F, et al. A novel weighting formula and feature selection for text classification based on rough set theory[C]//Proceedings of NLP-KE,2003.

[12] Li S S,Zong C Q. A New Approach to Feature Selection for Text Categorization[C]//Proceedings of IEEE NLP-KE,2005.

[13] 吴科,石冰,卢军,等. 基于文本密度的特征选择与权重计算方案[J]. 中文信息学报,2004,18(1): 42-47.

[14] Basili R,Moschitti A. Pazienza M T. A text classifier based on linguistic processing[C]//Proceedings of Machine Learning for Information Filtering,1999.

[15] Dagan L,Karov Y,Roth D. Mistake-driven learning in text categorization [C]//Proceedings of the 2021 Conference on Empirical Methods in Natural Language Processing,1997.

[16] Vapnik V N. Statistical learning theory[M]. New York: Wiley-Interscience Publication,1998.

[17] Ki Y. Convolutional neural networks for sentence classification[EB/OL]. https://arxiv. org/abs/ 1408. 5882v2.

[18] Zhang Y,Wallace B. A sensitivity analysis of convolutional neural networks for sentence classification [C]//Proceedings of the 8th International Joint Conference on Natural Language Processing,2017.

[19] Zhang X,Zhao J B,Lecun Y. Character-level convolutional networks for text classification[C]// Proceedings of the 28th International Conference on Neural Information Processing Systems,2015.

[20] Conneau A,SCHWENK H,BARRAULT L, et al. Very deep convolutional networks for text classification[C]//Proceedings of the 15th Conference of the European Chapter of the Association for Computational Linguistics,2017.

[21] Johnson R,ZHANG T. Deep pyramid convolutional neural networks for text categorization[C]// Proceedings of the 55th Annual Meeting of the Association for Computational Linguistics,2017.

[22] Yao L,Mao C S,Luo Y. Graph convolutional networks for text classification[C]//Proceedings of the AAAI Conference on Artificial Intelligence,2019.

[23] Ma M B,Huang L,Zhou B W, et al. Dependency-based convolutional neural networks for sentence embedding[C]//Proceedings of the 53rd Annual Meeting of the Association for Computational Linguistics and the 7th International Joint Conference on Natural Language Processing,2015.

[24] Mou L L,Peng H,Li G, et al. Discriminative neural sentence modeling by tree-based convolution [C]//Proceedings of the 2015 Conference on Empirical Methods in Natural Language Processing,2015.

[25] 韩涛,尹伟石,方明. 基于卷积神经网络和 XGBoost 的情感分析模型[J]. 复旦学报(自然科学版), 2019,58(5): 561-564.

[26] Aas K,Eikvil L. Text Categorization: A survey[R]. Norwegian Computing Center,1999.

[27] Taghva K,Borsack J,Lumos S, et al. A comparison of automatic and manual zoning an information retrieval prospective[J]. International Journal on Document Analysis and Recognition,2004,6(4): 230-235.

第7章

知 识 图 谱

知识图谱(Knowledge Graph,KG)是一种用图模型来描述知识和建模世界万物之间的关联关系的技术方法[1],由节点和边组成。其中,节点可以是实体(如一个人、一本书等)或是抽象的概念(如人工智能、知识图谱等)。边可以是实体的属性(如姓名、书名)或是实体之间的关系(如朋友、配偶)。知识图谱旨在从数据中识别、发现和推断事物与概念之间的复杂关系,是体现事物关系的可计算模型。知识图谱的构建涉及知识建模、关系抽取、图存储、关系推理、实体融合等多方面的技术,而知识图谱的应用则涉及语义搜索、智能问答、语言理解、决策分析等多个领域。构建并利用好知识图谱需要系统性地利用包括知识表示(Knowledge Representation)、图数据库、自然语言处理、机器学习等多方面的技术。

7.1 知识图谱概述

7.1.1 知识图谱的介绍

随着计算机科学相关领域研究的不断深入,人工智能的研究重心由感知智能转向认知智能。专家系统和语义网络作为认知智能的早期代表,提出"将知识引入人工智能领域",在某些特定领域具备一定的问题解决能力,但仍存在规模较小、自动化构建能力不足、知识获取困难等一系列问题。知识图谱的出现,改变了传统的知识获取模式,将知识工程的"自上而下"方式转变为挖掘数据、抽取知识的"自下而上"方式。经过长期的理论创新与实践探索,知识图谱已经具备体系化的构建与推理方法。

7.1.2 知识图谱基本概念

本节将从知识图谱定义引入,介绍知识图谱的发展历程、常见的知识图谱分类以及知识图谱的逻辑架构。

1. 定义与发展历程

知识图谱在维基百科中的定义是:使用语义检索,从多种来源收集信息,以提高搜索质量的知识库。本质上,知识图谱是真实世界中存在的各种实体、概念及其关系构成的语义网络图,用于形式化地描述真实世界中各类事物及其关联关系。

如图 7-1 所示,1965 年,斯坦福大学的 E. A. Feigenbaum 提出了专家系统(Expert System,ES)的概念,基于知识进行决策,使人工智能的研究从推理算法主导转变为知识主导。之后,在 1968 年,M. R. Quillian 提出语义网络(Semantic Network,SN)的知识表达模式,用相互连接的节点和边来表示知识,知识库(Knowledge Base,KB)的构建和知识表示(Knowledge Representation,KR)方法成为研究的热点。1977 年,在第五届国际人工智能联合会议上,E. A. Feigenbaum 提出知识工程(Knowledge Engineering,KE)概念,以知识为处理对象,基于人工智能的原理、方法和技术,研究如何用计算机表示知识,进行问题的求解。1989 年,Tim Berners-Lee 发明了万维网(World Wide Web,WWW),并于 1998 年提出语义网(Semantic Web,SW)概念,将传统人工智能的发展与万维网结合,以资源描述框架(Resource Description Framework,RDF)为基础,在万维网中应用知识表示与推理方法。2012 年,Google 提出知识图谱概念[2]。不同于传统专家系统和知识工程主要依靠手工获取知识的方式,知识图谱作为新时代的知识工程技术,以 RDF 三元组和属性图表示知识,数据规模巨大,需要使用机器学习(Machine Learning,ML)、自然语言处理(Natural Language Processing,NLP)等技术进行自动化的图谱构建。

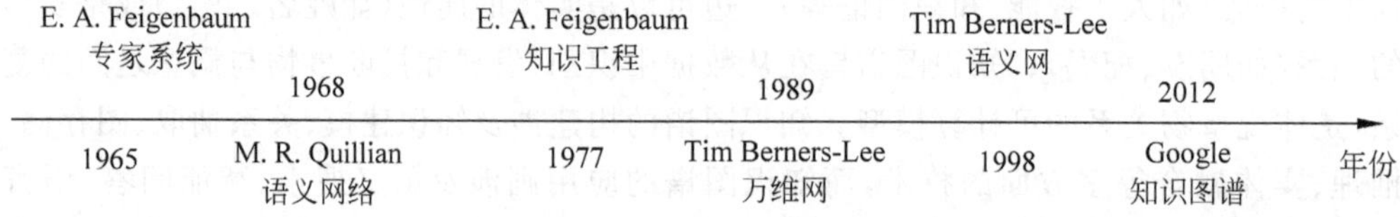

图 7-1　知识图谱发展历程

2. 知识图谱分类

本节将分别介绍早期知识库、开放知识图谱、中文知识图谱和领域知识图谱等。

早期知识库通常由相关领域专家人工构建,准确率和利用价值高,但存在构建过程复杂、需要领域专家参与、资源消耗大、覆盖范围小等局限。典型的早期知识库包含 WordNet[3]、ConceptNet[4] 等。WordNet 是由普林斯顿大学认知科学实验室从 1985 年开始开发的词典知识库,主要用于词义消歧。WordNet 主要定义了名词、动词、形容词和副词之间的语义关系。例如,在名词之间的上下位关系中,"Canine"是"Dog"的上位词。WordNet 包含超过 15 万个词和 20 万个语义关系。ConceptNet 是一个常识知识库,源于麻省理工学院媒体实验室在 1999 年创立的 OMCS(Open Mind Common Sense)项目。ConceptNet 采用了非形式化、类似自然语言的描述,侧重于词与词之间的关系。ConceptNet 以三元组形式的关系型知识构成,已经包含近 2800 万个关系描述。

开放知识图谱类似开源社区的数据仓库,允许任何人在遵循开源协议和开放性原则的前提下进行自由的访问、使用、修改和共享,典型代表为 Freebase[5]、WikiData[6] 等。Freebase 是 MetaWeb 从 2005 年开始研发的开放共享的大规模链接知识库。Freebase 作为 Google 知识图谱的数据来源之一,包含多种话题和类型的知识,包括人类、媒体、地理位置等信息。Freebase 基于 RDF 三元组模型,底层采用图数据库存储,包含约 4400 万个实体,以及 29 亿个相关的事实。WikiData 是一个开放、多语言的大规模链接知识库,由维基百科从 2012 年开始研发。WikiData 以三元组的形式存储知识条目,其中每个三元组代表一个条目的陈述,例如,"Beijing"的条目描述为"Beijing, isTheCapitalOf, China"。WikiData 包含超过 2470 万个知识条目。

与英文百科数据相比,中文百科数据结构更为多样,语义内涵更为丰富,且包含的结构化、半结构化数据有限,为知识图谱的构造提出了更大的挑战。当前,中文常识图谱的主要代表为 Zhishi. Me[7]、CN-DBpedia[8]等。Zhishi. Me 采用与 DBpedia 类似的方法,从百度百科、互动百科和维基百科中提取结构化知识,并通过固定的规则将它们之间的等价实体链接起来。Zhishi. Me 包含超过 1000 万个实体和 1.25 亿个三元组。CN-DBpedia 是一个大规模的中文通用知识图谱,由复旦大学于 2015 年开始研发。CN-DBpedia 主要从中文百科类网站(如百度百科、互动百科、中文维基百科等)中提取信息,并且对提取的知识进行整合、补充和纠正,极大地提高了知识图谱的质量。CN-DBpedia 包含 940 万个实体和 8000 万个三元组。

领域知识图谱面向军事、公安、交通、医疗等特定领域,用于复杂的应用分析或辅助决策,具有专家参与度高、知识结构复杂、知识质量要求高、知识粒度细等特点。例如,作为一个军事知识图谱,"星河"知识图谱[9]具有暗网数据、互联网数据、传统数据库、军事书籍等多种数据来源。"星河"知识图谱按军事事件类型和实体类型进行划分,包括 88 个国家和 6 大作战空间的武器装备,共 10 万余装备实体数据、330 个军事本体类别。其余典型的领域知识图谱还包括 IBM Watson Health 医疗知识图谱[10]、海致星图金融知识图谱[11]、海信"交管云脑"交通知识图谱[12]等。

3. 知识图谱架构

知识图谱在逻辑架构层面可分为模式层和数据层,如表 7-1 所示。

表 7-1 知识图谱逻辑架构

逻辑架构层次	主 要 内 容	示 例
模式层	知识类的数据模型	概念及关系
数据层	具体的数据信息	事实三元组

模式层在数据层之上,是知识图谱的核心。主要内容为知识的数据结构,包括实体(Entity)、关系(Relation)、属性(Attribute)等知识类的层次结构和层级关系定义,约束数据层的具体知识形式。在复杂的知识图谱中,一般通过额外添加规则或公理表示更复杂的知识约束关系。

数据层是以事实(Fact)三元组等知识为单位,存储具体的数据信息。知识图谱一般以三元组 $G=\{E,R,F\}$ 的形式表示。其中,E 表示实体集合 $\{e_1,e_2,\cdots,e_E\}$,实体 e 是知识图谱中最基本的组成元素,指代客观存在并且能够相互区分的事物,可以是具体的人、事、物,也可以是抽象的概念。R 表示关系集合 $\{r_1,r_2,\cdots,r_R\}$,关系 r 是知识图谱中的边,表示不同实体间的某种联系。F 表示事实集合 $\{f_1,f_2,\cdots,f_F\}$,每一个事实 f 又被定义为一个三元组 $(h,r,t)\in f$。其中,h 表示头实体,r 表示关系,t 表示尾实体。例如,事实的基本类型可以用三元组表示为(实体,关系,实体)和(实体,属性,属性值)等。

在事实中,实体一般指特定的对象或事物,如具体的某个国家或某本书籍等;关系表示实体间的某种外在联系,属性和属性值表示一个实体或概念特有的参数名和参数值。

（实体，关系，实体）三元组可以表示为有向图结构，以单向箭头表示非对称关系，以双向箭头表示对称关系。具体示例如图 7-2 所示，实体"Arthur"与实体"Carl"间存在"Colleague Of（同事）"对称关系；实体"Carl"与实体"Barry"存在"Has Child（父子）"非对称关系。

图 7-2　三元组示例 1

三元组（实体，属性，属性值）可以表示为有向图结构，单向箭头表示实体的属性，由实体指向属性值。具体示例如图 7-3 所示，实体 Barry 的属性有 Date Of Birth（出生日期）等。其中，

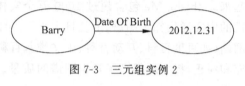

图 7-3　三元组实例 2

Date Of Birth 属性值为 2012.12.31。总体而言，知识图谱可以看作事实的结构化表征，包括事实的实体、关系、属性以及语义描述。

7.1.3　知识表示与存储

知识表示与存储是知识图谱构建、管理和应用的基础。现代知识图谱基于海量的互联网数据，规模日益增长，对知识的高效表示和有效存储提出了新的挑战。本节将分析介绍现有的知识表示方法与存储方式。

1. 知识表示

在知识图谱中，知识表示是一种对知识的描述方式，利用信息技术将真实世界中的海量信息转化为符合计算机处理模式的结构化数据。早期知识表示方法对比如表 7-2 所示。

表 7-2　早期知识表示方法对比

知识表示方法	优　点	缺　点
一阶谓词逻辑	拥有通用的逻辑和推理规则；可以精确表达知识；和自然语言表现方式相近；易于实现	推理效率低；灵活性差；无法表示不确定性知识
霍恩逻辑	结构性强；有形式化语法语义和相关推理规则；可拓展性强；易于实现	表达能力有限；无法表示不确定性知识
语义网络	结构性强；表示直观；具备事物间语义联想性	无形式化语法；无形式化语言；难以表示复杂深层知识
产生式规则	格式固定；形式简单；知识库与推理机分离，易于修改解释；符合自然语言思维，能表示不确定性知识	难以扩展；规则选择效率低；控制策略不灵活；知识表示形式单一
框架系统	结构性强；知识描述全面	适应性差；构建成本高；质量要求高；复杂度高；无法表示不确定性知识
脚本理论	小领域内对事件步骤和时序关系刻画细致；适用于表达顺序性事件或预先构想的特定知识	表示范围窄；无法描述元素基本属性；难以描述多变事件的可能发展方向

如表 7-2 所示，早期的知识表示方法有一阶谓词逻辑（First Order Logic，FOL）[13]、霍恩逻辑（Horn Logic，HL）[14]、语义网络（SN）[15]、产生式规则（Production Rule，PR）[16]、框

架系统(Frame System,FS)[17]、脚本理论(Script Theory,ST)[18]等。随着互联网络的发展和语义网络的提出,需要用于面向语义网知识表示的标准语言。因此,万维网联盟(W3C)提出了可扩展标记语言(Extensible Markup Language,XML)[19]、资源描述框架(Resource Description Framework,RDF)[20]、RDFS(RDF Schema)[21]和万维网本体语言(Web Ontology Language,OWL)[22]等描述语言。

XML作为最早的语义网描述语言,以文档为单位表示知识,可以用于标记数据和定义数据类型。通过XML,用户可以自由地设计元素和属性标签。但由于不能显式地定义标签的语义约束,灵活、个性化的标签设置导致XML通用性差。RDF提供一个统一的标准以主体(Subject)-谓词(Predicate)-宾语(Object)的SPO三元组来描述实体和资源。

RDF可以表示为有向图结构,其中谓词作为边,可以是连接主体和宾语的关系或是连接主体和数据的属性等。但RDF中缺乏对类和属性的明确定义,抽象能力不足。

RDFS可以看作RDF的拓展,在RDF的基础上,对RDF中的类、属性及关系提供了模式定义,为RDF提供了数据模型和简单的约束规则。但RDFS只能声明子类关系,无法对互斥类、多个类或实例进行声明。

OWL则是在RDFS的基础上,针对复杂场景,添加了额外的预定义词汇来描述资源。如可以声明数据的等价性、属性的传递性、互斥性、函数性、对称性等。然而,这些传统的知识表示方法都是基于符号逻辑,能够刻画显式、离散的知识,却不能表示真实世界中大量不易于用符号逻辑解释的知识,难以有效挖掘分析知识实体间的语义关系。

近年来,基于深度学习的知识表示学习(Knowledge Representation Learning,KRL)在语音识别、图像分析和自然语言处理领域得到广泛关注。知识表示学习面向知识库实体和关系,通过将研究对象(如三元组)中的语义信息投影到稠密的低维向量空间,实现对实体和关系语义信息的分布式表示,能够高效地计算实体、关系间的复杂语义关系,易于进行深度学习模型的集成。

2. 知识存储

随着信息时代数据量的爆炸式增长,知识图谱的规模日益增大,对知识的管理和存储提出了更高的要求。知识存储的目的是确定合理高效的知识图谱存储方式。在现有研究中,大部分知识图谱都是基于图的数据结构,如表7-3所示,主要的存储方式有3种:RDF数据库存储、传统关系型数据库(Relational Database,RDB)存储和图数据库(Graph Database,GDB)存储。

表7-3 知识存储方式对比

知识存储方式	优　点	缺　点
RDF数据库存储	图结构描述直观	设计不灵活
	语义表达能力强	占用存储空间大
	易于数据共享发布	查询搜索效率低
传统关系型数据库存储	存储效率高;一般查询效率高	关联查询效率低
		难以实时查询
图数据库存储	深度查询效率高;多跳查询效率高	资源消耗大

RDF数据库存储就是将组成RDF数据集的三元组抽象为图的形式存储数据。其优点

是图结构描述直观,可以最大限度保持 RDF 数据的语义信息,易于数据的共享和发布。但是 RDF 不包含实体的属性信息,所需存储空间大,没有图查询相应引擎,导致查询和搜索效率低下,且在处理新增数据时需要重构整个图。目前学术界主要的开源 RDF 数据库包括 Jena[23]、RDF4J[24] 和 gStore[25] 等。

RDB 发展历史久远,理论体系成熟,是知识图谱存储的常用方式。RDB 使用三元组、水平表、属性表、垂直划分和六重索引等建表方式存储知识三元组,知识存储和查询效率都比较高。但是在进行深度的关联关系查询或多跳查询时效率较低,且难以处理实时的关系查询。目前主流的开源 RDB 有 PostgreSQL[26] 和 MySQL[27] 等。

GDB 是一种非关系型数据库,基于 GDB 的存储是目前知识存储的主流方式。其优点是以节点和边表示数据,明确列出了数据节点间的依赖关系,具有完善的图查询语言且支持各种图挖掘算法,在深度关联查询速度上优于传统的关系型数据库。但由于其分布式存储特性,资源消耗大。典型的 GDB 有 Neo4j[28]、JanusGraph[29] 和 HugeGraph[30] 等。

7.2 知识图谱构建

构建大规模、高质量的通用知识图谱或基于行业数据的领域知识图谱,实现大量知识的准确抽取和快速聚合,需要运用多种高效的知识图谱构建技术。如图 7-4 所示,知识图谱是通过知识抽取(Knowledge Extraction,KE)、知识融合(Knowledge Fusion,KF)、知识加工(Knowledge Processing,KP)和知识更新(Knowledge Update,KU)等构建技术,从原始数据(包括结构化数据、半结构化数据和非结构化数据)和外部知识库中抽取知识事实。根据知识的语义信息进行知识的融合、加工,再通过知识更新技术保障知识图谱的时效性,最终得到完整的知识图谱。本节将对这些构建技术及相关方法进行阐述。

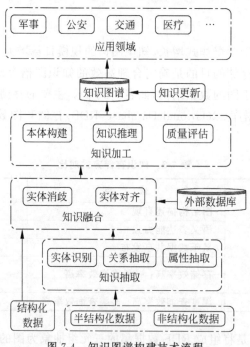

图 7-4 知识图谱构建技术流程

7.2.1 知识抽取

知识抽取是知识图谱构建的首要任务,通过自动化或半自动化的知识抽取技术,从原始数据中获得实体、关系及属性等可用知识单元,为知识图谱的构建提供知识基础。早期的知识抽取主要是基于规则的知识抽取,通过人工预先定义的知识抽取规则,实现从文本中抽取知识的三元组信息。但是这种传统方法主要依赖于具备领域知识的专家手工定义规则,当数据量增大时,规则构建耗时长、可移植性差,难以应对数据规模庞大的知识图谱构建。相比早期基于规则的知识抽取,基于神经网络的知识抽取将文本作为向量输入,能够自动发现实体、关系和属性特征,适用于处理大规模知识,已成为知识抽取的主流方法。本节将以关系抽取(Relation Extraction,RE)为核心,介绍知识抽取的 3 类主要任务。

1. 实体识别

实体识别即命名实体识别(Named Entity Recognition,NER),是自然语言处理和知识图谱领域的基础任务。其目的是从海量的原始数据(如文本)中准确提取人物、地点、组织等命名实体信息。实体识别的准确率影响了后续的关系抽取等任务,决定了知识图谱构建的质量。NER 方法可分为基于规则、基于统计模型和基于神经网络 3 类,如表 7-4 所示。

表 7-4　命名实体识别方法对比

方法类别	优　点	缺　点
基于规则	适用于小规模数据	大规模应用困难
	精度和可靠性较高	可移植性差
基于统计模型	性能较好;通用性强;可移植	依赖特征和语料库
		训练时间长
基于神经网络	自动化识别;所需专家知识少;性能好;优化便捷	网络模型多样
		依赖参数设置
		可解释性差

其中,早期的 NER 方法一般是基于规则的方法和基于统计模型的方法。基于规则的方法通过专家手工构建规则集,将文本等数据与规则集匹配来得到命名实体信息。该方法在处理小规模的知识图谱时精度较高,但是随着知识图谱规模的增大,规则构建困难,且由于规则基于人工构建,难以进行大规模扩展并应用于不同领域的知识图谱。基于统计模型的方法将 NER 作为序列标注问题,以完全或部分标注的语料进行模型训练。常见的统计模型有条件马尔可夫模型(Conditional Markov Model,CMM)[31]、HMM[32]、CRF 模型[33]和最大熵(Maximum Entropy,ME)模型[34]等。基于统计模型的方法在构建一个新的领域知识图谱时需要做的改动较少,通用性强。但是统计模型的状态搜索空间庞大、训练时间长、高度依赖特征选取和语料库,难以从海量数据中发现复杂且隐含的关键特征。

由于深度学习能够自动地从数据中学习复杂的隐含特征,所需的领域专业知识和经验知识较少,基于神经网络的 NER 已成为目前主流方法。主要模型有 CNN 和 RNN 等。

Collobert 等[35]最先提出使用卷积层提取句子的局部特征并构造全局特征向量。基于这项工作,Strubell 等[36]提出了 ID-CNN,与传统的 CNN 相比,在大量的文本和结构化数据预测中具备更好的性能。Huang 等[37]提出使用 LSTM、Bi-LSTM 等模型进行序列标注,能够有效利用序列的上下文信息。Gregoric 等[38]则是在先前研究的基础上,使用多个独立的 Bi-LSTM 分布计算进行实体识别,减少了参数总数。杨飘等[39]针对中文 NER 普遍存在无法表征字的多义性问题,通过嵌入 BERT(Bidirectional Encoder Representation from Transformers)预训练语言模型,构建 BERT-BiGRU(Bidirectional Gated Recurrent Units Networks)-CRF 模型表征语句的特征,有效提升中文 NER 效果。

此外,还有一些基于神经网络的改进模型,如 Lin 等[40]提出了实体触发器(Entity Trigger,ET)概念,针对 NER 问题作出解释性注释,通过触发器匹配网络(Trigger Matching Network,TMN)对 ET 进行编码,提高实体标记的有效性,减少了 NER 人工注释的成本。

2. 关系抽取

文本语料经过实体抽取,得到的是一系列离散的命名实体,为了得到语义信息,还需要从相关语料中提取出实体之间的关联关系,通过关系将实体(概念)联系起来,才能够形成网状的知识结构。研究关系抽取技术的目的,就是解决如何从文本语料中抽取实体间的关系这一基本问题。

1)基于模板的关系抽取方法

早期的实体关系抽取方法大多基于模板匹配实现。该类方法基于语言学知识,结合语料的特点,由领域专家手工编写模板,从文本中匹配具有特定关系的实体。在小规模、限定领域的实体关系抽取问题上,基于模板的方法能够取得较好的效果。

假设想从文本中自动抽取具有"夫妻"关系的实体,并且观察到包含"夫妻"关系的例句。

例句 1:[姚明]与妻子[叶莉]还有女儿姚沁蕾并排坐在景区的游览车上,画面十分温馨。

例句 2:[徐峥]老婆[陶虹]晒新剧照片。

可以简单地将上述句子中的实体替换为变量,从而得到如下能够获取"夫妻"关系的模板。

模板 1:[X]与妻子[Y]……

模板 2:[X]老婆[Y]……

利用上述模板在文本中进行匹配,可以获得新的具有"夫妻"关系的实体。为了进一步提高模板匹配的准确率,还可以将句法分析的结果加入模板中。基于模板的关系抽取方法的优点是模板构建简单,可以比较快地在小规模数据集上实现关系抽取系统。但是,当数据规模较大时,手工构建模板需要耗费领域专家大量的时间。此外,基于模板的关系抽取系统可移植性较差,当面临另一个领域的关系抽取问题时,需要重新构建模板。最后,由于手工构建的模板数量有限,模板覆盖的范围不够,基于模板的关系抽取系统召回率普遍不高。

2)基于监督学习的关系抽取方法

基于监督学习的关系抽取方法将关系抽取转化为分类问题,在大量标注数据的基础上,训练有监督学习模型进行关系抽取。利用监督学习方法进行关系抽取的一般步骤包括:预定义关系的类型;人工标注数据;设计关系识别所需的特征,一般根据实体所在句子的上下文计算获得;选择分类模型(如 SVM、神经网络和朴素贝叶斯等),基于标注数据训练模型;对训练的模型进行评估。

在上述步骤中,关系抽取特征的定义对于抽取的结果具有较大的影响,因此大量的研究工作围绕关系抽取特征的设计展开。根据计算特征的复杂性,可以将常用的特征分为轻量级、中等量级和重量级三大类。轻量级特征主要是基于实体和词的特征,例如,句子中实体前后的词、实体的类型以及实体之间的距离等。中等量级特征主要是基于句子中语块序列的特征。重量级特征一般包括实体间的依存关系路径、实体间依存树结构的距离以及其他特定的结构信息。例如,对于句子 Forward[motion]of the vehicle through the air caused a [suction]on the road draft tube,轻量级的特征可以是实体[motion]和[suction]、实体间的词{of,the,vehicle,through,the,air,caused,a}等;重量级的特征可以包括依存树中的路径"caused→nsubj→实体 1""caused→dobj→实体 2"等。

传统的基于监督学习的关系抽取是一种依赖特征工程的方法。近年来,研究者们提出了多个基于深度学习的关系抽取模型。深度学习的方法不需要人工构建各种特征,其输入一般只包括句子中的词及其位置的向量表示。目前,已有的基于深度学习的关系抽取方法主要包括流水线方法和联合抽取方法两大类。流水线方法将识别实体和关系抽取作为两个分离的过程进行处理,两者不会相互影响;关系抽取在实体抽取结果的基础上进行,因此关系抽取的结果也依赖于实体抽取的结果。联合抽取方法将实体抽取和关系抽取相结合,在统一的模型中共同优化;联合抽取方法可以避免流水线方法存在的错误积累问题。

3)基于深度学习的流水线关系抽取方法

图 7-5 展示了一个典型的基于神经网络的流水线关系抽取方法 CR-CNN 模型。给定输入的句子,CR-CNN 模型首先将句子中的词映射到长度为 d^w 的低维向量,每个词的向量包含了词向量和位置向量两部分。然后,模型对固定大小滑动窗口中的词的向量进行卷积操作,为每个窗口生成新的长度为 d^c 的特征向量;对所有的窗口特征向量求最大值,模型最终得到整个句子的向量表示 d^x。在进行关系分类时,CR-CNN 模型计算句子向量和每个关系类型向量的点积,得到实体具有每种预定义关系的分值。CR-CNN 模型在 SemEval-2010 Task 8 数据集上获得了 84.1% 的 F_1 值,这个结果优于当时最好的非深度学习方法。

Wang 等提出的多层注意力卷积神经网络(Multi-level Attention CNN)[42]将注意力机制引入到神经网络中,对反映实体关系更重要的词语赋予更大的权重,借助改进后的目标函数提高关系提取的效果。其模型的结构如图 7-6 所示,在输入层,模型引入了词与实体相关的注意力,同时还在池化层和混合层引入了针对目标关系类别的注意力。在 SemEval-2010 Task 8 数据集上,该模型获得了 88% 的 F_1 值。

图 7-6 中所用到的字母表示见表 7-5。

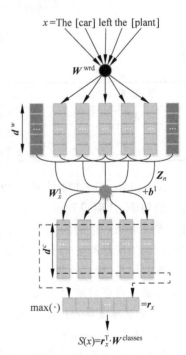

图 7-5 CR-CNN 模型[41]

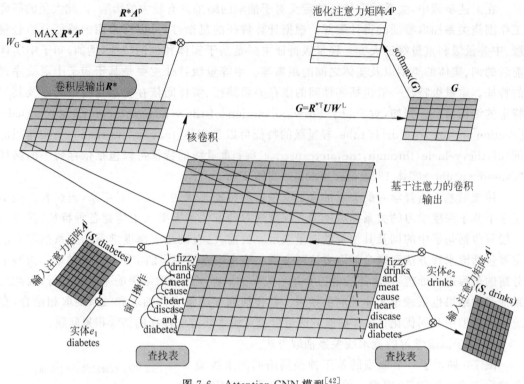

图 7-6　Attention CNN 模型[42]

表 7-5　模型中的字母表示

字 母 表 示	定　义	字 母 表 示	定　义
W^{L}	关系嵌入	R^{*}	输出卷积层
G	关联矩阵	A^{j}	输入注意力
A^{p}	池化注意力	S	输入实体

　　Attention BLSTM[43]模型如图 7-7 所示,它包含两个 LSTM 网络,从正向和反向处理输入的句子,从而得到每个词考虑左边和右边序列背景的状态向量;词的两个状态向量通过元素级求和产生词的向量表示。在 Bi-LSTM 产生的词向量基础上,该模型通过注意力层组合词的向量产生句子向量,进而基于句子向量将关系分类。注意力层首先计算每个状态向量的权重,然后计算所有状态向量的加权和得到句子的向量表示。实验结果表明,增加注意力层可以有效地提升关系分类的结果。

　　4)基于深度学习的联合关系抽取方法

　　在流水线关系抽取方法中,实体抽取和关系抽取两个过程是分离的。联合关系抽取方法则是将实体抽取和关系抽取相结合,图 7-8 展示的是一个实体抽取和关系抽取的联合模型[44]。该模型主要由 3 个表示层组成:词嵌入层(嵌入层)、基于单词序列的 LSTM-RNN 层(序列层)以及基于依赖性子树的 LSTM-RNN 层(依存关系层)。在解码过程中,模型在序列层上构建从左到右的实体识别,并实现依存关系层上的关系分类,其中每个基于子树的 LSTM-RNN 对应于两个被识别实体之间的候选关系。在对整个模型结构进行解码之后,模型参数通过基于时间的反向传播进行更新。在依存关系层堆叠在序列层上,因此嵌入层

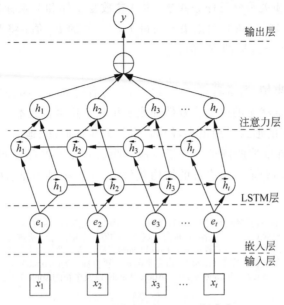

图 7-7 Attention BLSTM 模型[43]

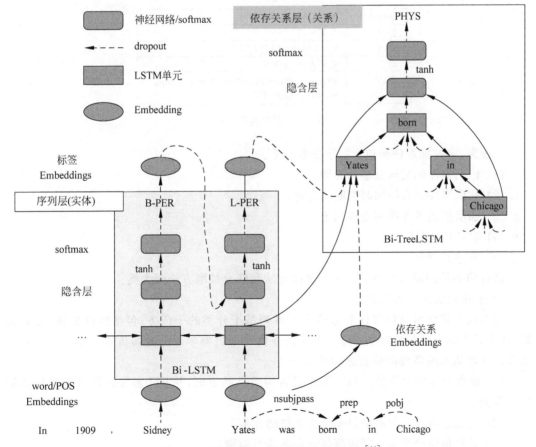

图 7-8 实体抽取和关系抽取的联合模型[44]

和序列层被实体识别和关系分类任务共享,共享参数受实体和关系标签的共同影响。该联合模型在 SemEval-2010 Task 8 数据集上获得了 84.4% 的 F_1 值;将 WordNet 作为外部知识后,该模型可以获得 85.6% 的 F_1 值。

3. 事件抽取

事件是指发生的事情,通常具有时间、地点、参与者等属性。事件的发生可能是因为一个动作的产生或者系统状态的改变。事件抽取是指从自然语言文本中抽取出用户感兴趣的事件信息,并以结构化的形式呈现出来,例如,事件发生的时间、地点、发生原因、参与者等。图 7-9 给出了一个事件抽取的例子。基于一段苹果公司举办产品发布会的新闻报道,可以通过事件抽取方法自动获取报道事件的结构化信息,包括事件类型、涉及公司、发生时间及地点、所发布的产品。

苹果公司将于西部时间9月12日上午10点(北京时间9月13日凌晨1点)举行新品发布会,这一次的发布会地点是全新建造的史蒂夫•乔布斯剧院。根据目前的消息,这次发布会上苹果公司将会发布iPhone8(命名不确定,暂且称之为iPhone8)、iPhone7s、iPhone7s plus、Apple Watch3以及全新的Apple TV

事件类型	发布会
公司	苹果公司
时间	西部时间9月12日上午10点
地点	史蒂夫•乔布斯剧院
产品	iPhone8、iPhone7s、iPhone7s plus、Apple Watch3、Apple TV

图 7-9　事件抽取示例

一般地,事件抽取任务包含的子任务如下。

(1)识别事件触发词及事件类型。

(2)抽取事件元素的同时判断其角色。

(3)抽出描述事件的词组或句子。

(4)事件属性标注。

(5)事件共指消解。

已有的事件抽取方法可以分为流水线方法和联合抽取方法两大类。

1)事件抽取的流水线方法

流水线方法将事件抽取任务分解为一系列基于分类的子任务,包括事件识别、元素抽取、属性分类和可报告性判别;每一个子任务由一个机器学习分类器负责实施。一个基本的事件抽取流水线需要的分类器如下部分。

(1)事件触发词分类器。判断词汇是否为事件触发词,并基于触发词信息对事件类别进行分类。

(2)元素分类器。判断词组是否为事件的元素。

(3)元素角色分类器。判定事件元素的角色类别。

(4)属性分类器。判定事件的属性。

（5）可报告性分类器。判定是否存在值得报告的事件实例。

表 7-6 列出了在事件抽取过程中,触发词分类和元素分类常用的类特征。各个阶段的分类器可以采用机器学习算法中的不同分类器,例如,最大熵模型、SVM 等。

表 7-6 触发词分类和元素分类常用的分类特征

分类特征		特 征 说 明
触发词分类	词汇	触发词和上下文单词的词块和词性标签
	字典	触发词列表、同义词字典
	句法	触发词在句法树中的深度
		触发词到句法树根节点的路径
		由触发词的父节点展开的词组结构
		触发词的词组类型
	实体	句法上距离触发词最近的实体的类型
		句子中距离触发词物理距离最近实体的类型
元素分类	事件类型和触发词	触发词的词块
		事件类型和子类型
	实体	实体类型和子类型
		实体提及的词干
	上下文	候选元素的上下文单词
	句法	扩展触发词父节点的词组结构
		实体和触发词的相对位置(前或后)
		实体到触发词的最短路径
		句法树中实体到触发词的最短长度

2) 事件的联合抽取方法

事件抽取的流水线方法在每个子任务阶段都有可能存在误差,这种误差会从前面的环节逐步传播到后面的环节,从而导致误差不断累积,使得事件抽取的性能急剧衰减。为了解决这一问题,一些研究工作提出了事件的联合抽取方法。在联合抽取方法中,事件的所有相关信息会通过一个模型同时抽取出来。一般地,联合事件抽取方法可以采用联合推断或联合建模的方法,如图 7-10 所示。联合推断方法首先建立事件抽取子任务的模型,然后将各个模型的目标函数进行组合,形成联合推断的目标函数;通过对联合目标函数进行优化,获得事件抽取各个子任务的结果。联合建模的方法在充分分析子任务间的关系后,基于概率图模型进行联合建模,获得事件抽取的总体结果。

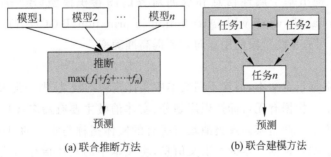

图 7-10 联合事件抽取方法

7.2.2 知识融合

知识融合是融合各个层面的知识,包括融合不同知识库的同一实体、多个不同的知识图谱、多源异构的外部知识等,并确定知识图谱中的等价实例、等价类及等价属性,实现对现有知识图谱的更新。如表 7-7 所示,知识融合的主要任务包含实体对齐(Entity Alignment,EA)和实体消歧(Entity Disambiguation,ED)。

表 7-7 知识融合主要任务

知识融合任务	目　的	主 要 方 法
实体对齐	发现语义相同的实体	基于嵌入表示的实体对齐
实体消歧	消除实体在不同文本中的不同语义	结合高质量特征或上下文相似度辅助消歧

1. 实体对齐

实体对齐是知识融合阶段的主要工作,旨在发现不同知识图谱中表示相同语义的实体。一般而言,实体对齐方法可分为传统概率模型、机器学习和神经网络等类别。

传统概率模型基于属性相似性关系,将实体对齐看作概率分类模型,根据相似度评分选择对齐实体。常用的模型有 CRF、马尔可夫逻辑网络(Markov Logic Networks,MLN)和隐含狄利克雷分布(Latent Dirichlet Allocation,LDA)等。

基于机器学习的实体对齐将实体对齐问题看作二分类问题,可分为监督学习和无监督学习。在监督学习实体对齐中,使用预先人工标注部分来训练模型,对未标注数据进行分类。如决策树(Decision Tree,DT)、SVM 等方法通过比较特征向量进行实体对齐,或考虑实体的相似度,使相似实体聚类对齐,如 Cohen 等[45] 提出的自适应实体对齐和聚类技术。

在神经网络方法中,基于嵌入的实体对齐将不同的知识图谱表示为低维嵌入,并通过计算实体嵌入间的相似度来进行实体对齐,是目前实体对齐方法的研究重点。

Sun 等[46] 将实体对齐看作分类问题,提出基于嵌入的实体对齐 Bootstrapping 方法,将可能的实体对齐标记迭代添加到训练数据中,保证对齐的精度。Zhang 等[47] 针对实体对齐中实体特征没有被发现或没有被统一处理的问题,提出通过统一多个实体视图来学习实体对齐嵌入的框架,并通过组合策略提升跨图谱间实体对齐的性能。

此外,Trisedya 等[48] 从学习不同图谱中的实体间相似性出发,提出两个知识图谱间的实体对齐框架,将实体嵌入和属性嵌入结合,学习两个图谱的统一嵌入空间,提升实体对齐性能。车超等[49] 提出基于属性信息和双向对齐的图卷积模型(Bidirectional alignment Graph Convolutional Network with Attribution information,BiGCN-A),在实体对齐中融入属性信息,并在对齐预测阶段使用双向对齐提高准确率。

2. 实体消歧

实体消歧是根据给定文本,消除不同文本中实体指称的歧义(即一词多义问题),将其映射到实际的实体上。根据有无目标知识库划分,实体消歧主要有命名实体聚类消歧和命名实体链接消歧等方法。命名实体聚类消歧将所有的实体指称与实际的目标实体进行聚类。命名实体链接消歧则是根据文本的上下文信息,将文本中的实体指称链接到候选的实际目标实体列表中。

7.2.3 知识加工

知识加工是在知识抽取、知识融合的基础上,对基本的事实进行处理,形成结构化的知识体系和高质量的知识,实现对知识的统一管理。知识加工的具体步骤包括本体构建(Ontology Construction,QC)、知识推理(Knowledge Reasoning,KR)和质量评估(Quality Evaluation,QE),如表 7-8 所示。

表 7-8 知识加工主要任务

知识加工任务	目 的	主 要 方 法
本体构建	构建知识数据模型和层次体系	人工编辑、实体相似度自动计算、实体关系自动抽取等
知识推理	推断未知知识,对知识图谱进行补全	逻辑规则、嵌入表示、神经网络
质量评估	保障知识的高质量	设置奖励机制或剔除低质量样本

1. 本体构建

本体构建是指在模式层构建知识的概念模板,规范化描述指定领域内的概念及概念之间的关系,其过程包括概念提取和概念间关系提取两部分。根据构建过程的自动化程度不同,可将常用的本体构建方法分为手工构建、半自动构建以及自动构建,如表 7-9 所示。

表 7-9 本体构建方法对比

方法类型	解 决 思 路	优 点	缺 点
手工构建	领域专家通过手工编辑的方式构建	能够严格控制内存,并获得高质量的本体	构建成本高、效率低
半自动构建	人工参与机器辅助的方式	效率比手工构建取得提升	仍要依赖人工,难以适应大规模本体构建
自动构建	机器自动地从各种数据源中提取概念及概念间的关系	能够高效、快捷地构建本体	研究尚处于起步阶段,无法完全代替人工构建

1) 手工构建

手工构建是指领域专家通过手工编辑的方式构建本体,使用该方法能够获得高质量的本体。目前为止,本体手动构建的方法主要包括骨架法[50]、TOVE 法[51]、循环五步法[52]、六步法[53]和七步法[54]。

从表 7-10 可以看出,大多数事件本体的构建方法都是针对特定领域。由于事件的分类标准没有统一的规定和准则,所以不同领域中事件本体的层次结构存在一定的差异。骨架法、六步法、七步法的优点是具有演进和优化评价,有助于事件本体的复用和价值提升。循环五步法在共享和评价方面有所欠缺,没有形成有效的评价体系,复用性不强。这几种方法的成熟度由高至低依次为六步法、七步法、TOVE 法、骨架法、循环五步法。手动构建的方法灵活性低、成本高、效率低、主观性较强、扩展性较差。所以,自动或半自动的构建方法成为目前的研究重点。目前,事件本体构建方法都是手动和半自动的,还没有完全成熟可用的自动构建方法。

表 7-10　本体手动构建方法对比

名　称	可扩展性	本体评价	主要应用领域
骨架法	有	有	企业
TOVE 法	无	有	企业
循环五步法	有	无	语义网络
六步法	无	有	自然灾害
七步法	无	有	医学

2）半自动构建

半自动构建是指通过人工参与机器辅助的方式完成本体构建，相比传统的手工构建方法，该方法能够更快速、更全面地构建本体。其中主要分为两种类型，统计主导的构建方法和语言学主导的构建方法。

统计主导的构建方法主要采用聚类、词频统计、词共现分析等技术。其主要思想是词汇单元间的共享信息能够为识别它们之间的关系提供指示信息，因此可以用于事件本体构建过程中的事件抽取及事件间关系挖掘。

统计主导的方法使用的自然语言处理技术较为简单，在非分类关系的抽取上不够理想。但是适应性和灵活性强，可以应用于不同领域，尤其是现有深度自然语言分析技术效果有限的领域（如化工、煤矿等领域）。

自然语言处理的深层分析技术被广泛地应用在语言学主导的构建方法中，例如，词性标注、句法分析、依存分析、语义角色标注等[55]。语义词典、语义模板、词汇-句法模板等语言学相关资源，也被广泛应用在构建的各个过程中。语言学主导方法的基本思想是事件以及事件间的关系隐式地存在于输入文本中，因此需要通过句法分析等自然语言处理深层分析技术来挖掘文本中各个片段之间的潜在关联。

以语言学为主导的构建方法，基本思路是首先使用自然语言处理工具先对输入文本进行预处理，并得到每个句子的 PCFG 句法分析结果以及依存句法分析结果；然后，以动词为核心进行事件或事件类的抽取；最后，通过预先定义或者分析规则抽取事件类间的关系。语言学主导的方法由于对文本进行了深层次的分析，所以在非分类关系的抽取上效果更好。但是由于该类方法对自然语言处理技术依赖度高，所以对那些缺乏训练数据或相应自然语言处理模型训练不充分的领域，难以达到预期效果。

3）自动构建

自动构建是指利用机器自动地从各种数据源中提取概念及概念间关系，以实现本体的构建。该方法快捷高效，并且能够处理隐含知识，已经成为目前本体构建的重要研究方向。本体是某一领域共享的、概念化、形式化表示的知识体系。第二代互联网的发展需要大量的领域本体作为支撑。目前，领域本体主要依赖手工构建，需要耗费大量的人力，因此本体的构建成为第二代互联网发展的瓶颈。创建本体的自动化程度从完全的人工、半自动化到全自动化。当前，全自动化的方法只能实现特定领域下的轻量级本体的构建，例如，最早有MindNet[56]使用了自动化的方式完成本体构建；现有王玉朋[57]针对水利领域本体自动构建的数据噪声大、概念及概念间关系提取准确度低的问题，借鉴滚雪球运动原理与本体循环构建理念，提出水利领域本体循环自动构建的方法；陈继智[58]针对教育本体自动构建和扩展方法的缺失,设计了一个教育本体并提出了一个教育本体自动构建和扩展框架。然而,本体自动构建的研究仍处于起步阶段,尚无法完全替代人工构建,仍待进一步研究。

2. 知识推理

知识推理是针对知识图谱中已有事实或关系的不完备性,挖掘或推断出未知或隐含的语义关系。一般而言,知识推理的对象可以为实体、关系和知识图谱的结构等。如表 7-11 所示,知识推理主要有基于逻辑规则、基于嵌入表示和基于神经网络 3 类方法。

表 7-11　知识推理方法对比

方法类别	方法类型	核 心 思 路
基于逻辑规则	逻辑方法	直接使用一阶谓词逻辑、描述逻辑等方式对专家构建的规则进行表示及推理
	统计方法	利用机器学习方法从知识图谱中自动挖掘出隐含的逻辑规则
	图结构方法	利用图谱的路径等结构作为特征,判断实体间是否存在隐含关系
基于嵌入表示	张量分解方法	将关系张量分解为多个矩阵,利用其构造出知识图谱的一个低维嵌入表示
	距离模型	将知识图谱中的关系映射为低维嵌入空间中的几何变换,最小化变换转化的误差
	语义匹配模型	在低维向量空间匹配不同实体和关系类型的潜在语义,度量一个关系三元组的合理性
基于神经网络	CNN	将嵌入表示、文本信息等数据组织为类似图像的二维结构,提取其中的局部特征
	RNN	以序列数据作为输入,沿序列演进方向以递归的方式实现链式推理
	图神经网络	以图结构组织知识,对节点的领域信息进行学习,实现对知识拓扑结构的语义表征
	深度强化学习	将知识实体、邻接关系分别构建为状态空间和行动空间,采用实体游走进行状态转换

3. 质量评估

知识图谱质量评估通常在知识抽取或融合阶段进行,对知识的置信度进行评估,保留置信度高的知识,有效保障知识图谱质量。质量评估的研究目的通常为提高知识样本的质量,提升知识抽取的效果,增强模型的有效性。

7.2.4　知识更新

知识更新是随着时间的推移或新知识的增加,不断迭代更新知识图谱的内容,保障知识的时效性。知识更新有模式层更新和数据层更新两种层次,包括全面更新和增量更新两种方式。

1. 知识更新层次

模式层更新是指当新增的知识中包含了概念、实体、关系、属性及其类型变化时,需要在模式层中更新知识图谱的数据结构,包括对实体、概念、关系、属性及其类型的增、删、改操作。一般而言,模式层更新需要人工定义规则表示复杂的约束关系。

数据层更新主要是指新增实体或更新现有实体的关系、属性值等信息,更新对象为具体的知识(如三元组),更新操作一般通过知识图谱构建技术自动化完成。在进行更新前,需要经过知识融合、知识加工等步骤,保证数据的可靠性和有效性。

2. 知识更新方式

全面更新指将更新知识与原有的全部知识作为输入数据,重新构建知识图谱。全面更新方法操作简单,但消耗资源大。

增量更新只以新增的知识作为输入数据,在已有的知识图谱基础上增加知识,消耗的资源较少,但是技术实现难度较大,且需要大量的人工定义规则。

7.3 知识图谱补全

当前知识图谱已经被广泛应用在自然语言处理的各项任务中,但知识图谱中实体间关系的缺失也给其实际的应用带来了很多问题。以图 7-11 为例,实线表示已经存在的关系,虚线则是缺失的关系。我们需要做的,是基于知识图谱里已有的关系去推理出缺失的关系,从而补全知识图谱。本节主要介绍两类场景下的知识图谱补全工作:静态知识图谱补全和动态知识图谱补全。

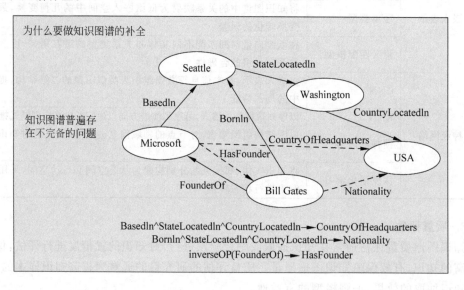

图 7-11 知识图谱补全示例图

7.3.1 知识图谱补全简介

知识图谱补全的目的是预测出三元组中缺失的部分,从而使知识图谱变得更加完整。对于知识图谱 G,假设 G 中含有实体集 $E=\{e_1,e_2,\cdots,e_M\}$(M 为实体的数量)、关系集 $R=\{r_1,r_2,\cdots,r_N\}$(N 为关系的数量)以及三元组集 $T=\{e_i,r_k,e_j\}$,e_i、e_j 属于 E,r_k 属于 R。由于知识图谱 G 中实体和关系的数量通常是有限的,因此,可能存在一些实体和关系不在 G 中。记不在知识图谱 G 中的实体集为 $E^*=\{e_1^*,e_2^*,\cdots,e_S^*\}$($S$ 为实体的数量),关系集为 $R^*=\{r_1^*,r_2^*,\cdots,r_T^*\}$($T$ 为关系的数量)。

根据三元组中具体的预测对象,知识图谱补全可以分成 3 个子任务:头实体预测、尾实体预测以及关系预测。对于头(尾)实体预测,需给定三元组的尾(头)实体以及关系,然后预测可以组成正确三元组的实体,例如(姚明,国籍,?),(?,首都,北京)。对于关系预测,则是给定头实体和尾实体,然后预测两个实体之间可能存在的关系,例如(姚明,?,中国)。

根据三元组中实体和关系是否均属于知识图谱 G,可以把知识图谱补全分成两类。

(1) 静态知识图谱补全(Static KGC),涉及实体 entity$\in E$ 以及关系 relation$\in R$,该场景的作用是补全已知实体之间的隐含关系。

(2) 动态知识图谱补全(Dynamic KGC),涉及不在知识图谱 G 中的实体或关系(entity$\in E^*$ 或者 relation$\in R^*$),该场景能够建立知识图谱与外界的关联,从而扩大知识图谱的实体集、关系集以及三元组集。

7.3.2　表示学习的相关理论

为了进行知识图谱补全,首先得给知识图谱中的实体和关系选择合适的表示,即构建出合适的特征对实体和关系进行编码。在机器学习中,特征构建通常有两种方法:一种是手工构建这种方法需要较多的人工干预,并且需要对所涉及的任务有深入的了解,才可能构建出较好的特征。对于较为简单的任务,该方法是可行的,但对于较为复杂的任务,构建出合适的特征可能需要耗费大量的人力物力。另一种方法是表示学习,该方法需要较少的人工干预,直接通过机器学习算法自动地从数据中学得新的表示,能够根据具体的任务学习到合适的特征。表示学习其实是一个比较广泛的概念,机器学习中不少算法都属于某种形式的表示学习,例如,目前人工智能领域的研究热点——深度学习,就是一类常见的表示学习算法。随着硬件的升级以及大数据时代的到来,深度学习在很多领域(如图像识别、语音识别、机器翻译等)都击败了传统的机器学习算法。例如,经典的多层感知机算法、基于统计学的方法等。但是深度学习也不是万能的,基于深度学习的模型通常拥有大量的参数,加大模型容量的同时也引入了过拟合的风险;因此,为了增强模型的泛化能力,基于深度学习的模型通常需要在大规模数据集上进行训练。此外,深度学习比较适用于原始特征是连续的且处于比较低层次的领域。例如,语音识别、图像识别,深度学习能基于低层次的特征构造出适合任务的高层次语义特征,从而产生较大的突破。而对于自然语言处理领域,语言相关的特征通常已经处于高层次,例如,语法结构、依存关系等特征。此外,语言的特征通常是离散的,并且存在多义性;因此,深度学习在该领域的突破相对要小一点。

手工构建和表示学习这两种方法各有利弊,前者虽然需要较多的人工干预,但是构建出的特征通常具有较好的可解释性,有利于研究人员对模型起作用的原因以及任务的本质有更深入的认识。例如,计算机视觉领域著名的 HOG 特征、SIFT 特征,其背后就有严谨的数学原理。表示学习虽然在较少的人工干预下能自动地根据任务构建特征,但构建出的特征的可解释性通常比较差,例如,现在应用十分广泛的卷积神经网络(CNN),虽然在很多领域都取得了突破性的成果,但是学术界目前也还没从数学角度严谨地证明 CNN 能起作用的本质原因。最近的一种研究趋势是把这两种构建方式结合起来,将手工构建的特征作为先验知识去指导或者优化表示学习算法进行特征的学习,这种做法在不少任务上取得了较好的效果。例如,在知识图谱补全这个任务上,不少工作就利用了规则、实体类型、多跳路径等信息构造出高质量的先验知识,并将这些先验知识融合到表示学习上。

接下来,将分别介绍 Static KGC 以及 Dynamic KGC 这两类场景的补全工作。

7.3.3　知识图谱补全(表示学习)

1. 静态知识图谱补全——Static KGC

知识图谱可以看成一个有向图,实体是节点,而有向边则代表了具体的关系。对于 Static KGC 场景,其实就是给知识图谱中不同的节点寻找潜在的有向边(关系)。早期的不少工作都属于基于图的表示学习方法,这些方法在小规模的知识图谱上表现良好。然而,随着知识图谱规模的扩大,数据稀疏问题会加重,算法的效率也会降低。为了能适应大规模 Static KGC,人们陆续提出多种基于知识图谱结构特征(三元组)的表示学习算法,这些算法将知识图谱中的实体和关系嵌入到低维稠密空间[59],然后在这个空间计算实体和关系的关联,从而进行 Static KGC。最经典的工作是 Bordes 等于 2013 年提出的翻译模型——TransE[60],如图 7-12 所示,该模型认为正确的三元组 (h,r,t),其中 h 代表头实体的向量,r 代表关系的向量,t 代表尾实体的向量,需满足 $h+r\approx t$,即尾实体是头实体通过关系平移(翻译)得到的。TransE 不仅简单高效,而且还具有较好的扩展性。然而,通过深入分析可以得知,TransE 不适合对复杂关系进行建模。例如"性别"这类"N-1"(多对一)型关系,如图 7-13 所示,当训练数据中含有三元组(张三,性别,男)以及(李四,性别,男)时,经过 TransE 训练后,张三和李四这两个实体的向量可能会比较接近。然而张三和李四在其他方面可能存在差异,例如年龄、籍贯等属性,而 TransE 无法对这些信息进行有效的区分,导致 TransE 在复杂关系上的表现比较差。

图 7-12　TransE 的基本思想　　　　　图 7-13　TransE 的复杂关系建模

为了能在复杂关系下有较好的表现,不少工作考虑实体在不同关系下应该拥有不同的向量。其中,文献[61]设计了 TransH 模型,该模型将实体投影到由关系构成的超平面上。文献[62]提出 TransR 模型,该模型则认为实体和关系存在语义差异,它们应该在不同的语义空间。此外,不同的关系应该构成不同的语义空间,因此 TransR 通过关系投影矩阵,将实体空间转换到相应的关系空间。文献[63]沿用了 TransR 的思想,提出了 TransD 模型,该模型认为头尾实体的属性通常有比较大的差异,因此它们应该拥有不同的关系投影矩阵。此外,考虑矩阵运算比较耗时,TransD 将矩阵乘法改成了向量乘法,从而提升了运算速度。文献[64]基于实体描述的主题分布来构造实体的语义向量,并且将实体的结构向量投影到对应的语义向量上,从而增强了模型的辨别能力。文献[65]考虑了实体多语义的性质,认为实体应该拥有多个语义向量,而语义向量则是根据实体所处的语境动态生成的。此外,还通过实体类型构造了关系的类型信息,并将实体与关系、实体与实体之间的相似度作为先验知识融合到表示学习算法中。此外,还有不少工作将规则、路径等信息融入表示学习中。这些工作通过更加细致的建模以及引入先验知识,在静态知识图谱补全任务上取得了一定的效果提升。值得一提的是,文献[66]设计了一个基于共享 memory 的网络架构 IRN (Implicitly Reason Nets),在向量空间中进行了多跳推理,该模型在复杂关系上取得了目前最好的结果。

2. 动态知识图谱补全——Dynamic KGC

前面的表示学习算法均属于"离线"算法,它们有一个共同的局限性,只能在训练过程中得到实体以及关系的向量。当实体或关系不在训练集中时,就无法获得它们的向量。然而,为了维持知识图谱的可靠性以及扩大它的规模,我们通常需要对知识图谱中的数据进行"增""删""改"操作。对于"离线"算法,一旦知识图谱中的数据发生变化,就得重新训练所有实体以及关系的向量,因此扩展性较差并且耗时耗力。

对于大规模开放知识图谱,例如 Freebase、DBPedia,随着时间的变化,它们所含有的事实类三元组可能会发生改变。例如 2007 年和 2017 年的美国总统不是同一个人,显而易见,(奥巴马,总统,美国)这个三元组在 2017 年就是错误的。为了维持知识图谱的可靠性,需要不定期地对知识图谱中与时间相关的事实类三元组进行更新。文献[67]考虑了知识图谱中三元组的时间有效性,并提出了一个时间敏感型(time aware)知识图谱补全模型——TAE,该模型融合了事实的时序信息,将三元组扩展成四元组——(头实体,关系,尾实体,时间),其中,时间信息能够有效约束向量空间的几何结构。

现有知识图谱中实体和关系的数量通常是有限的。然而,大部分表示学习模型只能在知识图谱中的实体和关系之间进行补全,因此这些模型无法自动地引入新实体或者新关系来扩大知识图谱的规模。新实体和知识图谱中的实体通常拥有丰富的额外信息,例如名称、描述、类型等,这些信息从不同角度对实体进行了刻画。为了能实现自动向知识图谱中添加新实体的需求,不少方法结合了额外信息来获得新实体的向量,从而建立新实体与现有知识图谱的关联。对于新关系,若有高质量的额外信息,同样可以通过这些信息来建立相应的向量,从而实现关联。

向知识图谱中添加新实体或者新关系的场景其实可以抽象为迁移学习(Transfer Learning)中的零数据学习(Zero-Shot Learning)问题,知识图谱中的实体和关系为源域(Source Domain),新实体和新关系为目标域(Target Domain)。实现迁移学习的基本前提是源域与目标域之间要存在相关性,即要共享相同或者类似的信息(如特征),否则迁移效果就会比较差,甚至出现负迁移的情况。例如,对于实体的描述信息,若两个域中实体的描述均是英文,则由于两个域之间可能共享一些相同或者相似的英文单词,因此可以通过对描述信息建模从而实现迁移,迁移的效果取决于两个域之间英文单词的共享程度;若实体的描述信息不属于同一种语言,例如,源域中实体的描述是英文,而目标域中实体的描述是中文,两个域之间共享的信息就非常少,直接进行迁移学习会非常困难;因此,为了能提高添加新实体或者新关系场景的准确率,需要寻找两个域之间所共享的额外信息,然后结合源域中的三元组数据对这些额外信息进行建模,再将学习到的模型迁移到目标域中,得到目标域中实体的向量,从而实现动态知识图谱补全。

在现实世界中,关系的数量一般远少于实体的数量;因此,现有知识图谱的不完整性主要来源于实体的缺失。为了提升知识图谱的完整性,大部分工作主要研究如何准确地向知识图谱中添加新实体,而添加新关系这个场景的相关工作目前还比较少。当向知识图谱中添加新实体时,可以根据知识图谱中的实体以及新实体所拥有的额外信息分成两类场景。

(1) 新实体拥有丰富的文本信息,例如实体名称、实体描述以及类型。

(2) 新实体与知识图谱中的实体以及关系有显性的三元组关联,这些三元组通常被称为辅助三元组。辅助三元组不会参与模型的训练过程,它们的作用在于借助训练好的模型推理出新实体的向量。

对于场景(1),相关工作主要通过建立实体与额外信息的映射关系来挖掘以及增强源域与目标域之间的关联。例如,对于源域中的实体 A,若它的描述中出现"人口总量""国土面积"等词汇,说明实体 A 很有可能代表一个国家。根据实体与词汇之间的映射关系,当实体 B 的描述中也出现这些词汇时,表明实体 B 很有可能也是一个国家,那么实体 B 应该具备实体 A 的一些属性。早期的模型主要通过将知识图谱中的结构信息(实体、关系)与额外信息统一到同一个空间来建立两者的关联。

对于场景(2),文献[68]提出了一种基于图神经网络(Graph-NN)的模型。该模型分为两部分:传播模型以及输出模型。其中,传播模型负责在图中的节点之间传播信息,而输出模型则是根据具体任务定义了一个目标函数。对于知识图谱补全任务,文献[68]将图谱中相邻(头/尾)实体的向量进行组合,从而形成最终的向量。对于输出模型,使用了经典的翻译模型——TransE。且为了模拟场景(2),构造了 3 组测试集:仅三元组的头实体是新实体,仅尾实体是新实体以及头尾实体都是新实体。此外,给每个新实体设计了相应的辅助三元组(头尾实体中仅含有一个新实体),用于获得新实体的向量。

7.4　知识图谱应用

7.4.1　通用和领域知识图谱

知识图谱分为通用知识图谱与领域知识图谱两类,两类图谱本质相同,其区别主要体现在覆盖范围与使用方式上。通用知识图谱可以形象地看成一个面向通用领域的结构化的百科知识库,其中包含了大量的现实世界中的常识性知识,覆盖面广。领域知识图谱又叫行业知识图谱或垂直知识图谱,通常面向某一特定领域,可看成一个基于语义技术的行业知识库,因其基于行业数据构建,有着严格而丰富的数据模式,所以对该领域知识的深度、知识准确性有着更高的要求。

7.4.2　语义集成

语义集成的目标就是将不同知识图谱融合为一个统一、一致、简洁的形式,为使用不同知识图谱的应用程序间的交互提供语义互操作性。常用技术方法包括本体匹配(也称为本体映射)、实例匹配(也称为实体对齐、对象共指消解)以及知识融合等。语义集成是知识图谱研究中的一个核心问题,对于链接数据和知识融合至关重要。语义集成研究对于提升基于知识图谱的信息服务水平和智能化程度,推动语义网以及人工智能、数据库、自然语言处理等相关领域的研究发展,具有重要的理论价值和广泛的应用前景,可以创造巨大的社会和经济效益。

7.4.3　语义搜索

知识图谱是对客观世界认识的形式化表示,将字符串映射为客观事件的事务(实体、事件以及之间的关系)。当前基于关键词的搜索技术在知识图谱的知识支持下可以上升到基于实体和关系的检索,称之为语义搜索。语义搜索利用知识图谱可以准确地捕捉用户搜索意图,借助于知识图谱,直接给出满足用户搜索意图的答案,而不是包含关键词的相关网页的链接。

7.4.4　基于知识的问答

问答系统(Question Answering,QA)是指让计算机自动回答用户所提出的问题,是信息服务的一种高级形式。不同于现有的搜索引擎,问答系统返回用户的不再是基于关键词匹配的相关文档排序,而是精准的自然语言形式的答案。2011年,华盛顿大学图灵中心主任Etzioni教授在Nature上发表文章Search Needs a Shake-Up,其中明确指出:"以直接而准确的方式回答用户自然语言提问的自动问答系统将构成下一代搜索引擎的基本形态。"因此,问答系统被看作未来信息服务的颠覆性技术之一,被认为是机器具备语言理解能力的主要验证手段之一。

参考文献

[1]　Wikipedia. Google Knowledge Graph[EB/OL]. [2021-02-14]. https://www. wikidata. org/wiki/Wikidata：Main_Page.

[2]　Singhal A. Introducing the knowledge graph：Things,not strings [EB/OL]. [2020-01-09]. https://www. blog. google/products/search/introducing-knowledge-graph-things-not/America：Official Google Blog,2012.

[3]　Miler G A. WordNet：A lexical database for English [J]. Communications of the ACM,1995,38(11)：39-41.

[4]　Speer R,Chin J. Havasi C. Concept Net 5. 5：An open multilingual graph of general knowledge [C]//Proceedings of the 31st AAAI Conference on Artificial Intelligence. Palo Alto,CA：AAAI Press,2017：4444-4451.

[5]　Bollacker K. Cook R,TUFTS P. Freebase：A shared database of structured general human knowledge [C]//Proceedings of the 22nd AAAI Conference on Artificial Intelligence. Palo Alto,CA：AAAI Press,2007：1962-1963.

[6]　Wikidata. Main Page of Wikidata [EB/OL]. [2020-11-11]. https://www. wikidata. org/wiki/Wikidata：Main_Page.

[7]　Niu X,Sun X R,Wang H F,et al. Zhishi. me-weaving Chinese linking open data[C]//Proceedings of the 2011 International Semantic Web Conference. LNCS 7032. Berlin：Springer,2011：205-220.

[8]　Xu B,Xu Y,Liang J Q,et al. CN-DBpedia：A never-ending Chinese knowledge extraction system [C]//Proceedings of the 2017 International Conference on Industrial,Engineering and Other Applications of Applied Intelligent Systems,Cham：Springer,2017：428-438.

[9]　星河."星河"军事知识图谱[EB/OL].[2020-08-01]. https://starkg. starsee. cn/.

[10]　IBM. Watson Health 医疗保健数据分析的重要性[EB/OL].[2021-03-15]. https://www. ibm. com/cn-zh/watson-health/learn/healthcare-data-analytics.

[11]　海致星图. 海致星图金融知识图谱［EB/OL］.［2021-03-05］. https://www. stargraph. cn/technology. html? active＝1.

[12]　海信网络科技. 交管云脑［EB/OL］.［2021-03-01］. https://www. hisense-transtech. com. cn/Urban_Transport/Solution/1048. html.

[13]　Smullyan R M. First-order logic［M］. Mineola. NY：Dover Publications,1995：43-65.

[14]　Gupta G. Horn logic denotations and their applications［M］//Apt K R,Marek V W,Truszczynski M,et al. The Logic Programming Paradigm：A 25-Year Perspective. Berlin：Springer,1999：127-159.

[15]　Quilan M R. Semantic memory［R］. Cambridge：Bolt Beranek and Newman Inc. ,1966.

[16]　Post E L. Formal reductions of the general combinatorial decision problem［J］. American Journal of Mathematics,1943,65(2)：197-215.

[17]　Minsky M. A framework for representing knowledge［R］. Cambridge：Massachusetts Institute of Technology A. 1. Laboratory,1974.

[18]　Tomkins S S. Nebraska Symposium an Motivation［M］. University of Nebraska Press,1978.

[19]　W3C. Extensible Markup Language(XML)［EB/OL］.［2020-10-11］. https://www. w3. orgXML.

[20]　W3C. Resource Description Framework（RDF）［EB/OL］.［2020-02-25］. https://eww. w3. org/RDF/.

[21]　W3C. RDF Schema 1. 1［EB/OL］.［2020-03-22］. https://www. w3. arg/TR/rdf-schemal.

[22]　W3C. OWL.［EB/OL］.［2020-12-11］. https://www. w3. org OWL/.

[23]　The Apache Software Foundation. Apache Jena［DB/OL］.［2021-03-25］. https:/fena. apache. org/.

[24]　Eclipse Faundation. RDF4J［DB/OL］.［2021-03-26］. https://rdi4j. org.

[25]　gStore. 知识图谱自动化构建平台 gBuilder［DB/OL］.［2021-03-01］. http://www. gstore. cn/pcsite/index. html♯/.

[26]　The PostgreSQL. Global Development Group. PostgreSQL［DB/OL］.［2021-03-15］. https://www. postgresql. org/.

[27]　Oracle. MySQL［DB/OL］.［2021-03-26］. https://www. myegl. comd.

[28]　Neo4j. Neo4j［DB/OL］.［2021-02-26］. https:/neo4j. conm.

[29]　The Linux Foundation. JanusGraph［DB/OL］.［2021-03-08］. https://jausgraph. org/.

[30]　HugeGraph. HugeGraph［DB/OL］.［2021-03-29］. http://github. com/hugegraph.

[31]　Downey D,Broadhead M,Etzioni O. Locating complex named entities in web test［C］//Proceedings of the 20th International Joint Conferences on Artificial Intelligence. San Francisco：Morgan Kaufmann Publishers Ine. 2007：2733-2739.

[32]　Bikel D M,Miler S,Sch Wartz R,et al. Nymble：A high-performance learning name-finder［C］//Proceedings of the 5th Conference on Applied Natural Language Processing. Stroudsburg. PA：Association for Computational Linguistics,1997：194-201.

[33]　MeCallm A,Li W. Early results for named entity recognition with conditional random fields,feature induction and web-enhanced lexicons［C］//Proceedings of the 7th Conference on Natural Language Learning at HLT-NAACL. 2003. Stroud-burg. PA：Association for Computational Linguistics,2003：188-191.

[34]　Borthwick A E. A maximum entropy approach to named entity recognition［D］. New York：New York University,1999：18-24.

[35]　Collobert R,Weston J,Bottou L,et al. Natural language processing(almost)from scratch［J］. Journal of Machine Learning Research,2011,12：2493-2537.

[36]　Strubell E,Verga P,Belanger D,et al. Fast and accurate entity recognition with iterated dilated convolutions［C］//Proceedings of the 2017 Conference on Empirical Methods in Natural Language Processing. Stroudsburg. PA：Association for Computational Linguistics,2017：2670-2680.

[37] Huang Z,Xu W,Yu K. Bidirectional LSTM-CRF models for sequence tagging [EB/OL]. (2015-08-09) [2020-01-22]. http：arxiv. org/pdf/1508. 0191. pdf.

[38] Zukov-Gregoric A,Bachrach Y,Coope S. Named entity recognition with parallel recurrent neural networks[C]//Proceedings of the 56th Annual Meeting of the Association for Computational Linguistics. Stroudsburg,PA：Association for Computational Linguistics,2018：69-74.

[39] 杨飘,董文永. 基于 BERT 嵌入的中文命名实体识别方法[J]. 计算机工程,2020,46(4)：40-45,52.

[40] Lin B Y C,Lee D H,Shen M,et al. Trigger NER：Learning with entity triggers as explanations for named entity recognition[C]//proceedings of the 58th Annual Meeting of the Association for Computational Linguistics. Stroudsburg,PA：Association for Computational Linguistics,2020：8503-8511.

[41] Santos,Cicero Nogueira Dos,B Xiang,et al. Classifying relations by ranking with convolutional neural networks[J]. Computer Science,2015：132-137.

[42] Wang L,Cao Z,de Melo G,et al. Relation classification via multilevel attention CNNs[C]. Proceedings of the 54th Annual Meeting of the Association for Computational Linguistics(Volume 1：Long Papers),2016,1：1298-1307.

[43] Zhou P,Shi W,Tian J,et al. Attention-based bidirectional long short-term memory networks for relation classification[C]. Proceedings of the 54th Annual Meeting of the Association for Computational Linguistics(Volume 2：Short Papers),2016,2：207-212.

[44] Miwa M,Bansal M. End-to-end relation extraction using LSTMs on sequences and tree structures [C]. Proceedings of the 54th Annual Meeting of the Association for Computational Linguistics (Volume 1：Long Papers),2016,1：1105-1116.

[45] Cohen W W,Richman J. Learning to match and duster large high-dimensional data sets for data integration[C]//Proceedings of the 8th ACM SIGKDD International Conference on Knowledge Discovery and Data Mining. New York：ACM,2002：475-480.

[46] Sun Z Q,Hu W,Zhang Q H,et al. Bootstrapping entity alignment with knowledge graph embedding [C]//Proceedings of the 27th International Joint Conferences on Artificial Intelligence. Palo Alto. CA：AAAI Press. 2018：43964402.

[47] Zhang Q H,Sun Z Q,HU W,et al. Multiview knowledge graph embedding for entity alignment [C]//Proceedings of the 28th International Joint Conferences on Artificial Intelligence. Palo Alto, CA：AAAI Press,2019：5429-5435.

[48] Trisedya B D,Qi J Z,Zhang R. Entity alignment between knowledge graphs using attribute embeddings[C]//Proceedings of the 33rd AAAI Conference on Artificial Intelligence. Palo Alto,CA：AAAI Press,2019：297-304.

[49] 车超,刘迪. 利用双向对齐和属性信息的跨语言实体对齐[J/OL]. 计算机工程,(2021-03-23)[2021-05-31]. https://doi. org 10. 19678/j. issn. 1000-3428. 0060540.

[50] 易钢. 应用 Protégé 构建中医药学本体方法研究[J]. 电脑知识与技术,2012,8(1)：223-225.

[51] 段宇锋,黄思思. 本体构建方法研究[J]. 情报杂志,2015,34(11)：139-144.

[52] 解峥,王盼卿,彭成. 本体的自动构建方法[J]. 电子设计工程,2015,23(15)：39-41.

[53] 马雷雷,李宏伟,连世伟,等. 一种自然灾害事件领域本体建模方法[J]. 地理与地科学,2016,32(1)：13-18.

[54] 岳丽欣,刘文云. 国内外领域本体构建方法的比较研究[J]. 情报理论与实践,2016,39(8)：119-125.

[55] Fang Q,Xu C S,Sang J T,et al. Folksonomy-based visual ontology construction and its applications [J]. IEEE Transactions on Multimedia,2016,18(4)：702-713.

[56] Richardson S D,Dolan W B,Vanderwende L. MindNet：Acquiring and structuring semantic information from text [C]//Proceedings of the 36th Annual Meeting of the Association for

Computational Linguistic/17th International Conference on Computational Linguistics. Stroudsburg, PA：Association for Computational Linguistics,1998：1098-1102.

[57] 王玉朋. 水利领域本体自动构建方法研究[D]. 郑州：华北水利水电大学,2020.

[58] 陈继智. 教育本体自动构建关键技术研究[D]. 上海：华东师范大学,2020.

[59] 刘知远,孙茂松,林衍凯,等. 知识表示学习研究进展[J]. 计算机研究与发展,2016,53(2)：247-261.

[60] Bordes A,Usunier N. Translating embeddings for modeling multi-relational data[C]//Advances in Neural Information Processing Systems 26：27th Annual Conference on Neural Information Processing Systems,2013：2787-2795.

[61] Wang Z,Zhang J,Feng J,et al. Knowledge graph embedding by translating on hyperplanes[C]//the Twenty-Eighth AAAI Conference on Artificial Intelligence,Canada,2014：1112-1119.

[62] Lin Y,Liu Z,Sun M,et al. Learning entity and relation embeddings for knowledge graph completion [C]//the Twenty-Ninth AAAI Conference on Artificial Intelligence,2015：2181-2187.

[63] Ji G,He S,Xu L,et al. Knowledge graph embedding via dynamic mapping matrix[C]//the 53rd Annual Meeting of the Association for Computational Linguistics and the 7th International Joint Conference on Natural Language Processing of the Asian Federation of Natural Language Processing,Beijing,China,2015：687-696.

[64] Xiao H,Huang M,Meng L,et al. SSP：Semantic space projection for knowledge graph embedding with text descriptions [C]//the Thirty-First AAAI Conference on Artificial Intelligence, San Francisco,California,USA,2017：3104-3110.

[65] Ma S,Ding J,Jia W,et al. TransT：Type-based multiple embedding representations for knowledge graph completion [C]//Machine Learning and Knowledge Discovery in Databases-European Conference,ECML-PKDD,2017：717-733.

[66] Shen Y,Huang P,Chang M,et al. Modeling large-scale structured relationships with shared memory for knowledge base completion[C]//the 2nd Workshop on Representation Learning for NLP, Rep4NLP@ACL,2017：57-68.

[67] Jiang T,Liu T,Ge T,et al. Towards time-aware knowledge graph completion[C]//COLING 2016, 26th International Conference on Computational Linguistics,Japan,2016：1715-1724.

[68] Hamaguchi T,Oiwa H,Shimbo M,et al. Knowledge transfer for out-of-knowledge base entities：A graph neural network approach[C]//the Twenty-Sixth International Joint Conference on Artificial Intelligence,2017：1802-1808.

第8章

机器阅读理解

机器阅读理解(Machine Reading Comprehension,MRC)旨在通过要求机器基于给定的上下文回答问题来测试机器对自然语言的理解程度,这项任务有可能彻底改变人类和机器的交互方式。在过去的几年里,随着深度学习等技术的结合,机器阅读理解引起了越来越多的关注,相关研究也展现出了许多成果。

本章主要介绍机器阅读理解的基本概念、发展历程和相关研究等。

8.1　机器阅读理解概述

8.1.1　机器阅读理解任务

在日常工作学习中,阅读理解能力是指通过阅读获取信息的能力,包括:理解阅读材料中重要概念或句子的含义;筛选并整合文字等阅读材料的主要信息及重要细节;分析文章结构,把握文章思路;归纳内容要点,概括中心意思;分析概括作者在文中的观点态度;根据上下文合理推断阅读材料中的隐含信息等能力。而机器阅读理解的目标是利用人工智能技术,使计算机具有和人类一样的阅读并理解文章的能力。表 8-1 所示为机器阅读理解的一个样例,阅读理解模型需要抽取文本的一段作为问题的答案。

表 8-1　机器阅读理解样例

[Passage]
《黄色脸孔》是柯南·道尔所著的福尔摩斯探案的 56 个短篇故事之一,收录于《福尔摩斯回忆录》。孟罗先生素来与妻子恩爱,但自从最近邻居新入伙后,孟罗太太则变得很奇怪,曾经凌晨时分外出,又借丈夫不在家时偷偷走到邻居家中。于是孟罗先生向福尔摩斯求助,福尔摩斯听毕孟罗先生的故事后,认为孟罗太太被来自美国的前夫勒索,所以不敢向孟罗先生说出真相,所以吩咐孟罗先生,如果太太再次走到邻居家,即时联络他,他会第一时间赶到。孟罗太太又走到邻居家,福尔摩斯陪同孟罗先生冲入,却发现**邻居家中的人是孟罗太太与前夫生的女儿,因为孟罗太太的前夫是黑人,她怕孟罗先生嫌弃混血儿,所以不敢说出真相。**

[Question]
孟罗太太为什么在邻居新入伙后变得很奇怪？

[Answer 1]
邻居家中的人是孟罗太太与前夫生的女儿，因为孟罗太太的前夫是黑人，她怕孟罗先生嫌弃混血儿。

[Answer 2]
邻居家中的人是孟罗太太与前夫生的女儿，因为孟罗太太的前夫是黑人，她怕孟罗先生嫌弃混血儿，所以不敢说出真相

　　机器阅读理解任务可以形式化成一个有监督的学习问题：给出三元组形式的训练数据 (C,Q,A)，其中，C 表示段落，Q 表示与之相关的问题，A 表示对应的答案。目标是学习一个预测模型 f，能够将相关段落 C 与问题 Q 作为输入，返回一个对应的答案 A 作为输出：

$$f:(C,Q)\rightarrow A \tag{8.1}$$

　　一般地，将段落表示为 $C=\{w_1^c,w_2^c,\cdots,w_m^c\}$，将问题表示为 $Q=\{w_1^Q,w_2^Q,\cdots,w_n^Q\}$，其中，$m$ 和 n 分别为段落 C 的长度和问题 Q 的长度，所有 w 都属于预先定义的词典 V。

8.1.2　机器阅读理解发展

　　机器阅读理解在近半个世纪以来经历了 3 个阶段的发展：从 20 世纪 70 年代开始，利用基于规则的方法[1]构建早期系统的基于规则（rule-based）时代，到尝试使用有监督的机器学习模型[2]解决 MRC 任务的机器学习时代，再到最近利用神经网络（深度学习）[3]搭建神经阅读理解模型的神经网络时代。

　　1. 基于规则时代

　　构建自动阅读理解系统的历史可以追溯到 20 世纪 70 年代，在当时，研究者们已经意识到了机器阅读理解是测试机器语言理解能力的一种非常重要的方法。早期最著名的工作之一是由 Lehnert[4]在 1977 年提出的 QUALM 系统，该系统首次表明了回答问题时文本语境的重要性，但由于该系统受限于需要手工编码的脚本，因此很难得到更广泛的应用。在 20 世纪 80 年代到 90 年代，由于 MRC 任务的复杂性远超当时的技术水平，因此这十几年来该领域的研究被长期搁置。直到 1999 年，Hirschman[5]提出了一个用于开发与测试的数据集，人们才对 MRC 重新有了兴趣。该数据集包含 60 个 3～6 年级的小学生材料，主要由一些简短的事实类问答对（例如，who、what、when、where 以及 why 等问题与对应答案）组成，它只需要系统返回包含正确答案的句子。

　　2. 机器学习时代

　　在 2013—2015 年，由于机器学习方法的崛起，研究者们尝试将机器阅读理解定义为一种监督学习（supervised learning）问题[6]，他们收集人工标注的（段落，问题，答案）三元组训练数据，希望能够通过已标注的数据训练一个统计学模型，使得该模型在测试时能将（段落，问题）映射到对应的答案。其中，最为重要的工作之一是 Richardson[7]在 2013 年提出的 MCTest，该数据集的提出直接推动了当时机器学习模型的发展。这些模型大多数是基于简单的最大边缘（max-margin）学习框架，通过加入丰富的语义特征集（句法依存、共指消解、语义框架、词嵌入等），实现对（段落，问题，答案）三元组的拟合。虽然这些机器学习模型相比于早期基于规则的方法取得了一定的进展，例如，针对 MCTest-500 数据集，上述 3 种模型相比于基线模型(63.33%)各自提升了 0.42%[8]、4.5%[9]以及 6.61%[10]。但是,上述机器学习模型带来的性能提升相当有限。研究者们通过分析认为,主要原因有以下两点。

(1)机器学习模型主要依赖于现有的语言工具,例如,依据解析器以及语义角色标记系统(SRL)来实现特征的提取,但这些工具大都是由单一领域的数据训练所得,泛化能力较弱,因此对于 MCTest 数据集来说,这些特征反而是噪声。

(2)MCTest 数据集的规模太小,不足以支持上述模型的训练(只有 1480 个例子供模型训练)。

3. 深度学习时代

Hermann 等[11]在 2015 年提出了一个新型的、大规模的监督训练数据集 CNN/Daily Mail(约 126 万条训练数据),同时,针对上述数据集提出了一个基于注意力的 LSTM 模型 THE ATTENTIVE READER,该模型的性能远超传统 NLP 方法(约 12.9%),标志着机器阅读理解正式进入了神经网络时代。虽然 CNN/Daily Mail 数据集的规模足以达到深度学习模型的训练要求,但由于 CNN/Daily Mail 数据集属于完形填空(cloze-type)类型,它的问题不符合人类的自然语言描述。因此,为了突破 CNN/Daily Mail 数据集的局限性,Rajpurkar 等[12]在 2016 年提出了一个著名的数据集 Stanford Question Answering Dataset。得益于百科类知识库以及众包群智服务模式的发展,SQuAD 数据集从 536 篇 Wikipedia 段落中收集了 107785 个问题答案对。同时,由于 SQuAD 数据集中每一个答案都是与问题相关的段落文本中的一段跨距(a span),使得该数据集成为了学术界第一个包含大规模自然语言问题的阅读理解数据集。借助于 SQuAD 这一高质量的 MRC 数据集,两年来,研究者们提出了一系列全新的神经阅读理解模型,同时刷新着该数据集榜单上 EM 与 F_1 值(数据集的一种评价方法)的纪录——从 2016 年原作者提出的 Logistic Regression 基线模型(EM 值为 40.4%,F_1 值为 51%)到 2018 年 10 月由 Google 公司提出的远超人类(EM 值为 82.304%,F_1 值为 91.221%)的 BERT 模型(EM 值为 87.433%,F_1 值为 93.16%)[13]。尽管 SQuAD 数据集的提出是 MRC 领域的里程碑,但这并不意味着该数据集代表着整个 MRC 领域的终极目标,因此之后,学者们提出了更多大规模的具有挑战性的数据集,用于处理以前没有解决的问题,例如,抽取式(extractive):TriviaQA[14]、WikiQA[15]、NewsQA[16]、SQuAD2.0[17]、SearchQA[18]等,多项选择(multiple choice):SciQA[19]、ARC[20]、RACE[21]等,完形填空:CBT[22]、CLOTH[23]等,NarrativeQA[24]之后,国内学者也开始陆续提出中文领域的 MRC 数据集,具有代表性的有 People Daily/CFT[25]以及 DuReader[26]。除了上述标准化的数据集以外,还有针对开放域(open-domain)的阅读理解任务。与此同时,各种大规模 MRC 数据集的提出也推动着神经阅读理解模型的发展,从刚开始人们采用的简单记忆网络模型[27],到 match-LSTM+Ptr-Net 模型[28],再到具有代表性的通用四层架构,最后到最新的 Transformer 架构[29]。逐渐丰富的神经阅读理解模型对各类数据集中段落与问题的理解能力以及泛化能力越来越强。

8.2 数据集以及测评方式

8.2.1 数据集

自然语言处理的许多处理领域中有大量的公开数据集。在这些数据集上的客观评测可以检验模型的质量,比较模型的优劣。这在很大程度上推动了相关研究的发展。机器阅读理解作为 NLP 的热门课题,有许多大规模数据和相关竞赛。根据数据集中的回答形式,可以将这些数据集分为完形填空、多项选择、区间抽取(Span Extraction)、自由问答(Free Answering),同时又可以把自由问答形式细划分为会话式、生成式、多跳推理等。具体地,可以将数据集定义为以下 6 种类型。

(1) 完形填空:在这类数据集中,机器的目标是根据问题和当前段落,从预定义的选项集合 A 中选出正确答案 a,并填入问题的空白处。例如,在 CBT 数据集中 $|A|=10$。这类问题的答案往往是一个单词或实体,完形填空给阅读增加了障碍,需要理解上下文和词汇的使用,对于机器阅读理解是一个挑战。

(2) 多项选择:在这类数据集中,机器的目标是根据问题和当前段落信息,从包含正确答案的 $k(k$ 一般为 4)个设定的选项集合 $A=\{a_1,a_2,\cdots,a_k\}$ 中选出正确答案 a,a 可以是一个单词、一个短语甚至一个句子,与完形填空相比,多项选择的答案不限于上下文中的单词或者实体,答案形势更加灵活。

(3) 区间抽取:也可称为跨距预测类型数据集(span prediction),在这类数据集中,机器的目标是根据问题在当前段落中找到正确的答案跨距,因此在这类数据集中,可以将答案表示为 $(a_{\text{start}},a_{\text{end}})$,其中,$1 \leqslant a_{\text{start}} \leqslant a_{\text{end}} \leqslant m$。

(4) 会话式:在这类数据集中,目标与机器进行交互式问答,因此,答案可以是文本自由形式(free-text form),既可以是跨距形式,也可以是"不可回答"形式,还可以是"是/否"形式等。

(5) 生成式:在这类数据集中,问题的答案都是人工编辑生成的(human manual generated),不一定会以片段的形式出现在段落原文中,机器的目标是阅读给出段落的摘要甚至全文,之后根据自身的理解来生成问题的答案。

(6) 多跳推理:在这类数据集中,问题的答案无法从单一段落或文档中直接获取,而是需要结合多个段落进行链式推理才能得到答案。因此,机器的目标是在充分理解问题的基础上从若干文档或段落中进行多步推理,终返回正确答案。

1. 完形填空数据集

(1) CNN & Daily Mail 数据集由 Hermann 等[11]建立,是最具代表性的完形填空风格的 MRC 数据集之一。CNN & Daily Mail 由 CNN 的 93 000 篇文章和 Daily Mail 的 220 000 篇文章组成,它的大规模使得在 MRC 中使用深度学习方法成为可能。考虑到项目符号是抽象的,与文档几乎没有句子重叠,Hermann 等用项目符号中的占位符一次替换一个实体,并通过要求机器读取文档,然后预测项目符号中的占位符指的是哪个实体来评估机器读取系统。由于问题不是直接从文档中提出的,因此这项任务具有挑战性,一些信息提取方法无法处理它。这种创建 MRC 数据集的方法启发了许多其他研究。为了避免问题可以通过文档之外的知识来回答的情况,文档中的所有实体都通过随机标记来匿名化。

(2) 希尔等[14]从另一个角度设计了一个完形填空式的 MRC 数据集,即儿童书籍测试(CBT)。他们收集了 108 本儿童书籍,并从这些书籍的章节中抽取 21 个连续的句子组成每个样本。为了生成问题,从第 21 个句子中删除一个单词,其他 20 个句子作为上下文。从上下文中随机选择 9 个类型与答案相同的不正确单词作为候选答案。CNN & Daily Mail 和 CBT 数据集之间有一些差异。

① 与 CNN & Daily Mail 不同,CBT 数据集中的实体不是匿名的,因此模型可以使用更广泛背景下的背景知识。

② CNN & Daily Mail 中缺失的条目仅限于命名实体,但在 CBT 中有 4 种不同的类型:命名实体、名词、动词和介词。

③ CBT 提供候选答案,在某种程度上简化了任务。

总的来说,随着案例推理的出现,在人类理解中起着重要作用的语境得到了更多的关注。考虑到更多的数据可以显著提高神经网络模型的性能,引入了 BookTest,它将 CBT 数据集扩大了 60 倍,并能够训练更大的模型。

2. 多项选择数据集

(1) 理查森等提出的 MCTEST 是早期的多选择 MRC 数据集。它由 500 个虚构的故事组成,每个故事有 4 个问题和 4 个候选答案。选择虚构的故事避免引入外部知识,问题可以根据故事本身来回答。使用基于故事的语料库的想法启发了其他数据集,如 CBT 和 AMBADA。虽然 MCTest 的出现鼓励了对 MRC 的研究,但它的规模太小,因此不适合采用数据饥渴技术。

(2) 像 CLOTH 数据集一样,RACE 也是从中国初中生和高中生的英语考试中收集的。这个语料库允许更多种类的文章。与整个数据集的一种固定风格形成对比,例如 CNN & Daily Mail 的新闻和 NewsQA,以及 CBT 和 MCTest 的虚构故事,几乎所有种类的段落都可以在 RACE 中找到。RACE 作为一个选择题任务,要求更多的推理,因为问题和答案都是人工生成的,基于信息检索或词共现的简单方法可能表现不好。另外,与 MCTest 相比,RACE 包含约 28 000 篇短文和 100 000 个问题,规模较大,支持深度学习模型的训练。上述所有特性说明 RACE 设计精良,充满挑战。

3. 区间抽取数据集

(1) 斯坦福大学的 Rajpurkar 等提出的斯坦福问答数据集(SQuAD),可以看作 MRC 的一个里程碑。随着 SQuAD 数据集的发布,基于它的 MRC 竞赛引起了学术界和工业界的关注,这反过来又刺激了各种先进 MRC 技术的发展。Rajpurkar 等从维基百科上收集了 536 篇文章,要求人群工作者提出 100 000 多个问题,并从给定的文章中选择任意长度的跨度来回答问题。与以前的数据集相比,SQuAD 定义了一种新的 MRC 任务,它不提供答案选择,而是需要一段文本作为答案,而不是一个单词或一个实体。

(2) NewsQA 是另一个类似于 SQuAD 的跨度提取数据集,其中问题也是人工生成的,答案是来自相应文章的文本跨度。NewsQA 和 SQuAD 的明显区别是文章来源。在新闻问答中,文章是从 CNN 收集的,而 SQuAD 是基于维基百科。值得一提的是,根据给定的语境,NewsQA 中的一些问题没有答案。无法回答的问题的增加使它更接近现实,并激励 Rajpurkar 等将 SQuAD 更新到 2.0 版本。

(3) TriviaQA 的构建过程使其区别于以往的数据集。在之前的工作中,人群工作者被给予文章并提出与这些文章密切相关的问题。然而,这一过程导致了问题和回答问题的证据的依赖性。再者,在人类的理解中,人们经常会提出一个问题,然后找到有用的资源来回答它。为了克服这个缺点,乔希等从琐事和问答联盟网站收集问答对[14];然后从网页和维基百科上搜索证据来回答问题;最后,他们为 MRC 任务建立了超过 65 万个问答证据三元组。这种新颖的构建过程使得 TriviaQA 成为一个具有挑战性的测试平台,在问题和上下文之间有相当大的句法可变性。

4. 自由形式数据集

（1）MS MARCO 可以被视为继 SQuAD 之后的另一个 MRC 里程碑。为了克服以前数据集的弱点，它有 4 个主要特征：第一，所有问题都是从真实的用户查询中收集的；第二，对于每个问题，使用必应搜索引擎搜索 10 个相关文档作为上下文；第三，这些问题的标记答案是由人类生成的，因此它们不局限于上下文的范围，并且需要更多的推理和总结；第四，每个问题都有多个答案，有时甚至会产生冲突，这使得机器选择正确答案变得更具挑战性。MS MARCO 使 MRC 数据集更接近现实世界。

（2）鉴于大多数以前的数据集需要证据来回答来自原始上下文的单个句子的问题的局限性，NarrativeQA 设计了叙事问答模块。基于书籍故事和电影剧本，他们从维基百科上搜索相关的摘要，并要求同事根据这些摘要生成问答对。叙事问答的特别之处在于，回答问题需要理解整个叙事，而不是肤浅的匹配信息。

（3）与 MS MARCO 相似，DuReader 是另一个来自现实世界应用的大规模 MRC 数据集。DuReader 的问题和文档都是从百度搜索（搜索引擎）和百度（问答社区）收集的。答案是人工生成的，而不是原始上下文的跨度。DuReader 与众不同之处在于，它提供了新的问题类型，如是/否等。与事实问题相比，这些问题有时需要对文档的多个部分进行总结，这为研究社区提供了机会。

8.2.2 测评方式

机器阅读理解类似于人类的阅读理解任务，即考核阅读者/模型对文章内容的理解能力。和数学计算不同，阅读理解需要设计专门的指标来验证模型的语义理解能力。众所周知，测评人类阅读理解能力通常采用问答形式，即要求阅读理解回答和文章相关的问题。因而测评机器阅读理解模型也可以采用相同的形式，让模型回答与文章相关的问题。下面介绍机器阅读理解任务中常见的测评方式。

对于不同的 MRC 任务，有不同的评估指标。为了评估完形填空和多项选择任务，最常见的标准是准确率。在跨度提取方面，一般采用完全匹配和 F_1 值来衡量模型性能。对于自由式任务，其答案并不局限于原文上下文，所以广泛使用 ROUGE-L 和 BLEU 进行评测。在接下来将给出这些评估指标的详细描述。

1. 准确率

基本答案的准确率通常用于评估完形填空和多项选择任务。当给定一个有 m 个问题的问题集 $Q=\{Q_1,Q_2,\cdots,Q_m\}$ 时，如果模型正确地预测了 n 个问题的答案，那么准确率为：

$$\text{Accuracy}=\frac{n}{m} \tag{8.2}$$

2. 完全匹配（EM，Exact match）

完全匹配是准确率的一种变体，它评估预测的答案跨度是否与基本事实序列精确匹配。如果预测答案等于黄金答案，EM 值为 1，否则为 0。

3. F_1 值

F_1 值是分类任务中常见的指标。在 MRC 方面，候选答案和参考答案都被视为一袋袋的令牌，设定 TP：模型给出的候选答案中有多少词在标准答案中出现；FP：模型给出的候选答案中有多少词不在标准答案中出现；FN：标准答案中有多少词不在模型给出的候选答案中出现；TN：模型给出的候选答案和标准答案都不包含的词。机器阅读理解任务的混淆矩阵如表 8-2 所示。

表 8-2　机器阅读理解任务的混淆矩阵

	参考答案：正例	参考答案：负例
候选答案：正例	TP	FP
候选答案：负例	FN	TN

F_1 值的计算与精确率和召回率相关，具体可参见式(6.40)。

与 EM 相比，这个度量标准宽松地衡量了预测和基本事实答案之间的平均重叠。

4. ROUGE-L

ROUGE(Recall-Oriented Understudy for Gisting Evaluation)是最初为自动文摘而开发的一种评价指标。它通过计算模型生成的摘要和基本事实摘要之间的重叠量来评估摘要的质量。对于不同的评估要求，有各种各样的 ROUGE 措施，如 ROUGE-N、ROUGE-L、ROUGE-W 和 ROUGE-S，其中 ROUGE-L 广泛用于 MRC 任务，适用自由式机器阅读理解任务。与 EM 或准确度等其他指标不同，ROUGE-L 更灵活，主要衡量黄金答案和预测答案的相似性。ROUGE-L 中的"L"表示最长的公共子序列(LCS)，ROUGE-L 可以计算如下：

$$R_{lcs} = \frac{LCS(X,Y)}{m} \tag{8.3}$$

$$p_{lcs} = \frac{LCS(X,Y)}{n} \tag{8.4}$$

$$F_{lcs} = \frac{(1+\beta)^2 R_{lcs} p_{lcs}}{R_{lcs} + \beta^2 p_{lcs}} \tag{8.5}$$

其中，X 是具有 m 个标记的基础真值答案，Y 是具有 n 个标记的模型生成答案，$LCS(X,Y)$ 表示 X 和 Y 的最长公共子序列的长度，β 是控制精确率和召回率的重要性的参数。使用 ROUGE-L 评估 MRC 模型的性能并不要求预测的答案是基本真理的连续子序列，而更多的令牌重叠有助于得到更高的 ROUGE-L 分数。同时，候选答案的长度会影响答案的价值。

5. BLEU

BLEU(Bilingual Evaluation Understudy)被广泛用于评价翻译任务。当适应 MRC 任务时，BLEU 分数衡量预测答案和基础事实之间的相似性。该指标的基础是精确测量，其计算方法如下：

$$P_n(C,R) = \frac{\sum_i \sum_k \min(h_k(c_i), \max(h_k * (r_i)))}{\sum_i \sum_k h_k(c_i)} \tag{8.6}$$

其中，$h_k(c_i)$ 计算出现在候选答案 c_i 中的第 k 个字符的数量；同样，$h_k(c_i)$ 表示黄金答案 r_i 中 N-gram 的出现次数。由于答案跨度越短，$P_n(C,R)$ 的值越高，所以其本身不能很好地测量相似性。此时，引入惩罚因子 BP 缓解这种情况，并对其进行计算：

$$BP = \begin{cases} 1, & l_r < l_c \\ e^{1-\frac{l_r}{l_c}}, & l_r \geqslant l_c \end{cases} \tag{8.7}$$

最后,BLEU 分数计算如下:

$$\mathrm{BLEU} = \mathrm{BP} \cdot \exp\left(\sum_{n=1}^{N} w_n \log P_n\right) \tag{8.8}$$

BLEU 评分不仅可以评价候选答案与基本答案的相似性,还可以测试候选答案的可读性。

8.3 模型

早期的阅读理解模型大多数是基于检索技术,即根据问题在文章中进行搜索,找到相关的语句作为答案。但是,信息检索主要是依赖于关键词匹配,而在很多情况下,单纯依靠问题和文章片段的文字匹配找到的答案与问题并不相关。随着深度学习的发展,机器阅读理解进入神经网络时代,相关技术的进步使得模型的效率和质量都有了很大提升。机器阅读理解模型的准确率不断提高,在一些数据集上甚至已经达到或超过了人类的平均水平。本章将介绍基于深度学习的机器阅读理解模型的架构,探究其提升性能的原因。

8.3.1 模型架构

随着 CNN & Daily Mail 数据集的发布和深度学习的发展,神经 MRC 显示出优于传统的基于规则和基于机器学习的 MRC 的优势,并逐渐成为研究界的主流。基于端到端神经网络的机器阅读理解模型大都采用下面的 4 层架构。

(1) 嵌入层:通过字符、词、上下文和特征级别的嵌入方法将段落 C 和问题 Q 表示为 d 维的词向量作为模型的输入;也有一些模型在嵌入层采用注意力机制将问题的词向量信息融入段落的词向量之中作为段落的最终输入。

(2) 编码层:使用循环或卷积神经网络对段落和问题序列进行编码,用来提取内部特征。之后采用注意力机制生成问题感知的段落表示或段落感知的问题表示。

(3) 交互层:通过自注意力机制捕捉融合了问题(段落)信息的段落(问题)单词之间的信息;最后通过循环或卷积神经网络解码形成最终表示。

(4) 输出层:根据最终任务(数据集)类型的不同,输出层将会有不同的表示方式。

1. 嵌入层

基于神经网络的机器阅读理解模型的第 1 个关键步骤就是将单词表示成高维、稠密的实值向量。在深度学习时代之前,研究者们通常将单词表示成词典的索引,称为 One-Hot 词向量表示:每一个单词都会被表示成一个词典中该单词对应位置为 1 而其他位置为 0 的稀疏向量,例如,$v_{\mathrm{apple}} = [0,0,\cdots,0,0,1,0,\cdots,0]^{\mathrm{T}}$,$v_{\mathrm{banana}} = [0,1,\cdots,0,0,0,0,\cdots,0]^{\mathrm{T}}$,而 One-Hot 词向量表示方法最大的问题在于这种稀疏向量无法体现任何单词之间的语义相似度信息,因为对于任何单词 a 与 b,$\cos(v_a,v_b)=0$。而高维映射的词嵌入方法可以有效解决上述方法带来的问题,即语义相似的单词可以在几何空间中被编码成距离相近的向量,例如,$\cos(v_{\mathrm{apple}},v_{\mathrm{banana}}) < \cos(v_{\mathrm{apple}},v_{\mathrm{car}})$。除此之外,研究者们还发现,将嵌入级别细粒度

化至字符级别、将静态单词向量变成上下文相关的动态向量或将单词本身的特征一起嵌入到词向量中,都会在一定程度上提高模型的性能。

2. 编码层

编码层的目的是将已经表示为词向量的 Token(词的唯一标记单位)通过一些复合函数进一步学习其内在的特征与关联信息,机器阅读理解中常用 RNN 及其变体对问题和段落进行建模编码,也有一些模型使用 CNN 进行特征提取。下面将简单回顾两种神经网络在MRC 领域的应用。

RNN 是现在十分流行的模型,在处理顺序信息方面显示出很大的潜力。根据之前的计算,RNN 在每个时间步骤中被称为递归输出。基于 RNN 的模型已被广泛应用于各种自然语言处理任务,如机器翻译、序列标注和问答。特别是,LSTM 网络和门控循环单元(Gated Recurrent Unit,GRU)是 RNN 的变体,在捕捉长期依赖性方面比普通的要好得多,并且可以减轻梯度爆炸和消失的问题。由于前面和后面的单词在理解给定单词时具有相同的重要性,许多研究人员使用双向 RNN 来编码 MRC 系统中的上下文和问题嵌入。上下文和问题嵌入分别表示为 x_p 和 x_q,下面将说明带有双向 RNN 的特征提取模块如何处理这些嵌入并提取顺序信息。

就问题而言,双向 RNN 的特征提取过程可以分为两种类型:词级和句级。在单词级编码中,问题嵌入 x_{qj} 在时间步长 j 的每个问题的特征提取输出可以表示如下:

$$Q_j = [\overrightarrow{RNN}(x_{qj}); \overleftarrow{RNN}(x_{qj})] \tag{8.9}$$

其中,$\overrightarrow{RNN}(x_{qj})$、$\overleftarrow{RNN}(x_{qj})$ 分别表示双向 RNN 的正向和反向隐含状态。

相比之下,句级编码将问句视为一个整体,特征提取过程可以表示如下:

$$Q = [\overrightarrow{RNN}(x_{q|l|}); \overleftarrow{RNN}(x_{q0})] \tag{8.10}$$

其中,$\overrightarrow{RNN}(x_{q|l|})$、$\overleftarrow{RNN}(x_{q0})$ 分别表示双向 RNN 的最终正向和反向输出。

由于任务中的上下文通常是一个长序列,研究人员使用词级特征提取来编码上下文的连续信息。与问题编码类似,上下文嵌入 x_{pi} 在时间步长 i 的双向 RNN 特征提取过程可以表示为:

$$Q_j = [\overrightarrow{RNN}(x_{pi}); \overleftarrow{RNN}(x_{pi})] \tag{8.11}$$

尽管神经网络能够对顺序信息进行建模,但它们的训练过程非常耗时,因为它们无法并行处理。

虽然 RNN 模型是机器阅读理解任务中编码层主要采用的方法,但使用 RNN 模型对问题 Q 和段落 C 进行编码时,会导致模型训练和推理的速度变得非常缓慢,这使得模型无法应用于更大的数据集,同时无法应用于实时系统中。因此,有研究者摒弃了 RNN 模型,引入速度较快的卷积神经网络对文本序列进行编码。他们利用 CNN 模型善于提取文本局部特征的优点,同时采用自注意力机制来弥补 CNN 模型无法对句子中单词的全局交互信息进行捕捉的劣势。实验结果表明:在不失准确率的情况下,Yu 等提出的模型在训练时间上较先前的模型快了 3～13 倍。但总体而言,CNN 模型在 MRC 任务中仍使用较少。除了上述两种常见的编码模型外,最近的研究还发现,使用基于自注意力机制的 Transformer 架构对序列进行编码可以获得更快的速度以及更好的效果。

3. 交互层

交互层是整个神经阅读理解模型的核心部分,它的主要作用是负责段落与问题之间的逐字交互,从而获取段落(问题)中的单词针对问题(段落)中的单词的加权状态,进一步融合已经被编码的段落与问题序列。

1) 注意力机制

交互层主要采用注意力机制,在 MRC 任务中,一般使用注意力机制来融合段落和问题的信息。图 8-1 左为从段落到问题的注意力矩阵表示,右为注意力矩阵中每一行注意力值(即段落中每一单词对问题的注意力)的详细计算方法,具体地,可以分为以下 3 步。

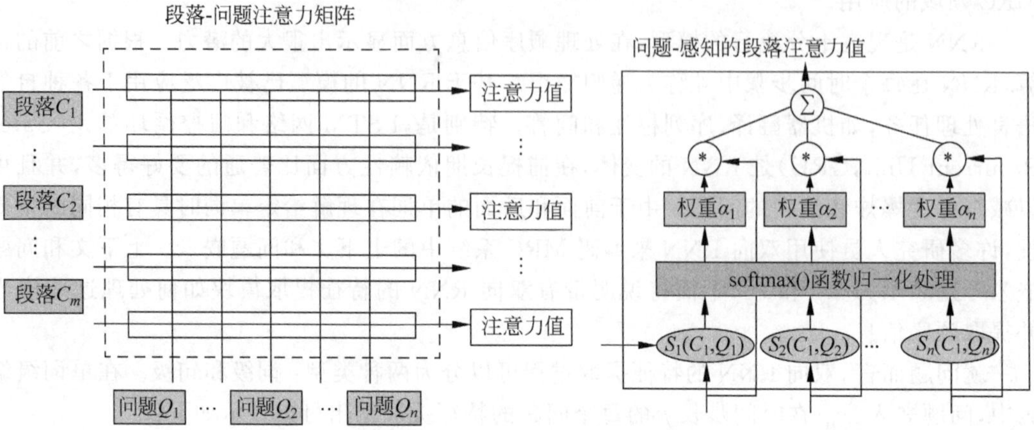

图 8-1 MRC 任务中的注意力机制

(1) 将段落 C 中的单词 C_j,$j=1,2,\cdots,m$ 和问题 Q 中的每一个单词 $Q_1,Q_2,\cdots,Q_i,\cdots,Q_n$ 进行相似度计算,得到权重 $S_{j1},S_{j2},\cdots,S_{ji},\cdots,S_{jn},\cdots$,其中,相似度函数可以有多种选择,常用的有点积 dot、双线性映射 bilinear 以及多层感知机 MLP:

$$S_{ji}=\begin{cases}f_{\text{dot}}(\boldsymbol{C}_j,\boldsymbol{Q}_i)=\boldsymbol{C}_j^{\text{T}}\boldsymbol{Q}_i\\f_{\text{bilinear}}(\boldsymbol{C}_j,\boldsymbol{Q}_i)=\boldsymbol{C}_j^{\text{T}}w\boldsymbol{Q}_i\\f_{\text{MLP}}(\boldsymbol{C}_j,\boldsymbol{Q}_i)=\boldsymbol{V}^{\text{T}}\tanh(\boldsymbol{W}^c\boldsymbol{C}_j+\boldsymbol{W}^Q\boldsymbol{Q}_i)\end{cases} \tag{8.12}$$

(2) 使用 softmax() 函数对权重进行归一化处理,得到 $\alpha_{j1},\alpha_{j2},\cdots,\alpha_{ji}\cdots,\alpha_{jn}$:

$$\alpha_{ji}=\text{softmax}(S_{ji})=\frac{\exp(S_{ji})}{\sum\limits_{i=1}^{n}\exp(S_{ji})} \tag{8.13}$$

(3) 将归一化后的权重和相应的问题 Q 中的单词 Q_i 进行加权求和,得到序列,即从问题到感知的段落表示:

$$\hat{C}_j=\text{Attention}(\boldsymbol{C}_j,\boldsymbol{Q})=\sum_{i=1}^{n}\alpha_{ji}\boldsymbol{Q}_i \tag{8.14}$$

当段落和问题序列通过注意力机制后,神经阅读理解模型就能学习到两者之间单词级别的权重状态,这大大提高了最后答案预测或生成的准确率。

2) 自注意力机制

在计算上下文编码时,RNN 以线性方式传递单词信息。在这个过程中,一个单词的信息随着距离的增加而衰减,特别是当文章较长时,靠前部分的语句和靠后部分的语句几乎没有进行有效的状态转递。但是在一些文章中,要获得答案可能需要理解文章中若干段相隔较远的内容。

为了解决这个问题,可以使用自注意力机制。首次将自注意力机制运用于机器阅读理解任务的是 Wang 等[30]在 2017 年提出的 R-Net 模型,他们认为:段落中的单词与单词之间能够通过注意力机制实现单词匹配(aligned),进而聚合来自段落不同部分的信息。Wang 等将段落的自注意力机制形式化表示成如下形式:

$$S_{ji} = f_{\text{MLP}}(\boldsymbol{C}_j, \boldsymbol{C}_t) = \boldsymbol{V}^{\text{T}} \tanh(\boldsymbol{W}^c \boldsymbol{C}_j + \boldsymbol{W}^{\hat{c}} \boldsymbol{C}_t) \tag{8.15}$$

$$\alpha_{ji} = \text{softmax}(S_{ji}) = \frac{\exp(S_{ji})}{\sum\limits_{i=1}^{m} \exp(S_{ji})} \tag{8.16}$$

$$\hat{\boldsymbol{C}}_j = \text{Attention}(\boldsymbol{C}_j, \boldsymbol{C}) = \sum\limits_{i=1}^{m} \alpha_{ji} \boldsymbol{C}_i \tag{8.17}$$

其中,S_{ji} 表示段落中第 j 个单词对整个段落 $\boldsymbol{C}_1, \boldsymbol{C}_2, \cdots, \boldsymbol{C}_t, \cdots, \boldsymbol{C}_m$ 的注意力值。经过自注意力机制计算后,得到融合了段落自身加权表示的自感知的段落表示 $\hat{\boldsymbol{C}}_1, \hat{\boldsymbol{C}}_2, \cdots, \hat{\boldsymbol{C}}_j, \cdots, \hat{\boldsymbol{C}}_m$。

最后,将单词与相应的注意力值按顺序进行拼接,作为 BiLSTM 的输入。除此之外,将自注意力机制应用于问题和段落拼接后的向量,不仅使模型学习到了问题和段落内部的融合信息,还同时学习到了问题和段落之间的交互信息。我们认为,注意力机制的另一个优点是大大增强了模型的可解释性,能够让研究者清楚地看到单词之间的关联程度。

4. 输出层

输出层主要用来实现答案的预测与生成,根据具体任务来定义需要预测的参数。

(1) 针对抽取式任务,神经阅读理解模型需要从某一段落中找到一个子片段(span or sub-phrase)来回答对应问题,这一片段将会以在段落中的首尾索引的形式表示,因此,模型需要通过获取起始和结束位置的概率分布来找到对应的索引。具体来讲,模型需要通过以下公式生成答案的起止索引,其中,W^{start} 和 W^{end} 是需要训练的参数:

$$p^{\text{start}}(i) = \frac{\exp(P_i W^{\text{start}} Q)}{\sum\limits_{u} \exp(P_u W^{\text{start}} Q)} \tag{8.18}$$

$$p^{\text{end}}(i) = \frac{\exp(P_i W^{\text{end}} Q)}{\sum\limits_{u} \exp(P_u W^{\text{end}} Q)} \tag{8.19}$$

(2) 针对完形填空任务,神经阅读理解模型需要从若干答案选项中选择一项填入问句的空缺部分,因此,模型首先需要计算出段落针对问题的注意力值,然后通过获取选项集合中候选答案的概率预测出正确答案:

$$\alpha_i = \frac{\exp(P_i W Q)}{\sum\limits_{t} \exp(P_t W Q)} \tag{8.20}$$

$$u = \sum\limits_{i} \alpha_i P_i \tag{8.21}$$

$$P(Y = a \mid p, q) = \frac{\exp(W_a^{\text{answer}} u)}{\sum\limits_{\tilde{a} \in A} \exp(W_a^{\text{answer}} u)} \tag{8.22}$$

其中，W、W_a^{answer} 和 $W_{\tilde{a}}^{\text{answer}}$ 是需要训练的参数，A 是候选答案集合。

(3) 针对多项选择任务，神经阅读理解模型需要从 k 个选项中选出正确答案，因此，模型可以先通过 BiLSTM 将每一个答案进行编码得到 a_i，之后与 u 进行相似度对比，预测出正确的答案：

$$P(Y=i \mid p,q) = \frac{\exp(a_i W^{\text{answer}} u)}{\sum\limits_{t=1,2,\cdots,k} \exp(a_t W^{\text{answer}} u)} \qquad (8.23)$$

其中，W 和 W^{answer} 是需要训练的参数。

(4) 针对生成式任务，由于答案的形式是自由的(free-form)，可能在段落中能找到，也可能无法直接找到而需要模型生成，因此，模型的输出不是固定形式的，有可能依赖预测起止位置的概率(与抽取式相同)，也有可能需要模型产生自由形式的答案(类似于 Seq2Seq)。

(5) 针对会话类和多跳推理任务，由于只是推理过程与抽取式不同，其输出形式基本上与抽取式任务相同，有些数据集还会预测"是/否"、不可回答以及"能否成为支持证据"的概率。

(6) 针对开放域的阅读理解，由于模型首先需要根据给定问题，例如，从 Wikipedia 上检索多个相关文档(包含多个段落)，再阅读并给出答案：

$$f(a \mid q) = \text{retrieve}(d_1,d_2,\cdots,d_n \mid q) + \text{read}(a_1,a_2,\cdots,a_n \mid q) + \text{rank} \qquad (8.24)$$

8.3.2　预训练模型

在 Google 公司提出 BERT 模型之前，就已有学者考虑使用高质量的预训练模型来提升后续任务的性能，例如 ELMo 和 GPT 模型[29]。但是由于 ELMo 仍然采用 LSTM 作为编码器，导致网络训练速度较慢，尤其是需要用到海量未标记语料来训练模型时；而 GPT 模型虽然采用了可以并行处理序列的 Transformer 架构，大大提升了训练效率，但是由于其为单向编码结构，导致序列中每一个 Token 只能通过自注意力机制注意到先前的 Token。因此，Google 提出了将上述两个模型结合的 BERT 预训练模型[30]。Bert 模型采用遮蔽语言模型(masked LM)的方法来解决完全双向编码机制隐含"自己看见自己"的问题，同时，采用连续句子预测(next sentence prediction)的方法将模型的适用范围从单词级别扩展到句子级别，这两项创新也使得 BERT 预训练模型能够充分利用并挖掘海量的语料库信息，从而大幅度提升包括机器阅读理解在内的 11 项下游任务的性能。接下来将详细阐述 BERT 预训练模型所用到的 3 类技术并分析其优势。

Transformer 架构[31]由 6 个相同的编码-解码模块组成，其中，每个编码模块包括了自注意力模块(self-attention)和前向神经网络模块(feed forward neural network)，每个解码模块包括了自注意力模块、编码-解码注意力模块(encoder-decoder attention)和前向神经网络模块，而其中，自注意力模块采用了多头注意力(multi-headed attention)机制，即采用 h 个不同的自注意力进行集成，多次并行地通过缩放点积(scaled dot-product)来计算注意力值：

$$\text{Attention}(Q,K,V) = \text{softmax}\left(\frac{QK^{\text{T}}}{\sqrt{d_k}}\right) \qquad (8.25)$$

$$\text{MultiHead}(Q,K,V) = \text{Concat}(\text{head}_1,\text{head}_2,\cdots,\text{head}_k)W^Q \qquad (8.26)$$

其中，d_k 为 $\boldsymbol{K}$ 的维度；$\text{head}_i = \text{Attention}(\boldsymbol{QW}_i^Q, \boldsymbol{KW}_i^K, \boldsymbol{VW}_i^V)$。

Transformer 架构最早是为了解决序列转换或神经机器翻译问题而设计的，在 Transformer 架构之前，NLP 领域中多数基于神经网络的方法是依赖于 RNN 或其变体对句子进行序列编码。尽管 RNN 结构在序列建模方面非常强大，但其序列性的特点也限制了模型的训练速度。而 Transformer 架构摒弃了 RNN 结构，采用了自注意力机制作为编码模块，这个变化为模型带来了两个优势。

（1）由于 Transformer 架构不需要循环处理单词序列，因此训练速度比 RNN 结构快很多。

（2）采用自注意力机制不仅能够让句子中单词与单词之间产生关联，还能通过权重系数计算出哪些单词之间的关联性更大，提高了模型的可解释性。

Transformer 架构的另一个里程碑式的创新之处在于：为基于海量未标记语料训练的预训练模型的构建提供了支持，进而使研究者们只需在对应的下游任务中微调预训练模型就能达到较好的效果。其中最具代表性的应用就是通过基于 Transformer 架构的预训练模型来提升词表达能力：通过自注意力机制，可以在一定程度上反映出一句话中不同单词之间的关联性以及重要程度，再通过训练来调整每个词的重要性（即权重系数），由此来获得每个单词的表达。由于这个表达不仅仅蕴含了该单词本身，还动态地蕴含了句子中其他单词的关系，因此相比于普通的词向量，通过上述预训练模型得到的上下文词表达更为全面。

完全双向模型的性能必定比单向模型（如 GPT）或不完全双向模型（如 ELMo）更好，而一旦采用了完全双向模型，随着网络层数的增加，势必会出现"自己看见自己"的问题，这就使模型失去了意义（目标是通过训练学习到词与词之间蕴含的未知关系）。针对上述问题，Devlin 等受完形填空任务的启发，提出了采用 Masked LM 的方式来训练模型。他们将输入 Tokens 中的 15% 进行随机遮蔽处理，用[MASK]标记替代。进一步地，为了解决预训练模型中若完全使用[MASK]标记则会导致后续任务不能很好地进行模型微调的问题（因为后续任务微调中并不会出现[MASK]这一标记），进行了如图 8-2 所示的改变。

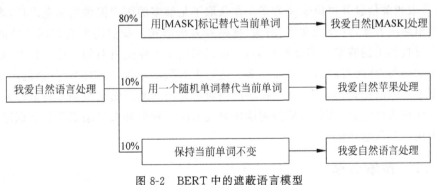

图 8-2　BERT 中的遮蔽语言模型

通过上述变化，使得 Transformer 架构不知道哪个单词需要被预测，哪个单词已经被替换。因此，BERT 不仅解决了完全双向模型"自己看见自己"的问题，还"被迫"保证了每一个输入 Token 都能保持分布式的上下文表征状态。

8.4 应用以及未来

机器阅读理解利用人工智能技术为计算机赋予了阅读、分析和归纳文本的能力。随着信息时代的到来,文本的规模呈爆炸式增长。因此,机器阅读理解带来的自动化和智能化恰逢其时,在众多工业界领域和人们生活中的方方面面都有着广阔的应用空间。例如,搜索引擎可以利用文本理解为用户返回更相关的结果;语文教学可以使用阅读理解自动批改学生的作文;医疗领域可以通过分析患者症状和就医历史实现自动诊疗等。但同时也应该看到,这个领域仍有许多没有解决的问题,例如,阅读中的知识和推理,文本与语音图像等多模态信息的结合等。本章将介绍机器阅读理解在各种垂直产业领域的应用,并列举机器阅读理解研究面临的挑战及今后的发展方向。

8.4.1 智能客服

一直以来,客户服务都是企业运营中的痛点。由于客服依赖人工服务,一方面,客户的等待时间一般较长,而且客服的水平参差不齐,造成客户的满意度下降;另一方面,企业需要投入大量的资金运营客服部门,这对于成本控制来说是一个很大的挑战。所以,将客服工作用高效的计算机模型自动化有着非常重要的实际意义。

早期的智能客服一般为交互式语音应答(Interactive Voice Response,IVR)。IVR系统预先录制或用语音系统生成各项服务内容。用户在电话咨询时通过按键控制导航菜单,与系统进行交互并获取所需信息。这种系统可以自动处理较为简单的查询,而需要人工操作的服务则转接客服人员解决,节省了企业成本和用户等待时间。

然而,在很多情况下,由于企业产品的功能繁多,客户需要解决的问题十分复杂,系统必须与客户进行交流获得更多信息才能完成任务。这些问题都无法通过简单的IVR系统解决。因此,基于人工智能的客服聊天机器人应运而生。

客服机器人是一种基于自然语言处理的拟人式服务,通过文字或语音与用户进行多轮交流,以获取相关信息并提出解决方案。在获取了足够多的用户提供的信息之后,客服机器人需要给出解决方案,这包括文字、图像、视频等多种形式。我们需要根据用户的问题在产品文档中寻找相关的答案。当文档较多时,可以采用文本库式机器阅读理解模型,即首先检索出相关的段落,然后在段落中寻找答案。这对于客服问题较多、结构较复杂的产品尤为有效。根据80/20法则,机器阅读理解模块所面对的客服问题虽然出现频率较低(20%),但问题数量占比很大(80%)。因此,机器阅读理解技术能有效弥补人工编辑产品知识库的不足,灵活地为用户的问题产生解答。

8.4.2 搜索引擎

机器阅读理解在搜索引擎中的一个重要应用就是智能问答。在搜索中一种常见的场景是,用户发出的查询为问题形式,例如"中国的首都是哪里"等,在这种情况下,如果将网页内容视为文章,将用户查询视为问题,搜索的任务就是在文章中找到一段可以回答所查询问题的文本作为答案。这可以使用阅读理解模型产生区间式答案或者生成答案文本。百度搜索引擎对查询"中国的首都是哪里"直接返回正确答案"北京",其原理就是利用机器阅读理解算法在相关文档中搜寻可能的答案,在可信度高的情况下直接输出。

机器阅读理解还可以用于搜索结果片段的展示。为了提供给用户更多的信息,搜索引擎往往同时展示每个返回结果的标题、网址和与查询最相关的片段。其中,片段为页面内容中和查询最相关的部分,并且高亮显示查询中的关键词。这种片段的产生与区间式答案的阅读理解任务非常相似,需要模型在页面中找到与页面最相关的一段文本,为用户选择结果提供有效的信息。因此,模型选择片段的准确率和搜索引擎的质量联系密切。所以,许多搜索引擎公司为搜索场景设计了阅读理解任务和竞赛,以推动相关算法的发展。

8.4.3 教育

训练机器阅读理解的过程可以看作计算机学习语言和文本模型的过程。而当一个阅读理解模型训练完成后,它可以反过来辅助人类学习阅读和写作。因此,机器阅读理解在教育领域有着广阔的应用前景。

机器阅读理解在教育中的一个典型的应用就是作文自动批阅。中小学生在学习母语和外语时需要经常进行作文练习。由于作文的逻辑性要求较强,且长度较长,给老师的批阅工作带来了很大挑战。而利用机器阅读理解模型可以对作文进行自动批阅并给出打分和评语,大大加快了批阅速度,并可以让学生随时随地得到写作反馈。作文质量的评判一般有两个标准:语言正确性(correctness)和语义连贯性(coherence)。语言正确性包括拼写检查、语法检查等,这些检查可以利用字典及语言模型得到较好结果。而语义连贯性要求文章逻辑通畅、语义清晰,是更高层次的要求。

2018 年,来自剑桥大学的研究人员提出了一个自动作文批阅模型,可以同时检查作文的语言正确性和语义连贯性。其中,模型使用 RNN 判断语言的正确性,然后采用词-句子-句群的三层结构判断文章的语义连贯性。模型使用 RNN 最后一个单元的状态向量表示句子,然后利用卷积神经网络 CNN 得到句群的连贯性打分。因此,这个模型可以检测出语言正确但语义不连贯的作文,例如,将一个高分作文的句子打乱顺序后形成的新文章。

自动作文批阅模型可以作为学生写作时的助手,用于自动修改语法错误、个性化总结易错知识点。如果加上语音识别和语音合成技术,就可以帮助学生在听、说、读、写等各个方面获得提高,并且随时随地提供服务。利用机器视觉技术还可以直接识别手写内容,让学生及时获得反馈。这些技术与当前流行的在线教育结合,很有可能在不久的将来对教育行业产生颠覆性的影响。

8.4.4 机器阅读理解面临的挑战

机器阅读理解是当今计算机自然语言处理领域的核心难点问题,该问题的解决具有重要的理论意义和良好的应用前景。尽管基于神经网络的机器阅读理解在近几年来发展迅速,人们在构建各种各样的大规模 MRC 数据集的同时,性能更高的神经阅读理解模型也被不断提出,两者相辅相成,共同推进着 MRC 领域的发展,然而使机器达到真正的人类阅读理解水平,研究者们还有很长的路要走。目前机器阅读理解任务仍处于研究探索阶段,还存在许多问题与挑战。

1. 模型缺乏深层次的推理能力

早期的数据集中存在的问题仍然没有得到真正的解决,即使更具挑战性的数据集正在被不断地提出。针对 SQuAD 数据集,虽然现有的模型已经获得了超过人类水平的性能,但仔细研究后发现,这些模型仍然会犯很多低级的错误,比如,模型无法理解"B defeated A"就是"B won"的意思,且涉及"比较类"问题就常会出错等。这表明,现有模型仅仅是做到了更完善、更复杂的浅层次匹配,对于段落与问题之间内在含意的深层推理能力仍非常薄弱。

2. 模型的鲁棒性与泛化能力太差

通过对抗性实验发现:如果在段落末尾加入一些无关句子(distracting sentence),这些句子与问题会有一些单词重叠但不影响答案的正确性,这时,当前的模型性能就会急剧下降近一半;而当这些句子是不符合语法的单词序列时,模型的性能会进一步下降。这说明,现有的模型鲁棒性太差,一旦数据集带有噪声,其性能就会急剧下降,导致无法将该模型部署到实际应用中。除此之外,如果将已经训练好的模型应用于其他不同文本来源和构造方法的数据集,其性能也会急剧下降,这表明,现有模型的泛化能力太差。

3. 对于模型来说,是表征重要还是架构重要

通过对神经阅读理解模型的归纳分析后发现:为了更好地捕捉段落和问题的相似度,研究者们提出了越来越复杂的注意力机制。这样做确实可以在一定程度上提高模型的性能,但 Devlin 等却表示:在海量文本语料库上预训练一个架构简单的深度语言模型(BERT),即使不需要对段落和问题进行任何融合操作,也可以通过参数微调(fine-tuned)获得非常好的性能。然而通过分析经典数据集的相关研究后发现:虽然基于 BERT 所构建的模型能够在榜单上达到非常优异的排名,但这类模型或未能形成文献形式而被发表,或在消融实验时被发现去掉 BERT 后性能会大幅下降。那么究竟该如何平衡两者之间的关系,在利用好 BERT 的同时思考如何优化网络架构,从而进一步提升基于 BERT 的模型的性能,而不是仅仅把 BERT 当成提高模型性能的唯一方法?这在未来仍然是一个问题。

4. 模型的可解释性太差

现有模型对后答案的预测并没有提供充分的理论依据,即目前端到端神经网络的黑盒模型弊端在神经阅读理解模型中仍然存在,这会降低模型使用者对其的信任程度,从而难以在如医学、法律等敏感领域进行实际应用部署。

参考文献

[1] Welin C W. Scripts,plans,goals,and understanding:An inquiry into human knowledge structures[J]. American Journal of Psychology,1977,92(1):176.

[2] Berant J,Chou A K,Frostig R,et al. Semantic parsing on freebase from question-answer pairs[C]// Proceedings of Conference on Empirical Methods in Natural Language Processing,2013.

[3] Hermann K M,Kociský T,Grefenstette E,et al. Teaching machines to read and comprehend[C]// Proceedings of the Neural Information Processing Systems,2015.

[4] Lehnert W G. The process of question and answering [D]. New Haven:Yale University,1977.

[5] Hirschman L,Light M,Breck E,et al. Deep read:A reading comprehension system[C]//Proceedings of the 37th Conference of Annual Meeting of the Association for Computational Linguistics,1999.

[6] Caruana R,Niculescu-Mizil A. An empirical comparison of supervised learning algorithms[C]// Proceedings of the Conference on Machine Learning,2006.

[7] Richardson M,Burges C,Renshaw E. MCTest:A challenge dataset for the open-domain machine comprehension of text[C]//Proceedings of the Conference on Empirical Methods in Natural Language

Processing,2013.

[8]   Narasimhan K,Barzilay R. Machine comprehension with discourse relations[C]//Proceedings of the Conference on International Joint Conference on Natural Language Processing,2015.

[9]   Sachan M,Dubey K A, Xing E P, et al. Learning answer-entailing structures for machine comprehension[C]//Proceedings of the Conference on International Joint Conference on Natural Language Processing,2015.

[10]   Wang H,Bansal M,Gimpel K,et al. Machine comprehension with syntax,frames,and semantics [C]//Proceedings of the Conference on International Joint Conference on Natural Language Processing,2015.

[11]   Hermann K M,Kociský T,Grefenstette E,et al. Teaching machines to read and comprehend[C]// Proceedings of the Neural Information Processing Systems,2015.

[12]   Rajpurkar P,Zhang J,Lopyrev K,et al. SQuAD：100000＋ questions for machine comprehension of text[C]//Proceedings of the Conference on Empirical Methods in Natural Language Processing,2016.

[13]   Devlin J,Chang M W, Lee K, et al. BERT：Pre-training of deep bidirectional transformers for language understanding[EB/OL]. https：//arxiv. org/abs/1810. 04805.

[14]   Joshi M,Choi E,Weld DS,et al. TriviaQA：A large scale distantly supervised challenge dataset for reading comprehension [C]//Proceedings of the Annual Meeting of the Association for Computational Linguistics,2017：1601-1611.

[15]   Yang Y,Yih W,Meek C,et al. WikiQA：A challenge dataset for open-domain question answering [C]//Proceedings of the Conference on Empirical Methods in Natural Language Processing,2015.

[16]   Trischler A,Wang T,Yuan X,et al. NewsQA：A machine comprehension dataset[C]//Proceedings of the 2nd Workshop on Representation Learning for NLP,2017.

[17]   Rajpurkar P,Jia R,Liang P. Know what you don't know：Unanswerable questions for SquAD[C]// Proceedings of the Annual Meeting of the Association for Computational Linguistics,2018.

[18]   Dunn M,Sagun L,Higgins M,et al. SearchQA：A new Q&A dataset augmented with context from a search engine[EB/OL]. https：//arxiv. org/pdf/1704. 05179. pdf.

[19]   Welbl J,Liu NF,Gardner M,et al. Crowdsourcing multiple choice science questions[C]//Proceedings of the Workshop on Noisy User generated Text,2017.

[20]   Clark P,Cowhey I,Etzioni O,et al. Think you have solved question answering? Try ARC,the AI2 reasoning challenge[EB/OL]. arXiv：Artificial Intelligence,Springer-Verlag,2018.

[21]   Lai G K,Xie Q Z,Liu H X,et al. RACE：Large-scale reading comprehension dataset from examinations[C]//Proceedings of the Conference on Empirical Methods in Natural Language Processing,2017.

[22]   Hill F,Bordes A,Chopra S,et al. The goldilocks principle：Reading children's books with explicit memory representations[C]//Proceedings of the International Conference on Learning Representation,2016.

[23]   Xie Q,Lai G,Dai Z,et al. Large-scale cloze test dataset created by teachers[C]//Proceedings of the Conference on Empirical Methods in Natural Language Processing,2018.

[24]   Kociský T,Schwarz J,Blunsom P,et al. The NarrativeQA reading comprehension challenge[J]. Transaction of the Association for Computational Linguistics,2018：317-328.

[25]   Cui Y,Liu T, Chen Z, et al. Consensus attention-based neural networks for Chinese reading comprehension[C]//Proceedings of the International Conference on Computational Linguistics,2016.

[26]   He W,Liu K,Liu J,et al. DuReader：A Chinese machine reading comprehension dataset from real-world applications[C]//Proceedings of the Workshop on Machine Reading for Question Answering,2017.

[27]   Sukhbaatar S, Szlam A, Weston J, et al. End-to-end memory networks [C]//Proceedings on

Conference and Workshop on Neural Information Processing Systems,2015.

[28] Wang S,Jiang J. Machine comprehension using match-LSTM and answer pointer[C]//Proceedings of the International Conference on Learning Representation,2017.

[29] Wang W H,Yang N,Wei F R,et al. Gated selfmatching networks for reading comprehension and question answering[C]//Proceedings of the Annual Meeting of the Association for Computational Linguistics,2017.

[30] Radford A,Narasimhan K,Salimans T,et al. Improving language understanding by generative pre-training. 2018 [EB/OL]. https://www. cs. ubc. ca/~amuham01/LING530/papers/radford2018 improving. pdf.

[31] Vaswani A,Shazeer N,Parmar N,et al. Attention is all you need[C]//Proceedings on Conference and Workshop on Neural Information Processing Systems,2017.

第9章

自动文摘和文本生成

文摘是文章内容的浓缩,它简洁、准确地表达了文章的主题。一方面,人们可以通过阅读文摘了解文章的主体内容,提高阅读的效率,也提高了文献资源的利用率;另一方面,文摘提高了信息的传播速度,人们在获取对自己有用信息的同时能更快速地将有效信息传播出去。大数据时代,网络上的文本信息爆炸式的增长,传统的手工文摘开始落后于时代的发展,无法快速得到大样本的摘要,因此自动文摘的研究成为具有重要用途的研究课题。本章对自动文摘的相关概念、基本方法和相关研究作简要介绍。

文本自动生成是自然语言处理领域的一个重要研究方向,实现文本自动生成也是人工智能走向成熟的一个重要标志。简单来说,我们期待未来有一天计算机能够像人类一样会写作,能够撰写出高质量的自然语言文本。文本自动生成技术极具应用前景。例如,文本自动生成技术可以应用于智能问答与对话、机器翻译等系统,实现更加智能和自然的人机交互;也可以通过文本自动生成系统替代编辑实现新闻的自动撰写与发布,最终将有可能颠覆新闻出版行业;该项技术甚至可以用来帮助学者进行学术论文撰写,进而改变科研创作模式。本章主要介绍基于主题的文本生成。

9.1 自动文摘概述

9.1.1 自动文摘任务

自动文摘也称为文本自动摘要(automatic summarization abstracting),该技术是利用计算机自动实现文本分析、内容归纳和摘要自动生成。概括文本的内容可以有多种方式,其中最主要的方法就是形成文本摘要,文本摘要是准确、全面地反映某一文章中心内容的简洁连贯的短文,与索引相比更能满足信息获取的要求。自动文摘是计算语言学和情报科学共同关注的课题。理论上,对自动文摘的研究有助于探讨人们理解和概括自然语言文本,并从中获取知识的认知模型。从实际上说,使用文摘技术能够大幅度降低形成文本摘要的成本和时间,对文档进行压缩表示,更好地帮助用户浏览和吸收大量文本信息。

自动文摘的 3 个步骤如图 9-1 所示。文本分析过程是对原文本进行分析处理,识别冗余信息,文本内容的选取和泛化过程是从文档中辨认重要信息,通过摘录或概括的方法压缩成本,或者通过计算分析的方达形成文摘表示,文摘的转换和生成过程实现对原文内容的重组或者根据内部表示生成文摘,并确保文摘的连贯性。文摘的输出形式依据文摘的用途和用户需求确定,由于不同的系统所采用的具体实理方法不同,因此,在不同的系统中,上述几个模块所处理的问题和采用的方法也有所差异,例如,在基于句子抽取的多文档文摘系统中,其基本思想是通过计算句子之间的相似性,抽取文摘句,然后对文摘句排序的方法生成最后的文摘,因此,其核心技术集中在句子相似性计算、文摘句抽取和文摘句排序 3 个问题上,并不需要经过文摘表示这一中间环节。

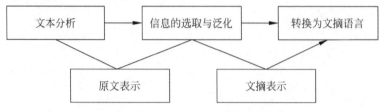

图 9-1　自动文摘的处理过程

9.1.2　自动文摘发展及分类

自动文摘的概念是由 Luhn 首先提出的。1958 年,Luhn 在 IBM704 机器上进行第一次自动文摘实验并发表了相关论文[1],从此拉开了计算机实现文本自动摘要研究的序幕。该研究首先使用词频来识别文本中的重要词,然后根据给定句子中重要词的数量和词之间的接近程度来确定这些句子的重要性,最后按照重要性排序输出句子集合作为摘要。进入 20 世纪 90 年代,随着 Internet 的发展,自动文摘的价值得以充分显露,1993 年 12 月在德国 Wadern 召开了以历史上第一次以自动文本摘要为主题的国际研讨会,1995 年,国际期刊 *Information Processing & Management* 出了一期专刊,题目为 Summarizing Text,编者在序言中指出,这一专刊的出版标志着自动文摘的时代已经到来,自动文摘的研究进入了前所未有的繁荣期。

随着机器学习的迅速发展,研究者们又将注意力转移到借助机器学习上。在机器学习中,自动摘要问题被转化成一个二分类问题,一个句子只有两种可能,是或不是摘要句。文章首先经过人工标注后,机器学习程序会把具有某些特征的句子判定为摘要句。

Kupiec 等[2]在 Edmundson 的基础上添加了句子长度和大写字母词语出现频率的新特征,并运用朴素贝叶斯分类器计算出句子是摘要句的概率,从而获取摘要句。Aone[3]引入 TF-IDF(Term Frequency-Inverse Document Frequency)特征进行人工标注,以此来计算句子的摘要概率。TF-IDF 综合考虑了词频与词的独特性,有些词语虽然出现频率很高,但是属于平时常用词语,并没有独特的含义,因此这类词语并没有代表性。而 TF-IDF 考虑了词汇在语料库中的频率,具有代表性的词汇应该与这个频率成反比,即一篇文章中具有代表性的词语应该尽可能只出现在这一篇文章中,而不是所有文章中都有。Lin 等[4]通过决策树算法优化特征选取,从而选出摘要句。Conroy 等[5]尝试使用 HMM 模型来解决摘要问题,并引入句子内的词语数、词语与文章的相似度、句子的位置 3 个特征。Erkan 和 Radev[6]借鉴 PageRank 的思想提出了 TextRank 和 LexRank 算法,其思路是把摘要问题转化成图,把句子当成点,句子之间的关系当作边,然后利用 PageRank 算法求得顶点权重,最后生成摘要。

随着深度学习技术的发展,深度学习的相关技术被引入自然语言处理领域。2014 年,Google Brain 团队提出了序列映射模型 Seq2Seq 并引入注意力机制,将该模型运用在机器翻译任务当中,其实验结果表明该方案足以战胜基于统计学的传统机器翻译方法,开启了自然语言处理领域中端到端网络的火热研究。2015 年,Facebook 公司的 Rush 等[7] 率先将深度学习相关技术用于生成式自动摘要的研究,采用了卷积神经网络编码原文信息,上下文相关的注意力前馈神经网络生成摘要。其结论表明采用序列映射框架来解决自动摘要问题是可行且有效的。

2016 年,Hu 等[8] 贡献了一个新的中文摘要数据集 LCSTS(A Large Scale Chinese Short Text Summarization Dataset),并分别采用字和词语作为最小语义单元进行实验,由于中文汉字个数远比词汇数小,因此采用字为语义单元的方法得出了更好的结果。Chopra 等[9] 使用卷积神经网络对原文进行编码,但用 RNN 来生成摘要,极大地改进了摘要效果。其结论表明采用 RNN 处理序列化信息会在一定程度上提升摘要质量。Ayana 等[10] 以 Rouge 评价指标为目标函数,最终得出的结果在 Rouge 评价指标中刷新了纪录,其实验结论带给研究者们一个新的思路,如果能够开发一种更加科学的评价系统,那么模型的性能将会得到更大的提升。Gu 等[11] 提出了 Copynet 方法来解决词表越界问题。该方法采用复制方式模拟人类死记硬背的过程,可以将原文中超出词表的词语直接复制到摘要句当中,避免摘要句出现乱码字符。

IBM 公司的 Nallapati 等[12] 采用双向 RNN 结构对原文进行编码,改善了一般 RNN 注意力偏后的问题。同时对词特征、停用词、文档结构等有用信息进行利用,其结果明显优于单纯使用深度神经网络的效果。

Zeng 等[13] 提出了 Read Again 的编码器机制。他指出,RNN 在生成某个时刻的中间语义时只考虑了之前的信息,并没用考虑整篇文章的信息,双向 RNN 得到的中间语义也是如此。因此他提出使用 RNN 先阅读一遍全文得到全局信息,再将全局信息融入每个时刻的语义信息中。Yasumasa 等[14] 采用了一种字词混合模型。自动摘要任务词汇表的构建一般选择高频词汇,非高频的词汇将用同一个向量表示,这样做会导致词汇大量减少,使得模型的语言表达能力下降。如果采用字构建词汇表,那么虽然由于字的个数少,一般词汇表的大小可以容纳,但字本身的语言表现能力明显不如词汇丰富。字词混合模型结合了这两者的优点,采用一个门机制控制字词模式的切换,扩展了研究者们的思路。

Google 公司在 2016 年开源了其自动摘要模块的项目[15]。该模块使用两个独立的 RNN 分别作为编码器和解码器,并在摘要生成的最后阶段使用集束搜索(beam-search)策略来提高摘要准确度。集束搜索是一种启发式图搜索算法,在每次深度扩展时都会舍弃一部分评分低的点,保留评分高的点,减少空间消耗,节省时间。

Facebook 的人工智能实验室在 2017 年提出使用卷积神经网络代替双向 RNN 作为编码器,并在机器翻译领域取得了很好的成果[16],同年又公布了其摘要模型,该模型同样采用卷积神经网络作为编码器,在词向量中加入词语的位置信息来模拟 RNN 的时序特性,采用线性门控单元(Gated Linear Unit,GLU)作为门结构[17],并在自动摘要数据集上刷新了纪录。

Kyuyeon 等[18] 分析了以字或词为最小语义单元的两个摘要方案,指出"字"的方案虽然能很好地解决超出词汇表的问题,但往往效果比"词"的方案差。他们提出了一种层次模型来兼顾这两种模式的优点,取得了不错的成果。

2019 年,国防科技大学联合微软人工智能实验室[19]首次将 BERT 模型应用在摘要任务中,实验表明,该模型在 CNN/Daily Mail 和 New York Times 数据集上取得了最好的记录。Zhang 等[20]提出了一种全新的解码器——双向 RNN 解码器,并提出了双向集束搜索算法,其提出的模型在机器翻译和文本摘要任务中均获得了明显的效果提升。Kim 等[21]提出了多级存储网络,并使用这种结构代替 RNN 作为编码器生成摘要,利用卷积网络控制词,句子到段落级别的语义表示,并取得了很好的成果。

北京大学联合腾讯人工智能实验室、京东人工智能实验室以及阿里巴巴新加坡机器智能技术中心[22]的研究发现,传统的摘要模型在形成摘要时并没有考虑到读者信息,因此而生成了质量较差的摘要,由此提出了读者感知的摘要生成方案,利用读者评论协助模型生成摘要。

我们可以根据自动文本摘要技术本身的特点对其进行分类。根据摘要的主题聚焦性,自动文本摘要可分为普适摘要和查询相关的摘要。其中,普适摘要会尽量覆盖文章中的所有主题并将冗余最小化;而查询相关的摘要则是抽取文章中和查询词紧密相关的内容。根据摘要所覆盖的文档数量,自动文本摘要可以分为单文档摘要(single-document summarization)与多文档摘要(multi-document summarization)。单文档摘要技术为单个文档生成摘要,而多文档摘要技术则为多个主题类似的文档产生摘要。根据文摘的功能可以分为指示型(indicative)文摘、报道型(information)文摘和评论型(evaluative)文摘。

自动文摘还可以按实现方式分为抽取式(extractive)和生成式(abstractive)。抽取式自动文摘直接从原文中抽取若干词语、句子或段落等作为摘要,常用的方法包括基于图的方法、基于中心性的方法和基于语料库的方法。而生成式自动文摘则需要在对文本进行语义理解后,应用自然语言生成的算法,通过转述、同义替换、句子压缩等技术,生成更凝练简洁的摘要。抽取式文摘和生成式文摘效果对比如表 9-1 所示。

表 9-1　抽取式文摘和生成式文摘的对比

原文	McDonald's says The company says it expect the new Artisan Grilled Chicken' to be in its more than 14. 300 U S stores by the end of next week,in products including a new sandwich,as well as existing sandwiches wraps and salads It says the biggest change is the removal of sodium phosphates which it said was used to keen the chicken monist in favor of vegetable starch The new recipe also does not use maltodextrin which McDonalds said is generally used as a super to increase browning or as a carrier for seasoning Jessica Foust. Rector of culinary innovation at McDonald's. Said the changes were made because customers sad they want simple,clean in gradients they are familiar with…
抽取式自动文摘	The company says it expects the new Artisan Grilled Chicken 'to be in its more than 14,300 U. S. stores by the end of next week,in products including a new sandwich,as well as existing sandwiches,wraps and salads. It says the biggest change is the removal of sodium phosphates,which it said was used to keep the chicken moist,in favor of vegetable e star Ch. The new recipe also does not use m alto dextrin which McDonald's said is generally used as a sugar to increase browning or as a carrier for seasoning
生成式自动文摘	McDonald's says it expects the new' Artisan Grilled chicken to be in its more than 14, 300 U. S. stores by the end of next week. The company says the changes were made because customers said they want ' ample,clean ingredients' they are familiar with

与抽取式自动文摘相比,生成式自动文摘在思想上更接近人工摘要的过程,因而具有重要研究意义。但历史上,受限于传统方法很难实现生成式自动文摘所需要的文本表征、理解和生成能力,使得该领域的发展一直比较缓慢,生成式的效果也通常差于抽取式。近几年伴随着深度学习方法的发展,基于深层神经网络模型的生成式自动文摘有了令人瞩目的发展,在 DUC 测试集上已经超越了最好的抽取式模型,未来的自动文摘研究也将主要集中于深度学习方法上。

9.2 生成式摘要

9.2.1 问题与方法

在抽取式自动文摘中,一般认为文档的核心思想可以用文档中的某一句或几句话来概括,将摘要任务转变为文档中冗余句的识别和重要句的选取问题,主要关注句子的相似度计算(如余弦相似度、词重叠、隐含狄利克雷分布和 KL 散度等)和句子排序算法(如贪心算法、基于中心性的方法、基于图的方法和基于权重-频次的方法等),文本的特征表示方案包括 TF-IDF、Word2Vec 和潜在语义分析(Latent Semantic Analysis,LSA)等。抽取式方法不需要进行复杂的语义分析,能适应大多数文本对象的特征规律,因而具备较好的通用性。但因为各个句子都是从不同的位置中选择出来的,缺乏一定的逻辑次序,连接起来的句子由于脱离上下文语境而难以理解,很多时候还会产生语义错误。此外,按照重要性排序选取前 N 个句子作为摘要结果,也常常会影响文摘的全面性和简洁性。

不同于抽取式自动文摘对文本内容的"浅层"理解,生成式自动文摘需要对文本进行深入的语义分析等"深层"理解后生成摘要。经典的生成式方法需结合语言学知识和领域知识进行推理和判断。在文本分析阶段,利用知识库中的词典、语法规则对文本进行语法分析,形成语法结构树;在表示变换阶段,通过知识库中的语义知识对文本进行标注,表示出词间依赖关系、句子间衔接关系和段落间逻辑关系,将语法结构树转换成语义表示(如语义网络),并结合领域知识和上下文语境进行判断和推理后提取出关键信息;在摘要合成阶段,将关键信息转换为一段完整连贯的文字输出。生成式自动文摘虽然结果质量较高,但其不足在于领域严格受限,必须依赖大规模真实语料库和专业领域知识库,传统的方法和技术也一直没有产生本质性的突破,使其在较长一段时间内发展缓慢。

近年来,随着深度学习方法在生成式自动文摘任务中不断研究与应用,通过其深层神经网络来表征输入的数据,模型不再完全依赖于领域的特征,实用性得以大幅提升。在该类方法中,将生成式自动文摘转换为 Seq2Seq 问题,基本结构主要由编码器和解码器组成,如图 9-2 所示。编码器将文档表示成 Sequence 粒度的若干带有语义向量的输入序列,解码器则从输入序列中提取重要内容,生成文本摘要输出。在该 Seq2Seq 结构中,编码器和解码器通常由 RNN 或 CNN 实现。同时,为了进一步提升模型的效果,解决生成摘要时出现的不通顺、重复词句等问题,一般还会加入注意力函数提升训练效率等。

图 9-3 展示了一个基于深度学习的生成式自动文摘实例,输入的句子(见图 9-3 中的纵坐标)为 Russian defense minister Ivanov called sunday for the creation of a joint front for combating global terrorism,生成的摘要(见图 9-3 中的横坐标)为 russia calls for joint front

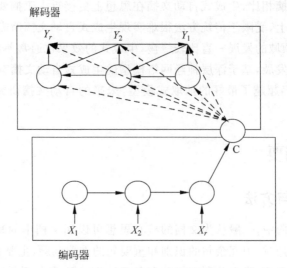

解码器

编码器

图 9-2　深度学习的序列模型

against terrorism。而矩阵中每一列代表生成词对应输入词的注意力分配概率,颜色越深代表概率越大。

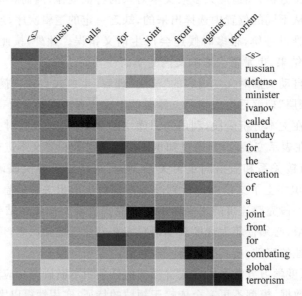

图 9-3　基于深度学习的生成式自动文摘实例

　　在生成式自动文摘任务中,Rush 等是较早使用深度学习方法的代表性研究之一,此后,产生了许多有价值的研究。这些研究中模型构建的基本思路为:

　　(1) 选择一个大型语料库作为训练集和测试集;

　　(2) 选择合适的编码器,如 RNN 和 CNN 等,将文本输入编码到语义空间,得到一个固定维数的语义向量;

　　(3) 选择合适的解码器,作用是相当于一个语言模型(language model),用来生成摘要词语(summary words);

（4）设计合适的注意力机制，基于输入中"注意力"更高的词来预测输出文本序列。

此外，还包括结合强化学习来提升模型训练效果等。

1. 基于 RNN 的生成式自动文摘模型

RNN 是一种对序列数据建模的神经网络，其特点是隐含层之间的神经元是有连接的，并且隐含层的输入不仅包括输入层的输出还包括上一时刻隐含层的输出。

编码器依次处理输入文本对象（如新闻文本）中的每个词，在输入层（input layer）通过嵌入将其表示成分布式的词向量（word vectors）形式；然后，使用多层神经网络将此分布式向量与前一个词（第一个词定义为 0 向量）通过前向传播组合生成隐含层。解码器将文本完全输入后的隐含层作为输入，并将序列结束（End-Of-Sequence，EOS）符也通过词嵌入表示成分布式向量形式；然后，解码器使用 softmax 层（以及结合注意力机制等）来生成摘要，即输出层（output layer）完成输出。模型训练时，目标文本（如新闻标题）的每个词以 EOS 符结尾，生成每个词之后，在下一个词生成时均以相同的词作为输入。

由于基本的 RNN 模型在训练的时候会遇到梯度爆炸（gradient explode）或梯度消失（gradient vanishing）的问题，导致无法训练，所以在实际中经常使用的是经过改进的长短时记忆或者门控循环单元以及双向（bi-directional）传播算法等对输入序列进行表示。

生成（generate）摘要时，模型需要生成新的句子（文本序列），计算时除考虑语言规则和上下文生成概率最高的词外，还需从较大的候选序列中搜索最优输出序列。常用的搜索算法包括贪心搜索（greedy search）、随机搜索（random search）和集束搜索（beam search）等。在贪心搜索算法中，语言模型根据前面已生成词与当前候选词的条件概率，每次都挑选出最大生成概率的词，加入到生成序列，这种算法简单明确，列举出所有候选句子并选择最优，但是可能会由于候选句子数量过大而使得计算时间成本过高。随机搜索算法是针对巨大数据规模下难以在一定时间内计算出精确结果的情况，采用随机策略求取近似解的方法，但求解过程中也很容易陷入局部最优。而集束搜索是一种启发式图搜索算法，在每一步搜索时，去掉生成概率较低的序列，保留 K 个概率较高的序列用于继续下一步搜索，最终达到算法结束条件找出最优解，该算法减少了空间消耗的同时提高了时间效率，在 Seq2Seq 模型生成摘要时常采用此算法。

在基于 RNN 的生成式自动文摘模型中，每个词都是按顺序输入网络的，RNN 记录了文本的序列信息，并在一定程度上解决了长距离依赖问题，但是由于每一时刻的状态值都需结合上一时刻的状态值，无法并行计算，因而限制了模型训练和生成摘要的效率，不适用于大样本数据。

2. 基于 CNN 的生成式自动文摘模型

不同于 RNN 直接处理时序数据，CNN 通过卷积核从数据对象中提取特征，间隔地对特征作用最大池化，得到不同层次的、由简单到复杂的特征，常用于图像任务。但通过文本的分布式向量表示，将一句话/一个词用一个实数矩阵/向量表示后，就可以使用 CNN 在文本任务中进行卷积应用。2016 年，Facebook AI Research（FAIR）将其加入 Seq2Seq 模型编码器，在与自动文摘序列生成原理类似的机器翻译任务中，达到了当年的最新水平（state-of-the-last）。

在基于 CNN 的生成式自动文摘模型中，最具代表性的是由 Facebook 于 2017 年提出的 ConvS2S 模型，它的编码器和解码器都采用了 CNN。在该模型中，输入层除了输入每个词的词向量(word vectors)外,还输入了词的位置嵌入(position embedding),两者拼接后形成该词的嵌入式(embeddings)使模型能够模拟 RNN 对词序的感知,并利用卷积模块对词嵌入(word embeddings)进行卷积(convolutions)和非线性变换。非线性变换将卷积后的结果变换成两部分,其中一部分使用 sigmoid 变换,并将其变换结果和另一部分向量按对应元素(element-wise)相乘,即模型中的点积处理。该模型还使用了残差连接(residual connection)构建更深的网络和缓解梯度消失/爆炸等问题。在 DUC-2004 和 Giga-word 数据集上取得了与 RNN 相似的 ROUGE 值,但训练速度却得到较大提升。

在序列建模时,虽然 CNN 不能直接处理变长的序列样本,其卷积层只能生成固定大小的上下文表征,但通过卷积层的叠加可以增加上下文大小表征,形成一种层级式结构,使得序列中的元素可以在层间并行化计算,并且还能在较短路径下解决元素之间的长距离依赖问题。由于具有可高度并行化的特点,因而基于 CNN 的生成式自动文摘模型训练比 RNN 更高效。但是,相比于 RNN 的链式结构,CNN 的这种层级式结构使得参数的调整量大增,需要使用很多调参技巧(trick),而在大数据量的样本上调参代价相应也会比较高。

9.2.2　文摘评测

如何对摘要生成的质量进行评价,也是自动文摘研究中一项较为困难的任务。摘要生成结果的判断标准具有很强的主观性,常常因人而异。为有效地推动自动文摘研究的发展,自 20 世纪 90 年代末开始,一些会议和组织开始致力于制定评价摘要的数据和标准,也有一些机构、企业和研究团队开放了自建的数据集,目前形成了一批较为常用的评价数据集和评价方法。英文数据集包括 DUC 会议的系列数据集(DUC 2001—2007)、TAC 会议的系列数据集(TAC 2008—2011)、CNN/Daily Mail 数据集、NYT 数据集和 Gigaword 数据集等;中文数据集包括哈尔滨工业大学从新浪微博上采集的中文短文本摘要数据集 LCSTS(Large Scale Chinese Short Text Summarization Dataset)、NLPCC 会议(NLPCC 2017, NLPCC 2018)的单文档摘要数据集和搜狗实验室的新闻数据集等。

传统的文摘评价方法主要由人工根据以下几个指标评价文摘的质量:一致性、间接性、文法合理性、可读性和内容含量。在 2005 年 NIST 组织的 DCU 评测中,人工评测指标包括如下 5 项:文摘的合乎语法性(grammaticality)、非冗余性(non-redundancy)、指代的清晰程度(referential clarity)、聚焦情况(focus)以及结构和一致性(structure and coherence)。但是,在针对大规模文本进行评测时,人工评价需要消耗大量的人力,实现起来比较困难。

文摘的自动评测方法研究引起了众多学者的关注。Jones and Galliers(1995)曾将文摘自动评估方法大致分为两类:一类称作内部(intrinsic)评价方法,与文摘系统的目的相关,它通过直接分析摘要的质量来评价文摘系统;另一类称作外部(extrinsic)评价方法,它是一种间接的评价方法,与系统的功能相对应,将文摘应用于某一个特定的任务中,根据摘要功能对特定任务的效果来评价自动文摘系统的性能,如对于信息检索任务而言,可以对比采用摘要进行检索与采用原文进行检索的准确率差异,通过文摘对检索系统的效果来评价文摘系统的性能。

内部评价方法可以按信息的覆盖面和精确率来评价文摘的质量,一般采用将系统结果与"理想摘要"相比较的方法。这种评价方法源于信息抽取技术。在信息抽取评测中,将原文的关键点抽取出来,然后与人工抽取的内容相比较,计算其召回率、精确率、冗余率和偏差率等指标。

这种内部评价方法存在的主要困难是"理想摘要"的获得问题。外部评测方法则与测试的特定任务密切相关。

一般地,内部评测方法又可分为两类:形式度量(form metrics)和内容度量(content metrics)。形式度量侧重于语法、全文的连贯性和组织结构;内容度量则更加复杂。一种典型的方法是,系统输出与一个或多个人工的理想摘要做逐句的或者逐片段的比较来计算召回率和精确率;另一种常用的方法包括 kappa 方法和相对效用(relative utility)方法,这两种方法都是通过随机地抽取原文中的一些段落,测试系统对应这些段落产生的摘要质量来评测系统整体性能的。在 2001 年和 2002 年的 DUC 评测中,NIST 使用了 SEE(Summary Evaluation Environment)来记录精确率和召回率值。当然,这些方法也同样存在手工抽取"理想摘要"的问题。

在摘要的自动评价方法中,目前最常用、也最受到认可的评价指标是 Lin 提出的 ROUGE(Recall-Oriented Understudy for Gisting Evaluation),其评价思想是计算生成摘要和参考摘要的重叠内容程度,包括 ROUGE-N(N 元语法共现)、ROUGE-L(最长公共子序列共现)和 ROUGE-W(ROUGE-L 基础上的连续匹配)、ROUGE-S(顺序词对统计)和 ROUGE-SU(ROUGE-1 和 ROUGE-S 的综合加权)。考虑到摘要结果的多样性,通常会使用几篇摘要作为参考和基准,以及加入预训练词向量使 ROUGE 评价时能兼顾到语义信息等。但是,在生成式自动文摘评价中,目前的自动评价方法仍然难以定量测试摘要的语法正确性(grammaticality)、语言连贯性(coherence)和关键信息完整度(informativeness)等方面。评价时除采用自动评价方法外,还常常结合人工评价的方法,通过设置评价指标和规则进行专家打分。

9.3 自动文本生成

9.3.1 自动文本生成概述

文本生成技术是自然语言处理领域的一个重要方向,实现文本自动生成也是人工智能走向成熟的一个重要标志[23]。按照不同的输入类别划分,文本生成技术可以分为文本到文本的生成、意义到文本的生成、数据到文本的生成、图像到文本的生成等,其中文本到文本的生成有着最为广泛的研究与应用。文本到文本的生成是指模型接收自然语言文本的输入,通过处理输出自然语言文本,这是人机交互最为直接的方式。

当前国内外针对文本生成技术的研究,按照文本生成的目标可以分为两类:通用文本生成技术的研究和特定任务场景下的文本生成技术的研究。通用文本生成技术的研究聚焦于语言模型的设计和训练,旨在通过对大规模通用语料的训练,使得模型能够掌握自然语言的语法和句法等结构,从而可以自动生成语法正确、连贯通顺的文本。具体任务下的文本生成技术的研究则聚焦于将通用的文本生成技术应用于具体的深度学习任务之中,如机器翻译、文本摘要、自动评论、对话系统等。

通用文本生成技术重点聚焦于生成模型的设计与训练,往往具有模型规模大、训练语料大的特点。这类技术研究不用于解决某种特定的任务,仅以生成结果是否通顺作为衡量模型好坏的标准。这类研究工作训练的模型通常被称为语言模型,语言模型的本质就是判断一个句子的出现是否合理。

　　语言模型的研究经历了语法规则模型、统计语言模型、神经网络语言模型。基于规则的语言模型通过人工定义的语法规则进行自然语言的判断与生成,随着时代的发展,语法规则急速膨胀,这种模型已经无法胜任。基于统计方法的语言模型通过对大量文本词语的共现次数进行统计,以为依据进行自然语言的生成,常见的模型如 N-gram 语言模型[24],然而这种语言模型通常会面临较为严重的稀疏性问题,且需要的训练语料也是很大的。基于神经网络的语言模型是随着近年来神经网络研究的发展而兴起的新方法,通常使用经典的神经网络如前馈神经网络(Feed forward neural networks,FFNN)[25]、CNN[26]、RNN[27]、Transformer[28]构建神经网络,通过读取文本的前几个词语,预测输出当前词语的概率。由于神经网络是在连续空间中进行计算,因此可以很好地解决使用基于统计的语言模型时所面临的稀疏性问题,但是一个显而易见的缺点就是模型参数数量十分庞大,同时由于语言模型的输出层需要使用 softmax 函数计算词表中所有词语的概率,因此计算量也是十分庞大的。基于语言模型的通用文本生成技术的研究开启了自然语言处理预训练模型的时代,越来越多的工作开始基于通用的语言模型进行特征提取,然后再使用提取出的文本特征做进一步的工作。

　　然而,要想把通用的文本生成技术应用到实际的生产生活中,更多的是需要对特定任务下的文本生成技术进行研究,即把通用的文本生成技术和特定的任务需要进行结合,设计出更加具体的文本生成模型。例如,文本摘要任务[29]要求模型阅读一篇较长篇幅的文本,然后生成较短的概括性的文字,一般有抽取式算法和生成式算法两种类型。抽取式摘要生成算法是指模型读取长文本后,通过某种方法从中抽取出若干条句子组成输出的摘要,通常可以分为两个步骤:第一步将待生成摘要的长文本的各个句子做重要度计算并排序;第二步则将重要度较高的句子进行重新组合,在兼顾句子通顺度的前提下输出结果。抽取式算法可以输出通顺明确的句子,但并不是严格意义上的生成算法。生成式算法则是使用深度模型对长文本进行语义特征表示,将自然语言形式的文本抽象成一个或若干语义向量,接着再使用另外一个模型将语义空间的抽象特征向量重新映射到自然语言的空间中,直接生成全新的摘要[30]。

　　生成式算法的处理过程更接近人的思维过程,即人通常先阅读长文本,并在大脑中形成对这篇长文本的语义印象,接着人会直接根据大脑中的印象组织语言得出对长文本的摘要。生成式算法可以输出原创的摘要,符合常规的摘要过程,但是往往需要面临语句不够通顺的问题。下面以基于主题的文本生成技术为例介绍具体的文本生成模型。

9.3.2　基于主题的文本生成

　　如图 9-4 所示,目前基于主题的文本生成框架主要包含 3 个步骤,分别为主题理解、语句选择以及语句重组。首先,用向量来表示主题词,然后自动挑选一些可以支撑、扩展该主题的观点(额外的单词),接着通过这些词语的集合可以从语料库中抽取合适的句子,最后根据语句之间语义的相关性将语句排序,组成一篇文章。

1. 主题理解

主题理解定义如下:给定一个词语作为输入,输出若干可以支撑它的论据。每一个论

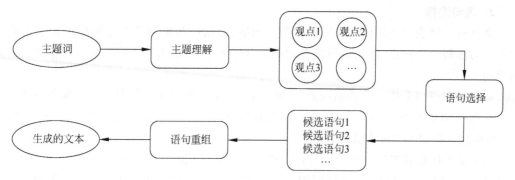

图 9-4　基于主题的文本生成框架

据由若干单词组成,而其中的每一个单词都和主题词在某一方面相关联。例如,如果有一篇关于手机的文章,那么这篇文章可能会写到这个手机的通话质量、外观以及电池电量等信息。这里将主题理解分为两个级联的步骤:主题扩展以及主题聚类,如图 9-5 所示。所谓主题扩展,是指寻找若干与主题词语义相似的词语;而主题聚类是指将这些相似的词语分为若干类,每一类与主题词在某一方面有所关联。

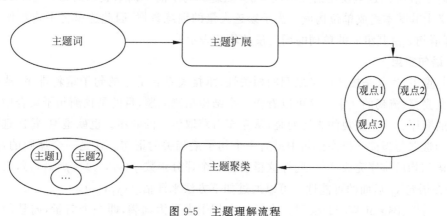

图 9-5　主题理解流程

第一步的主题扩展通常有两种方案,分别如下:

(1) 基于词典的方法。使用外部的词典是一个非常简单的方法,可以方便地在WordNet、HowNet 上查找一个词的近义词、反义词以及上位词,同时还可以查找一个单词反义词的同义词等。

(2) 基于词嵌入向量的方法。词嵌入向量的方法将单词表示为语义向量空间中的连续向量,具有相似语义信息或者语法使用习惯的单词会被映射到距离比较近的两个向量上。因此要查找与主题词较为相似的单词,可以通过在向量空间中通过某种相似标准(如余弦距离、欧氏距离等)来挑选,同时可以设置一个阈值 K 来保留最相似的 K 个单词。

第二步是主题聚类,得到与主题词相似的 K 个关联单词后,我们可以使用标准的聚类算法如 K-Means[31] 将这些单词分为若干类别,每一个类别可以代表主题词某一方面的属性。K-Means 算法是一个十分高效、简单的聚类算法,收敛速度快。不过如果初始选择的堆中心不合理,后续的结果可能会不够理想,因此需要多次随机处理,然后挑选最好的结果,同时这里的类别数目需要手动来设置。

2. 语句选择

得到若干簇表示主题词某方面属性的单词后,根据这些单词可以在词库中选取合适的句子。对于每一个观点,语句选择将单词的集合作为输入,输出若干可以表示这些单词语义的语句。

语句检索可以看作一个检索问题,也就是说,选取与单词集合相似性高的那些句子。定义一个评分函数 $f(W,s)$,其中 W 是单词的集合,而 s 是待评分的句子,$f(W,s)$ 表示 W 与 s 的相似性。有如下两种方法来计算:

(1) 基于计数的方法。基于计数来对单词集合 W 和语句 s 进行相似度计算是一个非常直观的方法,与信息检索中的单词匹配方法类似[32]。该方法基于以下假定:如果句子 s 中很多单词出现在单词集合 W 中,那么 W 与 s 应该更加相似。因此 $f(W,s)$ 就是 W 中的单词出现在 s 中的次数。然而,单词往往具有不同的语义,同时多种表示方法可以表达同一种语义,因此一个语义驱动的方法会更好。

(2) 基于词嵌入向量的方法。与主题理解中类似,基于词嵌入向量的方法将每一个单词使用低维的词向量来表示,而 W 由它所有向量的平均值来表示。

而对于语句 s,这里使用语义组成方法,从组成句子的单词来表示语句。一个长的表达式的含义由其基本组成单位构成。由于缺乏大量的训练数据,因此这里将平均数作为组成函数,即语句 s 由其组成的单词的词向量的均值表示。

3. 语句重组

语句重组,也就是按照语义之间的相关性、承接关系将乱序的句子重新排序,从而形成一段语义完整、流畅的文字。这可以看作一个结构预测问题,目的是预测句子集合中句子最有可能的顺序。一个直观的方法便是,从左至右获取语句的顺序。也就是说,每次选取句子的标准为选取与当前已排序语句中最后一个句子最相关的语句。这是一个递归的过程,直至所有语句均已排序完成[33]。同样这里设置一个评分函数 $f(s_1,s_2)=p(s_1s_2)$,表示语句 s_2 出现在语句 s_1 后面的可能性。可以通过如下方法来评估 $f(s_1,s_2)$。

(1) 词袋(Bag of Word)模型。将每一个句子表示为词袋,即一个向量,向量的每一位代表某个是否出现在这个句子中,如果出现了,那么置为 1,否则为 0。使用余弦相似度来计算句子 s_1 与 s_2 的相似度,即 $f(s_1,s_2)=\dfrac{v_{s_1} \cdot v_{s_2}}{|v_{s_1}| \cdot |v_{s_2}|}$

(2) 词嵌入向量模型。将每一个句子中的单词用词向量(Word2Vec)表示,同时句子由所有词向量的平均值来表示。句子分别为 s_1 以及 s_2,其计算方法如式(9.1)和式(9.2)所示,两个句子之间的相似程度采用余弦距离来计算,如式(9.3)所示:

$$s_1=w_1w_2\cdots w_m, \quad \mathrm{vec}(s_1)=\sum_{i=1,2,\cdots,m}\mathrm{vec}(w_i)/m \tag{9.1}$$

$$s_2=u_1u_2\cdots u_n, \quad \mathrm{vec}(s_2)=\sum_{i=1,2,\cdots,n}\mathrm{vec}(u_i)/n \tag{9.2}$$

$$f(s_1,s_2)=\frac{\mathrm{vec}(s_1) \cdot \mathrm{vec}(s_2)}{|\mathrm{vec}(s_1)| \cdot |\mathrm{vec}(s_2)|} \tag{9.3}$$

(3) 神经网络模型。利用神经网络模型获得两个句子之间承接性程度的基本思想如下:可以通过某种神经网络(本例使用的是递归神经网络)将输入的两个句子编码成长度固定的向量,最开始的输入为这两个句子中各个单词的词嵌入向量表示,有了这两个句子的编码向量以及这两个句子是否构成前后关系的标签,可以构建一个有监督学习分类器,这里网络的最后一层使用逻辑回归。模型的基本结构如图 9-6 所示,首先将每一个句子用连续的向量来表示,然后使用神经网络计算两个句子之间的相关性。

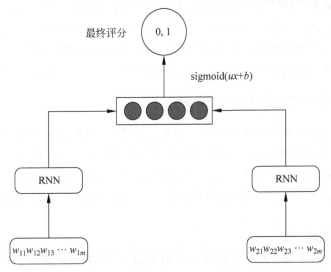

图 9-6 用于评分的神经网络模型

在这 3 个方法中,前两个均是计算两个向量之间的余弦相似度,而最后一个方案是基于相关性来计算两个句子之间的评分的。神经网络为两个句子之间的相关性编码,同时这里使用交叉熵作为两个损失函数[34]。其基本思想如下:

训练数据分为两类,正样本数据(s_1,s_2)以及负样本数据(s_1,s_*)。其中正样本数据直接来自于原始语料库中相邻的两句话,而负样本数据是通过随机构造选取而来的。定义概率 $P_c(s_1,s_2)$ 为预测语句对 (s_1,s_2) 为正类的概率,即 s_2 在原始语料库中很可能出现在 s_1 后面,而 $1-P_c(s_1,s_2)$ 为预测语句对 (s_1,s_2) 为负类的概率。因此损失函数为:

$$\text{loss}=-\sum_{s_1,s_2\in S}\sum_{c=0,1}P_c^g(s_1,s_2)\cdot\log(P_c(s_1,s_2)) \tag{9.4}$$

通过以上的构造方法可以构造大量的训练数据,其中正样本数据为已知的且前后顺序无误的两个句子,而负样本数据为两个随机挑选的语句,这两个语句一般没有前后的承接关系。通过这种方式将一个评分任务转化为了一个分类任务,对于传统的逻辑回归,判断一个数据的类别也是根据其模型输出值的 sigmoid 函数值:$\text{sigmoid}(x)=\dfrac{e^x}{1+e^x}$。

可以看到,当 x 趋于正无穷或者负无穷时,函数值分别趋于 1 和 0,即当函数分数大于 0.5 时,可以将样本数据归为正类;当分数小于 0.5 时,将样本数据归为负类。

上述语句重组的方法基于贪心思想,每次选取下一个句子时仅仅考虑当前已排序的文字中最后一句话的关系,并没有考虑到当前待选取的句子与所有已排序句子之间的关联性。为了解决这个问题,可以借鉴序列标注(sequence labeling)问题[35](如命名实体识别、词性自动标注)中的思想:当处理下标为 i 的语句时,考虑之前的历史信息来计算从开头到当前下标的文本的评分。具体来说,可以使用动态规划来递归的计算评分。

本示例采用的是基于规划的方法,即将文本生成分为 3 个前后衔接、互相关联的部分,然后分别研究各个部分所需要用的算法。算法生成文本得分方案分为主题理解、语句选择以及语句重组 3 部分,每一步以上一步的输出作为输入,而最原始的输入为一个特定的主题词以及相关的语料库。

主题理解可分为主题扩展以及主题聚类,前者的作用在于将单一的主题词扩充为一系列相关词语的集合,而主题聚类的作用在于将词语集合分类,使得每一个类别可以表达主题词的某方面。语句选择在语料库中选择与主题扩展词最相近的若干句子;而语句重组将选择出来的语句按照一定的评估标准排序,使得生成的文字序列语义连贯,符合人类习惯。

9.3.3　自动文本生成技术评测

评测是文本自动生成技术研究中的一个重要内容,是评价文本生成质量的工具。2017年,AL-bert Gatt 在对自然语言生成评测的论述中提出影响生成文本质量的两个因素,即输入的变化特性和输出的不确定性。文献[36]总结了自然语言生成技术的评测指标,得出评测主要分为两类即外部(extrinsic)评测和内部(intrinsic)评测的结论,并且对外部和内部评测指标做了区分。

1. 内部评测指标

内部评测主要对系统生成文本的质量进行评价,分为主观评测和客观评测。主观评测即通过语言学专家按照某种标准对生成的文本进行评价,分为基于文本语言质量的可读性和流畅性评测和基于输入的准确性、充分性、相关性或正确性评测。客观评测是计算机基于语料库,按照某种算法自动评测生成文本质量的方法。以机器翻译中的 BLEU(BiLingual Evaluation Understudy)、ROUGE(Re-call-Oriented Understudy for Gisting Evaluation)和自动摘要中的 NIST(National Institute of Standards and Technology)等评测算法为主,目前还没有一个完全适用于文本自动生成的内部客观评测算法。BLEU 是一种基于精确度的相似性度量方法,用于分析候选译文和参考译文中 n 元组共同出现程度的方法[37]。ROUGE 是一种基于召回率的相似性度量方法[38]。NIST 是在 BLEU 评测算法上的一种改进,综合考虑了 n 元词的权重[39]。在内部客观评测准则中,语料库的质量影响评测结果;机器翻译采用 BLEU 评测准则较多,但是 NIST 评测准则改进了 BLEU,效果相对较好;在自动生成文本的评测中,采用 ROUGE 算法亦可行。

2. 外部评测指标

外部评测体现在自动生成的文本的实用性上,即实用性是否符合用户最初生成文本的期望目标。文献[40]提出了外部评测可以采用问卷调查方式的思路,评测结果也可以从客观的数据中间接获取。采取外部评测的方式耗时费力,目前在实际应用中相对较少。综合比较内部评测准则和外部评测准则的优缺点,内部客观评测准则可信度高、成本低,应用广泛。采取多种评测技术相结合,如多个客观评测算法和主观评测相结合,可提高评测的科学性。文献[41]采用 ROUGE-1 和 ROUGE-2 对基于神经网络的新闻标题自动生成评测,效果较好。由于目前文本自动生成领域没有完全适用的专门评测机制,设计评测准则是将来一个重要的研究点。近年来,由于神经网络发展迅速,对文本质量评测方法的研究越来越多。文献[42]在 2015 年机器翻译共享任务的质量评测中,采用了支持向量回归(support vector regression)方法。2016 年,文献[43]研究了 RNN,将其应用于机器翻译中的基于词语级别的质量评估。同年,文献[44]利用了 RNN 对机器翻译中的评估方法进行实现。

目前基于深度学习的生成技术以采用神经网络语言模型为主,其中采用 RNN、LSTM、RNN 编码器/解码器等模型可实现文本自动生成,但当前的神经网络结构不能完全适应语言文字的处理,对其结构的研究将是一个长期的过程。并且自动生成的文本目前还没有完全适用的专门评测机制,但对其研究已经展开,这也将是未来的一个重要的研究点,这些研究对文本自动评测技术的发展具有重要的意义和影响。

参考文献

[1] Luhn H P. The automatic creation of literature abstracts [J]. IBM Journal of Research and Development,1958,2(2):159-165.

[2] Kupiec J,Pedersen J,Chen F. A trainable document summarizer [C]//Proceedings of the 18th Annual International ACM Conference on Research and Development in Information Retrieval,1995:68-73.

[3] Aone C,Okurowski M E,Gorlinsky J,et al. A trainable summarizer with knowledge acquired from robust NLP techniques[M]//Advances in Automatic Text Summarization,1999.

[4] Lin C Y. Training a selection function for extraction [C]//Proceedings of the 8th International Conference on Information and Knowledge Management,1999.

[5] Conroy J M,Oleary D P. Text summarization via hidden Markov models[C]//International ACM SIGIR Conference on Research and Development in Information Retrieval,2001.

[6] Erkan G,Radev D R. LexRank:Graph-based Lexical Centrality as Salience in Text Summarization [J]. Journal of Artificial Intelligence Research,2004,22:457-479.

[7] Rush A M,Chopra S,Weston J. A neural attention model for sentence summarization [C]// Proceedings of the Conference on Empirical Methods in Natural Language Processing,2015.

[8] 户保田. 基于深度神经网络的文本表示及其应用[D]. 哈尔滨:哈尔滨工业大学,2016.

[9] Chopra S,Auli M,RUSH A M. Abstractive sentence summarization with attentive recurrent neural networks[C]//Proceedings of the Annual Conference of the North American Chapter of the Association for Computational Linguistics:Human Language Technologies,2016.

[10] Ayana,Shiqi S,Zhiyuan L,et al. Neural headline generation with minimum risk training[J]. arXiv preprint arXiv:1604.01904,2016.

[11] Jiatao G,Zhengdong L,Hang L,et al. Incorporating copying mechanism in sequence-to-sequence learning [C]//Proceedings of the 54th Annual Meeting of the Association for Computational Linguistics,2016.

[12] Nallapati R,Zhou B,Gulcehre C,et al. Abstractive Text Summarization using Sequence-to-sequence RNNs and Beyond[C]//Proceedings of the 20th SIGNLL Conference on Computational Natural Language LearninL,2016.

[13] Wenyuan Z,Wenjie L,Sanja F,et al. Efficient summarization with read again and copy mechanism [J]. arXiv preprint arXiv:1611.03382,2016.

[14] Yasumasa M,Kyunghyun C. Gated word-character recurrent language model[C]//Proceedings of the Conference on Empirical Methods in Natural Language Processing,2016.

[15] Abadi M,Barham P,Chen J,et al. Tensor Flow:A system for large-scale machine learning[C]//The Proceedings of the 12th USENIX Symposium on Operating Systems Design and Implementation, 2016:265-283.

[16] Jonas G,Michael A,David G,et al. A Convolutional Encoder Model for Neural Machine Translation [C]//Proceedings of the 55th Annual Meeting of the Association for Computational Linguistics,2017.

[17] Yann N D,Angela F,Michael A,et al. Language Modeling with Gated Convolutional Networks[C]//The 34th International Conference on Machine Learning,2017.

[18] Kyuyeon H,Wonyong S. Character-level language modeling with hierarchical recurrent neural networks[C]//International Conference on Acoustics,Speech and Signal Processing,2017.

[19] Haoyu Z,Yeyun G,Yu Y,et al. Pretraining-based natural language generation for text summarization [EB/OL]. https://arxiv. org/abs/1902. 09243.

[20] Jiajun Z,Long Z,Yang Z,et al. Synchronous bidirectional inference for neural sequence generation [EB/OL]. https://arxiv. org/abs/1902. 08955.

[21] Byeongchang K,Hyunwoo K,Gunhee K. Abstractive summarization of reddit posts with multi-level memory networks[EB/OL]. https://arxiv. org/abs/1811. 00783.

[22] Shen G,Xiuying C,Piji L,et al. Abstractive text summarization by incorporating reader comments [EB/OL]. https://arxiv. org/abs/1812. 05407.

[23] 明拓思宇,陈鸿昶. 文本摘要研究进展与趋势[J]. 网络与信息安全学报,2018,4(6): 1-10.

[24] Gael J V,Teh Y W,Ghahramani. The Infinite Factorial Hidden Markov Model[C]//International Conference on Neural Information Processing Systems. Curran Associates Inc. 2008.

[25] Bahdanau D,Cho K,Bengio Y. Neural machine translation by jointly learning to align and translate [J]. Computer Science,2014.

[26] Krizhevsky A,Sutskever I,Hinton G E. ImageNet Classification with Deep Convolutional Neural Networks[J]//Communication of the ACM,2017,6(6): 84-90.

[27] Caterini A L,Dong E C. Recurrent neural networks[M]. Boca Raton: CRC Press,2018.

[28] Vaswani A,Shazeer N,Parmar N,et al. Attention is all you need[C]//Conference and Workshop on Neural Information Processing Systems,2017.

[29] Rush A M,Chopra S,Weston J. A neural attention model for abstractive sentence summarization [EB/OL]. https://arxiv. org/abs/1509. 00685v1.

[30] Sutskever I,Vinyals O,Le Q V. Sequence to sequence learning with neural networks[C]//Conference and Workshop on Neural Information Processing Systems,2014.

[31] Frey B J,Dueck D. Clustering by passing messages between data points[J]. Science, 2007, 315 (5814): 972-976.

[32] Manning C D,Raghavan P,Schütze H. 信息检索导论[M]. 王斌,译. 北京: 人民邮电出版社,2010: 6-9.

[33] Socher R,Huang E H,Pennin J,et al. Dynamic pooling and unfolding recursive autoencoders for paraphrase detection [C]//Conference and Workshop on Neural Information Processing Systems,2011.

[34] Logeswaran L,Lee H,Radev D. Sentence ordering and coherence modeling using recurrent neural networks[EB/OL]. https://arxiv. org/abs/1611. 02654.

[35] Collobert R,Weston J,Bottou L,et al. Natural language processing (Almost) from scratch[J]. Journal of Machine Learning Research,2011: 3-4.

[36] Gkatzia D,Mahamood S. A snapshot of NLG evaluation practices 2005-2014 [C]//European Workshop on Natural Language Generation,2015.

[37] Papineni K,Roukos S,Ward T,et al. BLEU: A method for automatic evaluation of machine translation [C]//Proceedings of the 40th Annual Meeting on Association for Computational Linguistics,2002.

[38] 李良友,贡正仙,周国栋. 机器翻译自动评价综述[J]. 中文信息学报,2014,28(3): 81-91.

[39] Commerce D U S. National institute of standards and technology[J]. Analytical Chemistry,2006,40 (9): 534A.

［40］ Hunter J，Freer Y，Gatta，et al. Automatic generation of natural language nursing shift summaries in neonatal intensive care：BT-Nurse[J]. Artificial Intelligence in Medicine，2012，56(3)：157-172.

［41］ AYyana，Shen S Q，Lin Y K，et al. Recent advances on neural headline generation[J]. 计算机科学技术学报(英文版)，2017，32(4)：768-784.

［42］ Specia L，Paetzold G，Scarton C. Multi-level translation quality prediction with QuEst＋＋[C]// Proceedings of ACL-IJCNLP 2015 System Demonstrations，2015.

［43］ Patel R N，Sasikumar M. Translation quality estimation using recurrent neural network [C]// Conference on Machine Translation，2016.

［44］ Kim H，Lee J H. Recurrent neural network based translation quality estimation[C]//Conference on Machine Translation：Shared Task Papers，2016.

第10章

对 话 系 统

智能对话系统作为人工智能领域的重要研究内容,近年来受到学术界和工业界的广泛关注,即将成为新的人机交互方式,具有重大的研究意义和应用价值。本章首先介绍对话系统的类型划分,然后介绍系统的模块框架构成,最后重点对近些年应用在意图识别研究方面的深度学习方法进行介绍和总结。

对话系统的发展历程可以总结为 3 个阶段。第一阶段是基于规则和模板的对话系统,以 Eliza[1] 为首的第一代对话系统,主要依赖专家制定的人工语法规则和本体设计。这种方法易理解,但是由于其全部使用符号规则和模板需要消耗大量的人力和物力,导致跨领域的扩展性严重不足。第二阶段是基于统计机器学习的对话系统,第二代对话系统不需要人工设计规则和模板,通过统计机器学习方法降低对话系统的手工复杂性。但这种方法学习能力较弱,可解释性差、不易修补漏洞,依旧难以扩大规模。第三阶段是基于神经网络和深度学习的对话系统。第三代对话系统是目前研究的主流,使用深度学习取代浅层学习。2014年以来,得益于网络数据的海量增长和深度学习等技术的飞速进步,对话系统也因此获得新的发展前景[2,3]。

对话系统可以根据应用场景的不同分为任务型对话系统和非任务型对话系统两种类型,非任务型对话系统又可称为闲聊型对话系统。

非任务型对话系统面向开放领域,要求其回复具有个性化和多样化。由于话题自由,因此对系统的知识丰富程度要求极高。现在的非任务型对话系统容易产生"安全回复"问题,如"我不知道""哈哈""好的"等,使得聊天机器人的大多数答案趋近相同,使用户失去继续聊天的兴趣。同时,聊天是一个连续交互的过程,句子的语义需要结合对话上下文才能确定,但目前非任务型对话系统的语料大多是从社交网络爬虫所得,缺乏对话相关的上下文语料,导致非任务型对话系统难以保持上下文信息的一致性,会降低用户的体验感。

任务型对话系统面向特定领域,目的是使用尽可能少的对话轮数帮助用户完成预定任务或指令,例如预订火车票、餐馆和酒店等。大多数任务型对话系统对话数据规模较小,难以通过大量数据进行模型训练,前期需用人工制定的规则解决冷启动问题,这使得对话系统的构建变得昂贵和耗时,限制了对话系统在其他领域的使用。任务型和非任务型对话系统对比情况如表 10-1 所示。

表 10-1 任务型与非任务型对话系统对比表

	任务型对话系统	非任务型对话系统
目的	完成任务或指令	闲聊
领域	特定领域	开放领域
对话轮数评估	越少越好	越多越好
应用场景	智能助理	娱乐聊天、情感沟通

一个完整的任务型对话系统的管道方法主要包括 5 部分：自动语音识别（Automatic Speech Recognition，ASR）、自然语言理解（Natural Language Understanding，NLU）、对话管理（Dialogue Management，DM）、自然语言生成（Natural Language Generation，NLG）和语音合成（Text to Speech，TTS），管道方法框架图如图 10-1 所示。

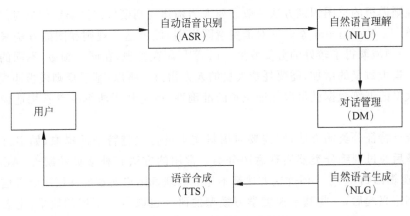

图 10-1 管道方法框架图

10.1 问题理解

第一个模块为自然语言理解（问题理解），主要有两个任务：一个是意图识别，另一个是语义槽填充。目的是将用户的输入映射到预先根据不同场景定义的语义槽中，这些槽都是根据不同场景预设而成。图 10-2 展示了一个自然语言表述的例子，其中语义槽目的地为"北京"、日期为"明天"，并且还确定了其意图为订机票。通常需要进行两种类型的表示。第一种是句子级别的分类，例如，用户意图和句子种类。第二种是词级别的信息抽取，例如语义槽填充。下面先介绍意图识别任务的相关研究现状。

句子	订	张	明天	去	北京	的	机票
槽	O	O	B-日期	O	B-地点	O	O
意图	订机票						

图 10-2 自然语言表述示例

10.1.1　意图识别

意图识别类似于文本分类任务,它是用来检测用户的意图的。它把一句话分类为预先设定的意图之一。随着人机对话系统的广泛运用,用户在不同的场合下可能会有不同意图,因而会涉及人机对话系统中的多个领域,其中包括任务型垂直领域和闲聊等。任务型垂直领域的意图文本具有主题鲜明,易于检索的特点,比如,查询机票、天气、酒店等。而聊天类意图文本一般具有主题不明确,语义宽泛、语义简短等特点,注重在开放域上与人类进行交流。语义槽的填充也有助于用户意图的判断。所以在人机对话系统的意图识别模块中,首先要对用户话题领域进行识别,接着明确用户的具体意图需求,最终表示成语义框架的形式。

传统的意图识别方法主要有基于规则(Rule-Based)模板的语义识别方法和使用统计特征的分类算法。

基于规则模板的意图识别方法一般需要人为构建规则模板以及类别信息对用户意图文本进行分类[4]。Ramanand 等[5]针对消费意图识别,提出基于规则和图的方法来获取意图模板,在单一领域取得了较好的分类效果。Li 等[6]研究发现,在同一领域,不同的表达方式会导致规则模板数量的增加,需要耗费大量的人力物力。所以,基于规则模板匹配的方法虽然不需要大量的训练数据就可以保证识别的准确性,但是却无法解决重新构造模板的高成本问题。

基于统计特征分类的方法,则需要对语料文本进行关键特征的提取,如字、词特征、N-gram 等,然后通过训练分类器实现意图分类。常用的方法有朴素贝叶斯[7]、Adaboost[8]、SVM[9]和逻辑回归[10]等。但这些方法都不能准确理解用户文本的深层次语义信息。

神经网络兴起后,一些基于深度学习模型的研究也取得了不俗的效果,主要是运用了CNN[11,12],CNN 和 RNN 相结合的网络[13,14]。RNN 的变体 LSTM 网络、GRU、注意力机制等模型应用于意图识别任务中,与传统的机器学习方法相比,深度学习模型在识别性能上有了较大的提升。下面介绍几个经典网络用于意图识别的例子。

基于词向量的意图识别。在自然语言处理过程中,由于使用原始词法特征会导致数据稀疏问题,词向量逐渐被用于语义分析任务中,而且连续表示学习可以解决数据稀疏问题[15]。Kim 等[16]将词向量作为词法特征进行意图分类,与传统的词袋模型相比,基于词向量的意图分类方法对不同分类内容的表征能力和领域可扩展性更好。考虑到词向量的语义信息不全等问题,Kim 等[17]利用语义词汇字典[如 WordNet[18]和 Paraphrase Data-base(PPDB)[19]]的信息来丰富词向量,从而提高意图文本的语义表示效率,通过构建 Bi-LSTM 模型进行意图识别。在航空旅行信息系统(Air Travel Information System,ATIS)数据集和来自 Microsoft Cortana 的关于地点的真实日志数据集上验证,表明丰富的语义词汇向量可以提高意图的识别性能。对于规模较小的训练集采用复杂的深度学习模型,模型提供丰富的词向量会对性能有一定的帮助。所以词向量的研究会对深度学习模型的运用起到至关重要的作用。

基于卷积神经网络的意图识别。CNN 最初被用于图像处理[20],随着词向量技术的出现,CNN 被广泛应用于自然语言处理领域[21],并且取得了很好的研究成果。Kim 等[22]尝试将 CNN 用于文本分类任务中,并取得了十分理想的效果。基于此,Hashemi 等[23]采用

CNN 提取的文本向量表示作为查询分类特征来识别用户搜索查询的意图,与传统的人工特征提取方法相比,不仅减少了大量的特征工程任务量,而且可以得到更深层次的特征表示。但是 CNN 只能提取到意图文本的局部语义特征,不能保持语义的连贯性。

基于 RNN 及其变体的意图识别。RNN 不同于 CNN,它表示的是一个词序列,而且可以根据上下文学习词序语义信息。Bhargava[24] 将上下文信息纳入意图识别任务中,降低了意图识别的错误率,说明上下文信息有助于意图的识别。一个简单的 RNN 存在梯度爆炸或梯度消失等问题,不能很好地模拟长期依赖关系。序列建模最流行的网络 LSTM[25] 通过在 RNN 结构中引入一个内存单元解决这个问题,同时可以控制要保留和遗忘的信息。该模型也常被用于解决意图识别问题,Ravuri 等[26] 提出用 RNN 和 LSTM 两种模型来解决意图分类问题,将两种模型分别在 ATIS 数据集上进行实验,结果表明,LSTM 模型的意图识别错误率比 RNN 低 1.48%。这主要是因为 LSTM 对文本的时序关系具有良好的建模能力,而且对输入较长的文本具有很好的记忆功能。GRU 是 LSTM 模型的一种改进[27],具有在长序列上保留信息的能力,而且可以学习上下文语义信息。它和 LSTM 在大部分实验中都优于 RNN,相比于 LSTM,GRU 只使用两个门,即重置门(reset gate)和更新门(update gate),模型结构更简单,含有的参数更少,需要的文本语料更少。而双向门控循环单元(Bidirectional Gated Recurrent Unit,BGRU)可以充分考虑上下文语义信息从而对意图文本进行更好的特征表示,通常将隐含状态的最终输出作为意图文本表示,从而得到意图类别结果。针对意图识别任务,Ravuri 等[28] 又采用 GRU 和 LSTM 在 ATIS 和 Cortana 数据集上进行全面比较。实验结果表明,GRU 和 LSTM 模型在意图分类任务上的性能几乎一样,但是 GRU 的参数更少,模型更简单。再向后发展就是将深度学习模型的组合运用于意图识别。考虑到各种深度学习模型的优缺点,大部分研究者将具有不同优势的深度学习模型进行组合以对用户意图进行分类。钱岳[29] 利用 CNN 可以更深层次地提取意图文本特征以及 LSTM 可以对文本的时序关系建模的优点,提出基于 Convolutional-LSTM 的出行消费意图识别模型,并且取得了很好的性能。余慧等[30] 针对短文本会导致数据稀疏的问题,提出了基于短文本主题模型(Biterm Topic Model,BTM)和 BGRU 的多轮对话意图识别模型,该混合模型在用户就医意图识别上取得了很好的效果。黄佳伟[31] 提出了Character-CNN-BGRU 深度学习组合模型,该组合模型利用基于字符的方法不仅使得所用词表范围更小而且可以解决未登录词问题的优势,再结合 CNN 可以提取到意图文本的深层局部特征以及 BGRU 可以保证文本的时序关系对意图识别任务进行建模,突出组合模型在意图识别任务上的优势。但是,组合模型结构复杂,训练时间较长,如何简化组合模型是一个值得思考的问题。

10.1.2 槽填充

语义槽填充与上述任务不同,其目标为识别句子中的语义槽及其对应的值。槽填充任务针对不同形式的数据(对齐数据和非对齐数据)有两种不同的解决方案。对齐数据是词级的标注,它的输入是一个单词序列,输出也是一个单词序列,输出的单词序列就是槽的序列,输入中的每一个单词都有一个对应的标注。

对齐数据的槽填充任务通常被定义为序列标注问题,早期使用的方法包括基于规则的方法及传统的统计学习方法,常用的模型有 HMM[33]、最大熵马尔可夫(Maximum Entropy

Markov Model,MEMM)[34]、CRF[35,36]等。

近年来,越来越多的深度学习方法被用于序列标注任务中。Deoras 等[37]使用 DBN 方法在槽填充任务中取得了优于 CRF 方法的效果。Mesnil 等[38]和 Yao 等[39]将单向 RNN模型用于槽填充任务中,也取得了显著效果。2014 年,Mesnil 等[40]对不同的 RNN 网络结构(Elman-type networks、Jordan-type networks 及其变种)在槽填充任务中的应用进行了对比研究,并把结果与 CRF 模型的结果做了对比,得到了在 ATIS 数据集上 Elman 型网络结构和 Jordan 型网络结构都优于 CRF 的结论,并且双向 Jordan 型网络结构的表现最优。由于 RNN 模型具有梯度消失和梯度爆炸的问题,其记忆能力有限,针对这一问题,Peng等[41]提出用加入了外部记忆(external memory)单元的 RNN 来提升模型的记忆能力。2014 年,Yao 等[42]第一次将基于 LSTM 的 RNN 应用于语言理解领域,取得了优于传统RNN 的性能。由于 LSTM 计算复杂,Vukotic 等[43]使用了更简单的门控循环单元。2015年,Simonnet 等[44]将带有注意力机制的 RNN 模型用于语言理解任务中。2016 年,Vu等[45]使用了双向 RNN,同时把过去词和将来词的信息考虑在内,取得了比单向 RNN 更好的性能。受到编码-解码(encoder-decoder)模型的启发,Kurata 等[46]提出用于槽填充的编码-标注(encoder-labeler)模型,其中编码 RNN 部分对输入序列进行逆序编码,解码 RNN将当前预测的词作为输入,输出即为该词对应的语义槽。模型将整个句子编码成一个向量,在槽填充任务中考虑了句子级信息。与基于注意力的方法不同的是,考虑到槽填充任务中输入序列和输出序列的长度相同且存在对齐关系,当前预测的词和标签的联系更加紧密,所以 labeler 模型直接把当前词作为输入而非使用软注意力机制。Zhu 等[47]同样利用输入输出序列等长、对齐的特性,使用 BLSTM-LSTM 作为编码-解码(encoder-decoder)模型,并提出了对焦(focus)机制,解码器模型在 t 时刻的输入就是编码器模型在 t 时刻的隐向量。

除了 RNN,卷积神经网络也被用于序列标注任务中。2016 年,Vu[48]提出的双向序列化 CNN 模型(bi-sCNN)对当前词的历史信息和将来信息分别提取特征,再用一个前馈神经网络进行语义标签的分类。

上述网络结构都是对逐个标记进行优化,产生一系列局部归一化的输出分布,因此存在标注偏置的问题。为了改善这一问题,深度学习和 CRF 结合的方法被用于槽填充任务中[49]。这类模型结合了深度神经网络的特征学习能力以及 CRF 的全局优化能力,将深度神经网络看成一个序列特征提取器,并将 CRF 优化目标函数看作深度神经网络的优化目标,整个模型共同训练,联合优化。2015 年,Liu 和 Lane[50]首次提出在使用 RNN 进行槽填充的任务中对标签序列的依赖关系建模,他们通过从真实标签和预测标签中采样的方法,把上一时刻的标签输入到当前时刻的状态中,结果表明,学习输出序列的依赖关系在 RNN 模型中体现出了明显的优势。2017 年,Dinarelli 等[51]提出了一种新的 RNN 变种,能够通过整合标签嵌入(label embedding)向量有效地学习标签依赖。

还有一类研究采用了非对齐数据的槽填充模型。早期处理非对齐数据的方法是使用手写规则把非对齐数据转为对齐数据,再使用序列标注的方法,然而这种方法获得的数据包含大量噪声,并且更新规则或者向新的领域迁移都会耗费大量时间。

在近几年的研究中,非对齐数据的槽填充问题通常被视为分类问题或生成问题。2015年,Henderson[52]提出的方法将非对齐数据的槽填充视为分类问题,把输入映射到一个已知的语义槽,这种方法难以扩展,一旦对语义槽重新定义,那么整个模型都需要重新训练。

2016 年，Barahona 等[53]提出对每一个槽训练一个多分类器，类别为该语义槽的所有可能取值，这种方法必须假设槽的所有值都是已知的，但实际上很多槽的取值无法一一列举，比如音乐领域中的歌曲名或者交通领域的地名等。并且由于一些槽的可能取值非常多，当训练数据有限时，分类器就会受到数据稀疏问题的影响，并且可能会遇到未登录词（Out-Of-Vocabulary，OOV）问题。2018 年，Zhao 和 Feng[54]提出了一种用于非对齐数据槽填充的 Seq2Seq 生成模型，将语义槽值解码出来，然后再用 CNN 模型分别预测用户行为（act）和语义槽（slot）。该模型同时具有指针网络（pointer network）和注意力机制，指针网络使得模型可以从用户输入中复制词语从而缓解 OOV 问题，同时模型也可以通过带有注意力的 Seq2Seq 模型从词表中生成词，最终词的概率是两种方法得到的概率的加权组合。该方法的不足之处在于没有考虑行为和语义槽值对之间的关系。2019 年，Zhao 等[55]在 Seq2Seq 模型上进一步改进，提出层次解码模型，在训练时行为分类器、槽分类器和槽值解码器同时训练、相互促进，在预测时递进地对语义槽的 3 部分进行预测，先对 act 和 slot 进行多标签分类，然后对每一个语义槽分别解码得到其对应的槽值。

10.2　对话状态管理

　　第二个模块为对话管理，对话管理包括对话状态跟踪（Dialog State Tracking，DST）和对话策略（Dialog Policy，DP），作用在于通过语言理解生成的结构化数据理解或者捕捉用户的意图或目标；还需要考虑历史对话信息和上下文的语境等信息并进行全面分析，决定系统所要采取的相应的行为，包括追问、确认等。在不同类型的聊天系统中，对话管理模块也不尽相同。

　　闲聊型对话中的对话管理就是对上下文进行序列建模、对候选回复进行评分、排序和筛选等，以便于 NLG 阶段生成更好的回复；任务型对话中的对话管理就是在 NLU 的基础上，进行对话状态的追踪以及对话策略的学习，以便于对话策略阶段策略的学习以及 NLG 阶段澄清需求、引导用户、询问、确认、对话结束语等。知识问答型对话中的对话管理就是在问句的类型识别与分类的基础上，进行文本的检索以及知识库的匹配，以便于 NLG 阶段生成用户想要的文本片段或知识库实体。推荐型对话系统中的对话管理就是进行用户兴趣的匹配以及推荐内容评分、排序和筛选等，以便于 NLG 阶段生成更好的给用户推荐的内容。

　　任务型对话系统的对话状态一般表示为语义槽和值的列表，如有出发地、到达地等。通过问题理解，知道到达地是北京，出发地和出发时间仍然是空，这就是当前的对话状态。获得当前对话状态后，要进行策略优化，选择下一步采用什么样的策略，也叫行为。行为有很多种，可以问出发时间，也可以问出发地等。

10.2.1　对话状态跟踪

　　对话状态跟踪是确保对话系统鲁棒性的核心组成部分，它会在每一次对话中估计用户的目标。对话状态跟踪的思想是将系统和用户交互时的行为看作在填写一张记录用户当前对话状态的表格。以火车票查询为例，将这张表格预先设定好状态，比如目的地、出发地、出发时间等，与系统背后的业务数据表中的属性相关联，不断从对话中抽取相应的值来填充这个表格。往往从一句对话中获取所有的状态只是理想情况，当状态表中的信息存在空白时，对话策略模块会根据空白的状态来提问并获取对应的值,直到获取到足够的状态,给出对用户的建议,或者进行相应的服务。对话状态跟踪示例如图 10-3 所示。

> 我想订一张从哈尔滨到北京的二等座动车票,下周六出发

出发时间	xxxx年x月x日	xxxx-xx-xx
返回时间	/	/
出发地点	哈尔滨	Harbin
目的地点	北京	Beijing
座位类别	二等座	Economy Class

图 10-3 对话状态跟踪示例

DST 主要分为 3 类方法:基于人工规则、基于生成式模型和基于判别模式模型。

基于人工规则的方法,如有限状态机(Finite State Machine,FSM)需要人工预先定义好所有的状态和状态转移的条件,使用分数或概率最高 NLU 模块解析结果进行状态更新[56]。例如,麻省理工学院的 MIT JUPITER 天气信息系统,利用人工预先编写的对话控制表中的状态变量进行状态更新[57]。1996 年,Pulman[58] 发现出跟踪多个对话状态的好处,Wang 等[59] 和 Sun 等[60] 随后提出了可以计算整个 ASR 和 NLU 的 N-Best 列表分数的方法,从而修正 ASR 和 NLU 模块识别的错误。目前,大多数商业应用中的对话系统都使用基于人工规则的状态更新方法来选择最有可能的结果。该方法不需要训练集,且很容易将领域的先验知识编码到规则中,与其对应的是相关参数需要人工制定且无法自学习,ASR 和 NLU 模块的识别错误没有机会得以纠正[61]。这种限制促进了生成式模型和判别式模型的发展。

生成式模型是从训练数据中学习相关联合概率密度分布,计算出所有对话状态的条件概率分布作为预测模型。统计学学习算法将对话过程映射为一个统计模型,并引入强化学习算法来计算对话状态条件的概率分布,例如贝叶斯网络、部分可观测马尔可夫模型[62,63]等。虽然生成式模型的效果优于基于人工规则的方法,且该方法可以自动进行数据训练,减少了人工成本[64,65]。但是,生成式模型无法从 ASR、NLU 等模块挖掘大量潜在信息特征,也无法精确建模特征之间的依赖关系。此外,生成式模型进行了不必要的独立假设,在实际应用中假设往往过于理想。

目前,基于判别式模型展现出更为有利的优势,它把 DST 当作分类任务,结合深度学习等方法进行自动特征提取,从而对对话状态进行精准建模[66,67]。与生成式模型相比,判别式模型善于从 ASR、NLU 等模块提取重要特征,直接学习后验分布从而对模型进行优化。最早的判别式对话跟踪利用手写规则定义对话状态,利用逻辑回归进行多分类,估计每类特征对应的权重[68]。除了手写规则定义对话状态,还可以结合深度学习,例如深度神经网络[69]将对话历史信息抽象成一个固定维的特征向量用于训练分类器,如最大熵模型

（Maximum Entropy Models，MEM）、网络排序（Web-style Ranking）等模型将所有历史信息抽象成一个固定维的特征向量用于训练分类器。

再后来，引入了信念跟踪的深度学习，通过学习权重和使用滑动窗口的方式，解决使用单个神经网络在任意数量的可能值上输出一系列概率分布的任务，该方法能够容易地移植到新的领域。另一种可以解决多领域移植性问题的模型是多领域对话状态跟踪模型[70]，它利用领域外数据初始化目标领域的信念跟踪模型，即使域内数据量很少，也能改善信念跟踪的目标准确率。目前大多数方法难以拓展到更大、更复杂的对话域，2017 年，Mrki N 等[71]提出了神经信念跟踪模型（Neural Belief Tracker，NBT），该模型基于表示学习的最新进展来解决这些问题。它以最后一轮系统的输出、用户的话语和候选槽值对作为输入，3 项输入相互作用进行上下文建模和语义解码，以确定用户是否明确表达了与输入槽值对匹配的意图。最后上下文建模和语义解码向量经过 softmax 层产生最终预测。2018 年，Lei 等[72]提出了一种基于序列到序列（Single Sequence-to-Sequence）模型的框架——Sequicity 框架，将对话状态的不同表示称为信念跨度（Belief span），这种信念跨度使得面向任务型对话系统能够在单序列到序列的模型中通过监督或强化学习进行优化。它具有良好的扩展性，显著降低了参数数量并减少训练时间，与传统的管道方法相比，极大地简化了系统设计和优化过程。

10.2.2　对话策略

对话策略的工作就是从状态跟踪器获得的状态表示作为条件，根据一个状态产生下一个系统行为。最简单的就是麻省理工学院提出来的类似于规则的对话状态控制流程。其中，对话行为和对话状态绑定在一起，开始的状态接收一个输入，接收输入以后就会更新对话的历史以及对话的状态，然后去判断。这个判断过程也是对话状态自动处理的部分，判断是不是模糊的查询，是不是包含不确定性，这里有一个判断机制。如果是模糊查询，就会继续询问用户，让用户重新输入。如果不是模糊查询，则有一系列的对话行为的处理模块，每处理一块就产生一个对话状态的维度和特征。最后，判断是否需要回退到系统，如果需要就产生一个系统的回复，再更新对话的历史和对话状态。如果不能由机器或者模型产生后续的回复或者结果，则会回退到最开始的部分，采用一种返回询问的方式让用户确认输入。整个方式是一个比较偏向于规则的对话控制流程。该方式的优势是在特定的领域或者特定比较小的任务上面效果比较好，而且系统比较稳定。其劣势为：行为状态序列相对固定；算法与对话过程绑定，修改算法即修改对话过程；无法应对规定行为外的用户输入。

基于有限状态自动机的对话策略。在搭建工业级或非复杂场景的对话流程控制下，有限状态自动机的对话策略现在还在广泛的应用。整个流程就是把对话和对话状态之间的转移过程看成有限状态自动机，可以转换成一个树状结构。有穷状态自动机的对话策略的优势：状态转移容易设置，有状态转型的图模型，就转成树状的结构；整个系统是可预测的；适应用树状的策略决策模式。劣势也是比较显而易见的：完全是由系统主导的，需要人来配合系统；对话的状态不是特别灵活，没有用户回退的机制。

基于表格的对话策略。此对话策略跟现在的策略比较相似，类似于语音提取信息的方式，就用表格的形式表示对话的信息。我们人和机器可以混合主导，我们可以向机器询问问题，机器在这个过程当中也会问用户问题，不断地维护、更新表格的信息。假如某一轮说错了，下一轮可以更新出来。优势是首先是混合主导，其次就是容错性比较好且可更新。劣势是整个过程需要一个预设的脚本，系统生成的话都是预设的，根据上半句来拼接后半句，不够灵活。

上面介绍的对话策略，无论是基于流控制的，有限自动机的还是基于规则的。对话的行为之间是独立或局部依赖，以及不能对整体的行为序列进行建模，只能一个行为一个行为地进行建模。另外，对话策略的输出是确定的，就是下一个行为，而不是下一个行为在所有的行为空间上面的概率分布，这也是目前已有的之前讲过的方法的几个不足之处。

再向后发展就是基于规划的方法。Wasson[73]在 1990 年的时候给规划进行了一个定义，通过创建一个行为序列来实现某个目标的求解方法，并尝试预测执行该规划的效果。创建一个行为序列就是人机对话中的若干问题和若干回复，最终实现的目标是帮人完成相应的任务，也就是后面的基于规划的方法来求解对话策略学习的过程。规划也有两种。一种是相对比较固定的规划库。比如，知道已有的数据里面，行为的序列是什么样的，就一条一条地把行为序列写出来，相对来说这种就比较简单。如果写的规划库的数量足够多，也可以有较好的鲁棒性。另一种是动态的规划，我们希望系统能够更加自动化。动态的规划就是给定一个输入的序列，希望输出结果是基于整体的考虑，通过建立联合分布模型，对给定的若干前续行为序列，预测后续的行为序列。这个过程就是通过规划的方式进行求解对话的过程。

上述方法都是以前的经典方法，现在对话策略中利用深度强化学习，同时学习特征表示和对话策略。该系统超过了包括随机、基于规则和基于监督学习的基线方法。但该部分内容对初学者来说难以理解，在这里暂不做介绍。

10.3　答句生成

第三个模块为答句生成，在对话管理之后就是对话生成的过程。对话生成的过程是这个对话管理之后产生了一个行为。假如这个行为就是我们最终期望的行为，那么根据这个行为怎么样产生一个类似于人一样的回复就是自然语言生成任务的目标。

主要任务是将对话管理模块输出的抽象表达转换成用户能够理解的句法合法、语义准确的自然语言。一个好的应答语句应该具有上下文的连贯性、回复内容的精准性、可读性和多样性。这里的答句生成特指对话系统的自然语言生成，自然语言生成是一个大的概念，下文中出现的自然语言生成也特指的对话系统中的答句生成。

自然语言语句生成任务通常有 3 种方法：基于人工模板（Rule-Based）、基于知识库检索（Query-Based）和基于深度学习的 Seq2Seq 生成模型。表 10-2 列举了 3 种解决办法的优缺点对比。

表 10-2　3 种自然语句生成的方法优缺点对比

方　案	优　点	缺　点
基于人工模板	特定领域内反应迅速、回答精准	可移植性和拓展性较差
基于知识库检索	知识库方便更新，答案没有语法错误	可能出现答非所问且对话连续性较差
基于深度学习	数据驱动，省去语言理解、特征分析等过程	需要大量语料数据的支持，学习时间较长

基于模板的方法[74]需要人工设定对话场景,并根据每个对话场景设计对话模板,这些模板的某些成分是固定的,而另一部分需要根据对话管理模块的输出填充模板。这种方法简单、回复精准,但是其输出质量完全取决于模板集,即使在相对简单的领域,也需要大量的人工标注和模板编写,还必须要在创建和维护模板的时间和精力以及输出的话语的多样性和质量之间进行权衡。因此,使用基于模板的方法难以维护,且可移植性差,因为需要逐个场景去扩展。

基于句子规划的方法[75,76]的效果与基于模板的方法接近。基于规划的方法将 NLG 拆分为 3 个模块:一是文本规划,生成句子的语义帧序列;二是生成关键词、句法等结构信息;三是表层规划,生成辅助词及完整的句子。通常最简单的方式就是流水线式规划生成自然语言生成。通过这种对话管理已经产生了对话行为,然后先生成一个语义帧的序列,这种序列里面包含要生成什么样的句子。生成确认的句子之后,要生成一定的句法、关键词和结构化的成分,这部分把句子主干拼接出来。然后添加助词、标点符号、感叹号,最终把自然语言的句子生成。基于句子规划的方法可以建模复杂的语言结构,同样需要大量的领域知识,并且难以产生比基于人工模板方法更高质量的结果。

基于知识库检索的技术路线与搜索引擎类似,预先准备好一个称为知识库的数据库,里面包含丰富的对话资料,对其中的问题建立索引,然后以 NLP 技术对用户提出的问题进行分析,通过关键词提取、倒排索引、文档排序等方法与定义好的知识库进行模糊匹配,找到最合适的应答内容。这类解决方案的核心技术在于找到更多的数据来丰富和清洗知识库,但数据量过大时难以监督,通常找来的数据杂乱无章,使对话连续性很差。

2011 年,IBM 推出了电脑问答(Q&A)系统 Watson[77,78],在 NLG 部分采用了以知识库检索技术为基础,集高级自然语言处理、知识图谱、自动推理、机器学习等开放式问答技术[79,80]于一体的技术思路,通过假设认知与大规模的证据搜集、分析和评价得出最终答案。Watson 的 DeepQA 架构以处理流程的形式定义了分析问题的各个步骤,每一个任务都当作大规模并行计算的一部分而单独进行。系统在基于对问题和类型的不同理解上对多个不同的资源进行检索,返回多种候选答案[81,82]。任何答案都不会立即被确定,因为随着时间推移系统会收集到越来越多的证据来分析每一个答案和每一条不同的道路。之后系统用几百种不同的算法从不同的角度分析证据得出上百种特征值或得分,这代表着在某一特定维度上一些证据支持一个答案的力度,每个答案的所有特征值或得分综合为一个得分,表示该答案正确的概率。系统通过统计学机器学习方法对大量数据集进行学习来确定各个特征值的权重[83],最终将得分排名最高的答案输出。

DeepQA 技术根据一个问题通过搜索和量化评估给出一个确定的答案,通过知识库的扩张和切换可以很好地完成 Q&A 任务,但这种形式结构还是无法高效地跟上源知识的增长和领域的切换,也没能与用户进行有效的互动,无法在大量的非结构化内容支持下为用户提供决策。

随着语言模型日益成熟,海量的数据和其他先进领域中应用语言模型逐步应用于对话生成的研究。基于类的语言模型[84]将基于句子规划的方法进行改进:对于内容规划模块,构建话语类、词类的集合,计算每个类的概率,决定哪些类应该包含在话语中;对于表面实现模块,使用 N-gram 语言模型随机生成每一个对话。从该方法生成的文本在正确性、流畅度有明显提高,且规则简单,容易理解,该方法的瓶颈在于这些类的集合的创建过于复杂,且需要计算集合中每一个类的概率,因此计算效率低。上述的方法都难以摆脱手工制定模板的缺陷,限制了它们应用于新领域或新产品的可拓展性。基于短语的方法也使用了语言模型,但不需要手工制定规则,比基于类的语言模型方法更高效,准确率也更高。由于实现短语依赖于控制该短语的语法结构,并且需要很多语义对齐处理,因此该方法难以拓展。

到了深度学习的时代,NLG 模块的研究借助深度学习的突破得到了巨大的助力。深度神经网络可以从海量的数据源中归纳、抽取特征和知识来学习,从而避免人工提取特征带来的复杂性和繁重问题。目前,基于深度学习的 NLG 模型普遍以编码器-解码器(Encoder-Decoder)作为基础框架[85,86],大多研究工作是对编码器-解码器的各个部分进行不断改进,如目标函数[87]、编码器[88]和解码器[89]。早期 Vinyals 等[85]提出使用 Seq2Seq 模型生成简单的对话。将该模型应用于 IT 解答数据集和含有大量噪声的电影字幕数据集上,能够克服一些一般大型数据集的噪声,并从中提取知识和特征,可以执行简单形式的常识推理。基于 Seq2Seq 的生成模型虽然能够解决训练语料中未预设的问题,产生更加灵活多变的响应,但是其训练需要大规模的语料,且仅仅依靠上一句进行回复,没有考虑上下文语境。因此文献[90]将上下文信息引入编码器,在解码生成语句时给定信息重新输入模型参与计算来帮助解码器生成更好的回答内容。Duek 等[91]发现,在对话中,说话者受对方之前话语的影响,并倾向于对方的说话方式、重用词汇以及句法结构,这种潜意识可以促进对话的顺利进行。因此,提出使用上下文感知器适应用户的说话方式和提供更多上下文准确且无重复的响应。虽然引入上下文信息有助于提高对话的顺利进行,但是在引入上下文信息的同时,也会引入对对话没有意义的内容,从而影响生成回复的质量。因此,Kumar 等[92]提出利用动态神经网络(Dynamic Memory Network,DMN)处理输入序列和背景知识,形成情景记忆模块(Episodic Memory Module),并生成相关答案。该方法不仅考虑了上下文信息,还考虑了背景知识,能够识别对话有意义的内容,并将其激活应用到解码器中生成更好的回复。然而,上述模型在大多数情况下无法对用户进行适当的信息性响应。Zhou 等[93]采用基于 LSTM 的编码器-解码器结构来结合问题信息,语义槽值和对话行为类型来生成更具有信息性的答案。在此基础上,他们提出常识只是感知会话模型(Commonsense knowledge aware Conversational Model,CCM)[94],通过使用大规模常识知识来帮助理解背景信息,然后利用这些知识促进自然语言理解和生成,以解决由于不具备常识知识和对话背景而造成的回复不一致性或无关性等问题。另外,还有一些研究包括:基于对抗生成网络(Generative Adversarial Network,GAN)的文本可控的对话生成,解决自然文本的离散性的问题,学习不可解释的潜在表征,并生成具有指定属性的句子[95]、基于迁移学习的对话生成解决目标领域数据不足的问题,同时可以满足跨语言、回复个性化等需求等[96,97]。

随着对话系统的发展,与其对应的评价方法也逐渐成为一个重要课题,对话系统质量的评价标准对于持续提升系统效果是至关重要的,因为只有这样才能目标明确地、有针对性地设计技术方案并进行改进。对话系统在评价标准方面还有待深入研究,目前深度学习中常用的标准包括机器翻译的评价指标 BLEU[98]、分类问题的精确率、召回率等,这些标准只能评价生成的句子与标准答案间的相似度,而对话过程中一句话的标准答案可能根据上下文的不同而有很大差别,无法用来判断是否真正符合对话语境,所以很多工作是通过人工来进行效果评价的。没有特别合适的专用于对话效果的评价标准,这也是对话系统技术发展的一个障碍。目前常用的任务型对话系统各个子模块的评价指标如表 10-3 所示。

表 10-3　任务型对话系统各个模块的评价指标

模 块 类 型	评 价 指 标
自然语言理解	分类问题、精确率、召回率和 F_1 值
对话管理	平均排序倒数、任务完成率、平均对话轮数
自然语言生成	该模块目前的主流方法为基于人工模板的方法

　　本节主要从最新研究进展对基于管道方法的任务型对话系统进行梳理。在传统方法的基础上,以深度学习技术的最近研究进展为重点,介绍了任务型对话系统的相关技术。最后,总结了任务型对话系统的评估方法。

　　目前任务型对话系统主要面向特定领域,能做的事情十分有限,整体用户体验甚至还没有达到一个合格的应用程序的标准,也并未体现出以自然语言作为交互界面的优势。随着人类与机器的交互越来越频繁,对话系统的性能也需要随之提高,最终自然语言会作为门槛更低的人机交互界面,使更多机械、重复的任务可以被自动化的机器取代。

参考文献

[1] 曹均阔,陈国莲. 人机对话系统[M]. 北京:电子工业出版社,2017.

[2] Weizenbaum J. Eliza—A computer program for the study of natural language communication between man and machine[C]//Communications of the ACM,1983,26(1):23-28.

[3] 俞凯,陈露,陈博,等. 任务型人机对话系统中的认知技术概念、进展及其未来[J]. 计算机学报,2015,38(12):2333-2348.

[4] Prager J,Radev D,Brown E,et al. The use of predictive annotation for question answering in TREC8[C]//Conference of the Eighth Text Retrieval,1999.

[5] Ramanand J,Bhavsa R K,Pedaneka R N. Wishful thinking:Finding suggestions and'buy'wishes from productreviews[C]//Proceedings of the NAACL HLT 2010 Work-shop on Computational Approaches to Analysis and Generation of Emotion,2010.

[6] Li X,Dan R. Learning question classifiers:The role ofsemantic information[J]. Natural Language Engineering,2015,12(3):229-249.

[7] McCallum A,Nigam K. A comparison of event modelsfor naive Bayes text classification[C]//AAAI-98 Work-shop on Learning for Text Categorization,1998.

[8] Schapire R E,Singer Y. BoosTexter:a boosting-based system for text categorization[J]. Machine Learning,2000,39(2/3):135-168.

[9] Haffner P,Tur G,Wright J H. Optimizing SVMs for complex call classification[C]//IEEE International Conferenceon Acoustics,2003.

[10] Genkin A,Lewis D D,Madigan D. Large-scale bayesianlogistic regression for text categorization[J]. Technometrics,2007,49(3):291-304.

[11] Kim Y. Convolutional neural networks for sentence classification[EB/OL]. https://arxiv.org/abs/1408.5882.

[12] Kalchbrenner N,Grefenstette E,Blunsomp P. A convolutional neural network for modelling sentences[EB/OL]. https://arxiv.org/abs/1404.2188.

[13] Zhou C,Sun C,Liu Z,et al. A CISTM neural network for text classification[J]. Computer Science,2015,1(4):39-44.

[14] Wen Y,Zhang W,Luo R,et al. Learning text representation using recurrent convolutional neural network with highway layers [EB/OL]. https://arxiv.org/abs/1606.06905.

[15] Bengio Y,Ducharme R, Vincent P, et al. A neural probabilistic language model[J]. Journal of Machine Learning Research,2003,3(2): 1137-1155.

[16] Kim D,Lee Y, Zhang J, et al. Lexical feature embedding for classifying dialogue acts on Korean conversations[C]//Proc of 42nd Winter Conference on Korean Institute of Information Scientists and Engineers,2015.

[17] Kim J K,Tur G,Celikyilmaz A,et al. Intent detectionusing semantically enriched word embeddings [C]//Spoken Language Technology Workshop,2016.

[18] Fellbaum C,Miller G. Word net: An electronic lexical database[J]. Library Quarterly Information Community Policy,1998,25(2): 292-296.

[19] Pavlick E,Rastogi P, Ganitkevitch J, et al. PPDB 2.0: Better paraphrase ranking, fine-grained entailment relations,word embeddings,and style classification[C]//Meeting ofthe Association for Computational Linguistics & the International Joint Conference on Natural Language Processing,2015.

[20] Lecun Y L,Bottou L,Bengio Y,et al. Gradient based learning applied to document recognition[J]. Proceedings of the IEEE,1998,86(11): 2278-2324.

[21] Wang P,Xu J, Xu B, et al. Semantic clustering and convolutional neural network for short text categorization[C]//Proceedings ACL,2015.

[22] Kim Y. Convolutional neural networks for sentence classification[C]//Proceedings of the Conference on Empirical Methods in Natural Language Processing,2014.

[23] Hashemi H B,Asiaee A,Kraft R. Query intent detectionusing convolutional neural networks[C]// International Conference on Web Search and Data Mining,Workshop on Query Understanding,2016.

[24] Bhargava A,Celikyilmaz A, Hakkanitur D, et al. Easycontextual intent prediction and slot detection [C]//IEEE International Conference on Acoustics,2013.

[25] Hochreiter S, Schmidhuber J. Long shortterm memory [J]. Neural Computation, 1997, 9 (8): 1735-1780.

[26] Ravuri S V,Stolcke A. Recurrent neural network and LSTM models for lexical utterance classification [C]//16th Annual Conference of the International Speech Communication Association,2015.

[27] Dey R,Salemt F M. Gatevariants of gated recurrent unit(GRU) neural networks[C]//IEEE 60th International Midwest Symposium on Circuits and Systems,2017: 1597-1600.

[28] Ravuri S,Stolcke A. A comparative study of recurrent neural network models for lexical domain classification[C]//Proceedings of the 41st IEEE International Conference on Acoustics,Speech,and Signal Processing,2016: 6075-6079.

[29] 钱岳. 聊天机器人中用户出行消费意图识别方法研究[D]. 哈尔滨: 哈尔滨工业大学,2017.

[30] 余慧,冯旭鹏,刘利军,等. 聊天机器人中用户就医意图识别方法[J]. 计算机应用,2018,38(8): 2170-2174.

[31] 黄佳伟. 人机对话系统中用户意图分类方法研究[D]. 武汉: 华中师范大学,2018.

[32] Lin Z H,Feng M W,Santos C N D,et al. A structured selfattentive sentence embedding[EB/OL]. https://arxiv.org/pdf/1703.03130.pdf.

[33] RABINER L R. A tutorial on hidden Markov models and selected applications in speech recognition [J]. Proceedings of the IEEE,1989,77(2): 257-286.

[34] Sun G L,Guan Y,Wang X L,et al. A maximum entropy Markov model for chunking [C]// International Conference on Machine Learning and Cybernetics,2005.

[35] Lafferty J D,McCallum A,Pereira N. Conditional random fields：Probabilistic models for segmenting and labeling sequence data[C]//International Conference on Machine Learning,2001.

[36] Peng F,Mccallum A. Information extraction from research papers using conditional random fields [J]. Information Processing & Management,2006,42(4)：963-979.

[37] Deoras A,Sarikaya R. Deep belief network based semantic taggers for spoken language understanding [C]//Interspeech. 2013：2713-2717.

[38] Mesnil G,He X,Deng L,et al. Investigation of recurrent-neural-network architectures and learning methods for spoken language understanding[C]//Interspeech. 2013：3771-3775.

[39] Yao K,Zweig G,Hwang M Y,et al. Recurrent neural networks for language understanding[C]// Interspeech. 2013：2524-2528.

[40] Mesnil G,Dauphin Y,Yao K,et al. Using recurrent neural networks for slot filling in spoken language understanding[J]. IEEE/ACM Transactions on Audio,Speech,and Language Processing, 2014,23(3)：530-539.

[41] Peng B,Yao K,Jing L,et al. Recurrent neural networks with external memory for spoken language understanding[C]//Natural Language Processing and Chinese Computing：Second CCF Conference,2015.

[42] Yao K,Peng B,Zhang Y,et al. Spoken language understanding using long short-term memory neural networks[C]//IEEE Spoken Language Technology Workshop,2014.

[43] Vukotić V,Raymond C,Gravier G. A step beyond local observations with a dialog aware bidirectional GRU network for Spoken Language Understanding[C]//Interspeech,2016.

[44] Simonnet E,Camelin N,Deléglise P,et al. Exploring the use of attention-based recurrent neural networks for spoken language understanding [C]//Machine Learning for Spoken Language Understanding and Interaction,2015.

[45] Vu N T,Gupta P,Adel H,et al. Bi-directional recurrent neural network with ranking loss for spoken language understanding [C]//IEEE International Conference on Acoustics,Speech and Signal Processing,2016.

[46] Kurata G,Xiang B,Zhou B,et al. Leveraging sentence-level information with encoder LSTM for semantic slot filling[J]. arXiv preprint arXiv：1601.01530,2016.

[47] Zhu S,Yu K. Encoder-decoder with focus-mechanism for sequence labelling based spoken language understanding[C]//IEEE International Conference on Acoustics,Speech and Signal Processing,2017.

[48] Vu N T. Sequential convolutional neural networks for slot filling in spoken language understanding [EB/OL]. https：//arxiv.org/abs/1606.07783.

[49] Yao K,Peng B,Zweig G,et al. Recurrent conditional random field for language understanding[C]// IEEE International Conference on Acoustics,Speech and Signal Processing,2014.

[50] Liu B,Lane I. Recurrent neural network structured output prediction for spoken language understanding[C]//Proc. NIPS Workshop on Machine Learning for Spoken Language Understanding and Interactions,2015.

[51] Dinarelli M,Vukotić V,Raymond C. Label-dependency coding in simple recurrent networks for spoken language understanding[C]//Interspeech,2017.

[52] Henderson M S. Discriminative methods for statistical spoken dialogue systems[D]. Cambridge：University of Cambridge,2015.

[53] Barahona L M R,Gasic M,Mrkšić N,et al. Exploiting sentence and context representations in deep neural models for spoken language understanding[EB/OL]. https：//arxiv.org/abs/1610.04120.

[54] Zhao L,Feng Z. Improving slot filling in spoken language understanding with joint pointer and

attention[C]//Proceedings of the 56th Annual Meeting of the Association for Computational Linguistics,2018.

[55]　Zhao Z,Zhu S,Yu K. A hierarchical decoding model for spoken language understanding from unaligned data[C]//IEEE International Conference on Acoustics,Speech and Signal Processing,2019.

[56]　Goddeau D,Meng H,Polifroni J, et al. A form-based dialogue manager for spoken language applications [C]//Proceedings of the 4th International Conference on Spoken Language Processing,1996.

[57]　Zue V,Seneff S,Glass J R,et al. JUPLTER：A telephone-based conversational interface for weather information[J]. IEEE Transactions on Speech and Audio Processing,2000,8(1)：85-96.

[58]　Pulman S G. Conversational games,belief revision and Bayesian networks[C]//Proceedings of the 7th Computational Linguistics in the Netherlands meeting,1997.

[59]　Wang Z,Lemon O. A simple and generic belief tracking mechanism for the dialog state tracking challenge：On the believability of observed information [C]//Proceedings of the SIGDIAL Conference,2013：423-432.

[60]　Sun K,Chen L,Zhu S,et al. A generalized rule based tracker for dialogue state tracking[C]// Proceedings of the Spoken Language Technology Workshop,2014.

[61]　Williams J D. Web-style ranking and SLU combination for dialog state tracking[C]//Proceedings of the 15th Annual Meeting of the Special Interest Group on Discourse and Dialogue,2014.

[62]　拜战胜,蓝岚,彭佳红,等. 对话系统中控制模型的比较研究[J]. 郑州大学学报(理学版),2006,38 (4)：112-116.

[63]　De Vault D,Stone M. Managing ambiguities across utterances in dialogue[C]//Proceedings of the 11th Workshop on the Semantics and Pragmatics of Dialogue,2007.

[64]　Young S,Gai M,Keizer S,et al. The Hidden Information State model：A practical framework for POMDP-based spoken dialogue management[J]. Computer Speech & Language, 2010, 24 (2)： 150-174.

[65]　Thomson B,Young S. Bayesian update of dialogue state：A POMDP framework for spoken dialogue systems[J]. Computer Speech & Language,2010,24(4)：562-588.

[66]　Williams J,Raux A,Henderson M. The dialog state tracking challenge series：A review[J]. Dialogue & Discourse,2016,7(3)：4-33.

[67]　Henderson M. Machine learning for dialog state tracking：A review[C]//Proceedings of the 1st International Workshop on Machine Learning in Spoken Language Processing,2015.

[68]　Bohus D,Rudnicky A. Ak-hypotheses+other belief updating model[C]//Proceedings of the AAAI Workshop on Statistical and Empirical Methods in Spoken Dialogue Systems,2006.

[69]　Henderson M,Thomson B, Young S. Deep neural network approach for the dialog state tracking challenge[C]//Proceedings of the SIGDIAL Conference,2013.

[70]　Mrki N,Diarmuid Séaghdha,Thomson B,et al. Multi-domain dialog state tracking using recurrent neural networks[EB/OL]. https://arxiv. org/abs/1506. 07190.

[71]　Mrki N,Diarmuid Séaghdha,Wen T H, et al. Neural belief tracker：Data-driven dialogue state tracking[C]//Proceedings of the 55th Annual Meeting of the Association for Computational Linguistics(Volume 1：Long Papers),2017.

[72]　Lei W,Jin X,Kan M Y,et al. Sequicity：Simplifying task-oriented dialogue systems with single sequence-to-sequence architectures[C]//Proceedings of the 56th Annual Meeting of the Association for Computational Linguistics,2018.

[73] Wasson B. Determining the focus of instruction: Content planning for intelligent tutoring Systems,1990.

[74] Baptist L,Seneff S. Genesis-Ⅱ: A versatile system for language generation in conversational system applications[C]//Proceedings of the 6th International Conference on Spoken Language Processing,2000.

[75] Stent A,Prasad R,Walker M. Trainable sentence planning for complex information presentation in spoken dialog systems [C]//Proceedings of the 42nd Annual Meeting on Association for Computational Linguistics. Association for Computational Linguistics,2004.

[76] Walker M A,Rambow O C,Rogati M. Training a sentence planner for spoken dialogue using boosting[J]. Computer Speech & Language,2002,16(3/4): 409-433.

[77] Ferruccid A,Brown E W,Chu-carroli J,et al. Building watson: An overview of the Deep QA project [J]. AI Magazine,2010,31(3): 59-79.

[78] Ferrucci D,Levas A,Bagchi S,et al. Watson: Beyond jeopardy! [J]. Artificial Intelligence,2013, 199/200(3): 93-105.

[79] Murdock J W,Tesauro G. Statistical approaches to question answering in Watson[J]. Abgerufen AM,2012,11: 2013.

[80] Gliozzo A,Biran O,Patwardhan S,et al. Semantic technologies in IBM Watson[C]//The 51st Annual Meeting of the Association for Computational Linguistics,2013.

[81] Kalyanpur A,Patwardhan S,Boguraev B K,et al. Fact-based question decomposition in Deep QA[J]. IBM Journal of Research & Development,2012,56(3): 13-1-13-11.

[82] Kalyanpur A,Boguraev B K,Patwardhan S,et al. Structured data and inference in Deep QA[J]. IBM Journal of Research & Development,2012,56(3/4): 10-1-10-14.

[83] Gondek D C,Lally A,Kalyanpur A,et al. A framework for merging and ranking of answers in Deep QA [J]. IBM Journal of Research & Development,2012,56(3): 399-410.

[84] Oh A H,Rudnicky A I. Stochastic language generation for spoken dialogue systems [C]// Proceedings of the ANLP/NAACL Workshop on Conversational Systems,2000.

[85] Vinyals O,Le Q. A neural conversational model. arXiv preprint arXiv: 1506. 05869,2015.

[86] Shang L,Lu Z,Li H. Neural responding machine for short-text conversation[C]//Proceedings of the 53rd Annual Meeting of the Association for Computational Linguistics and the 7th International Joint Conference on Natural Language Processing of the Asian Federation of Natural Language Processing,2015.

[87] Li J,Galley M,Brockett C,et al. A diversity-promoting objective function for neural conversation models[C]//Proceedings of the 15th Conference of the North American Chapter of the Association for Computational Linguistics: Human Language Technologies,2016.

[88] Sordoni A,Galley M,Auli M,et al. A neural network approach to context-sensitive generation of conversational responses[C]//Proceedings of the North American Chapter of the Association for Computational Linguistics: Human Language Technologies,2015.

[89] Serban I V,Sordoni A,Bengio Y,et al. Building end-to-end dialogue systems using generative hierarchical neural network models [C]//Proceedings of the 30th Conference on Artificial Intelligence,2016.

[90] Li J,Galley M,Brockett C,et al. A persona-based neural conversation model[C]//Proceedings of the 54th Annual Meeting of the Association for Computational Linguistics,2016.

[91] Duek O,Jurcicek F. A context-aware natural language generator for dialogue systems [C]// Proceedings of the 17th Annual Meeting of the Special Interest Group on Discourse and Dialogue,2016.

[92] Kumar A, Irsoy O, Ondruska P, et al. Ask me anything: Dynamic memory networks for natural language processing[C]//Proceedings of the International Conference on Machine Learning, 2016.

[93] Zhou H, Huang M. Context-aware natural language generation for spoken dialogue systems[C]// Proceedings of the 26th International Conference on Computational Linguistics: Technical Papers, 2016.

[94] Hu Z, Yang Z, Liang X, et al. Toward controlled generation of text//Proceedings of the 34th International Conference on Machine Learning. Sydney, Australia, 2017: 1587-1596.

[95] Wen T H, Heidel A, Lee H, et al. Recurrent neural network based language model personalization by social network crowdsourcing[C]//Proceedings of the 14th Annual Conference of the International Speech Communication Association, 2013.

[96] Shi Y, Larson M, Jonker C M. Recurrent neural network language model adaptation with curriculum learning[J]. Computer Speech & Language, 2015, 33(1): 136-154.

[97] Wen T H, Gasic M, Mrksic N, et al. Multi-domain neural network language generation for spoken dialogue systems[C]//Proceedings of the NAACL-HLT, 2016.

[98] PAPINENI K, ROUKOS S, WARD T, et al. IBM research report BLEU: A method for automatic evaluation of machine translation[J]. ACL Proceedings of Annual Meeting of the Association for Computational Linguistics, 2002, 30(2): 311-318.